ドイツ空軍塗装大全

ドイツ航空産業と空軍の表面保護処理と塗料：1935－1945

ミヒャエル・ウルマン［著］　　南部 龍太郎［翻訳］

Oberflächenschutzverfahren und Anstrichstoffe der deutschen Luftfahrtindustrie und Luftwaffe 1935 - 1945

謝辞　Danksagung

　読者のみなさんがご承知のとおり、本書が主題にしている研究と、扱っている情報量は、独力で創出できるものではない。この解決を求めるとすれば、国際チームによるしかないと思う。関連資料が世界中に分散しているからだ。

　ケネス・メリック氏には、専門分野の支援で特にお世話になった。資料の複写を多数入手でき、成果は本書に表れている。RAL（ドイツ商品安全・表示協会）のユルギング博士とヴィガー氏、防衛技術研究院のレスミニ夫人、ドルニエ社史料室のブルクマイヤー夫人、エーバト氏、デイヴィド・E・ブラウン、デイヴ・ワドマン、トーマス・ポルバ、そしてファルベン・キーロフ・テヒニク社にもお礼もうしあげたい。

凡例

1. 本書は、1998年にミヒャエル・ウルマンが著した"Oberflächenschutzverfahren und Anstrichstoffe der deutschen Luftfahrtindustrie und Luftwaffe 1935–1945"(『ドイツ航空産業と空軍の表面保護処理と塗料:1935 - 1945』)を底本としている。この1998年版は、2002年にイギリスのHikoki Publicationsから英語翻訳版として刊行されている。今回、日本語版として刊行するにあたっては、1998年版以降に判明した新事実を盛り込み、また著者の勘違い等による誤りなどを訂正したため、原著は全面改訂に近い内容の再構成版となっている。日本語版訳出にあたっては内容の正確を期するため、既出の英語版『Luftwaffe Colours 1935-1945』は参考にせず、すべてウルマン氏の改訂版ドイツ語原稿からの翻訳である。

1. 原著では、第二次世界大戦当時のドイツ軍部が発行した文書や書簡から、多くの文章が引用されている。日本語版ではウルマン自身が著した文章と引用部分との区別を明確にするため、少々煩雑になることは含みおいたうえで、書体をまったく異なるものにしている。

　ウルマンの著した地文には「明朝体」、引用部分は「ゴシック体」のフォントを使用した

1. 文中には括弧を何種か用いているが、それは以下のように区別している。
○ 丸括弧 ( ) は原著にあったものを表している。
○ 訳者注で短いものは [　] 内に収めた。
○ 原語と対照したほうがわかりやすいと思われる用語には〔　〕内にドイツ語の綴りを表記した。

1. 従来のドイツ空軍関連出版物では厳密に区別して翻訳されていない単語に関して、本書では原著(特に引用文献部分に多く見られる)の資料性に鑑み、訳語から原語を遡って辿れるよう訳し分けている。
例　Luftfahrzeug は航空機、Flugzeug を飛行機

1. 日本語の確定訳があいまいなものや明確でないものについては、細心の注意を払ったうえで、もっとも適当であると思われる訳語を当てた。このため、日本語として耳慣れない言い回しや単語になっている場合があるが、本書の場合には意訳して原意をあいまいにしてしまうよりも良いと判断し、あえて逐語訳的な日本語を創出した箇所もあることをお断りしておく。
例　飛行塗料〜原語 Flieglack の Flieg の語感を明確に伝えるため飛行塗料とした。

1. 色名の訳に関しては以下の理由から訳語を決めた。
ドイツ語の明暗を表わす語感と日本語のもつ明暗のニュアンスが必ずしも一致していない場合が多く、「暗 dunkel」の反対語として「明 licht」が一対になるのではなく、むしろ hell が使われることが多いことから本書では hell に

「明」の訳語を当て、licht には「淡」を当てている。

1.　第7章は原著に掲載された各種規程と公式書類の完訳である。これらは、オリジナルの段階で書式の不統一、誤字、誤植などがあるが、翻訳に際しては、原資料の雰囲気を伝えるべく、明らかな間違いの部分もそのまま訳している。なお、それらの間違いについては原著の段階で著者の注が入っている。

　また文中で、下線のある部分、太文字となっている部分、ポイントを上げている部分、文字間隔が開いている文章など、注意喚起のための書式が一定ではない部分が多いが、これらも原資料にそのまま対応するよう日本語化し、文字組みした。削除箇所には打ち消し線が入っているが、それも再現している。

　なお、文書の改ページ、付随図版の挿入は極力原資料にしたがって行った。

1.　著者注、訳注は、短いものについては括弧でくくって文中に入れた。また長いものについては該当個所のセンテンスの切れ目に、文字をやや小さくして挿入している。

　これら原著者、訳者注以外に、本書の内容の説明では不充分と思われる塗料、塗装用語や、材料関連の説明は、大里　元が脚註という形で補足した。脚註のある語には※を打ち該当する番号を記し、当該ページ周辺に収めた。なお脚註については以下の出版物を参考にしている。

『アルミニウムの表面処理』
　（小久保定次郎 著、内田老鶴圃 刊、1953年）
『金属表面工学〔増補版〕』
　（大谷 南海男 著、日刊工業新聞社 刊、1977年）
『溶剤ポケットブック』
　（有機合成化学協会 編、オーム社 刊、2001年）
『材料名の事典〔第2版〕』
　（長崎誠三 ほか編、アグネ技術センター 刊、2006年）
『塗料用語辞典』
　（［社］色材協会 編、技報堂出版、1993年）
『塗料と塗装〔増補版〕』
　（兒玉正雄 ほか著、パワー社 刊、1994年）
『絵具の科学』1996年『絵画材料ハンドブック』1997年
　（ホルベイン工業技術部 編、中央公論美術出版 刊）
『火薬工学』（佐々宏一 著、森北出版［株］、2001年）
『German-English Technical and Engineering Dictionary, Second Edition』McGraw-Hill, Inc. 1966

目次　Inhaltsverzeichnis

謝辞 ……………………………………………………………………………………………………… 5

凡例 ……………………………………………………………………………………………………… 6

目次

1. 序　Einleitung ……………………………………………………………………………………… 12

2. 基礎　Grundlagen
    2.1.「色」とはなにか …………………………………………………………………………… 13
    2.2. 航空省の塗装保守 …………………………………………………………………………… 14
    2.3. 基礎事実 ……………………………………………………………………………………… 16

3. 歴史背景　Historische Grundlagen
    3.1. 国家納入条件委員会（RAL）について ……………………………………………………… 18
    3.2. ドイツの航空塗料産業について ……………………………………………………………… 18
    3.3. 旧ドイツ国防軍の空軍について ……………………………………………………………… 20
    3.4. 規程類と公式書類について …………………………………………………………………… 21

4. 1935年から1945年までの塗料　Anstrichstoffe 1935 - 1945
    4.1. ルフトハンザ ………………………………………………………………………………… 24
    4.2. ツェッペリンの表面保護 …………………………………………………………………… 32
    4.3. 輸出色 ………………………………………………………………………………………… 37
    4.4. 空軍
        4.4.1. 空軍用塗料の時系列による概略 …………………………………………………… 39
        4.4.2. RLM 81/82/83という色調 …………………………………………………………… 66
        4.4.3. RLM 76の変種 ………………………………………………………………………… 75
        4.4.4. 表面保護の簡素化 …………………………………………………………………… 76
    4.5. 航空省制式色 ………………………………………………………………………………… 79
        4.5.1.『塗装事業所便覧（1944）』による規格化塗装一覧 ……………………………… 80
        4.5.2. RLM色と呼称の一覧表 ……………………………………………………………… 82
        4.5.3. RLM番号順の色調表 ………………………………………………………………… 83
        4.5.4. RLM番号とRAL番号または注文番号との対照表 ………………………………… 85
        4.5.5. 模型用塗料との対照表 ……………………………………………………………… 87
        4.5.6. スケールエフェクト ………………………………………………………………… 88

5. 空軍の塗装　Anstrich der Luftwaffe
    5.1. 熱帯戦域の飛行機 …………………………………………………………………………… 90
    5.2. 水上機（および洋上作戦に投入する陸上機） …………………………………………… 94
    5.3. 冬季迷彩塗装 ………………………………………………………………………………… 101
    5.4. 夜間迷彩塗装 ………………………………………………………………………………… 103
    5.5. 夜間戦闘機 …………………………………………………………………………………… 107
    5.6. ロシアにおけるJG 54の迷彩 ……………………………………………………………… 108

5.7. 滑翔機と滑降機 ……………………………………………………………………………… 109
　　5.8. 飛行機内部の塗装 …………………………………………………………………………… 111
　　5.9. 飛行機塗装の保守 …………………………………………………………………………… 116

6. マーキングと標識　Markierungen und Kennzeichnungen ……………………………………… 118
　　6.1. 航空機の識別に関する規程類 ……………………………………………………………… 119
　　　　国籍および登録記号－1936年時点 ………………………………………………………… 119
　　　　ライヒ旗および国旗 ………………………………………………………………………… 119
　　　　その他の文字標記 …………………………………………………………………………… 120
　　　　航空機の航法灯と水上での特別標識 ……………………………………………………… 121
　　6.2. 航空機の標識の変更－1939年 ……………………………………………………………… 122
　　6.3. 飛行機の識別記号－1939年9月 …………………………………………………………… 124
　　6.4. 飛行機の国章および識別記号 ……………………………………………………………… 126
　　6.5. 標識－1943年 ………………………………………………………………………………… 138
　　　　登録および中隊標識 ………………………………………………………………………… 138
　　　　民間機の識別記号 …………………………………………………………………………… 139
　　　　垂直尾翼上のハーケンクロイツ …………………………………………………………… 139
　　　　胴体および主翼上のバルケンクロイツ …………………………………………………… 142
　　　　その他の文字標記 …………………………………………………………………………… 144
　　6.6. 軽戦闘部隊の飛行機の標識－1938年 ……………………………………………………… 147
　　6.7. 攻撃および高速爆撃部隊の飛行機の標識－1943年 ……………………………………… 149
　　6.8. 飛行機標識の変更－1943年 ………………………………………………………………… 151
　　6.9. 滑空機の標識と許可－1943年 ……………………………………………………………… 152
　　6.10. 衛生飛行機の標識－1941年 ………………………………………………………………… 153
　　6.11. 移送標識
　　　　6.11.1. 移送標識－1937年時点 ……………………………………………………………… 154
　　　　6.11.2. 移送標識－1939年時点 ……………………………………………………………… 155
　　　　6.11.3. 移送標識の廃止－1944年 …………………………………………………………… 157
　　6.12. 本土防空の識別帯－1945年 ………………………………………………………………… 157

7. 規程類と公式書類　Vorschriften und amtlichen Dokumenten
　　7.1. 適切な飛行機塗料の開発に関する要綱 …………………………………………………… 158
　　7.2. L.Dv. 521/1 飛行機塗料の処理および適用規程草案－1938年 ………………………… 168
　　7.3. 飛行機塗料の処理および適用規程－1938年版の第2版 ………………………………… 210
　　7.4. L.Dv. 521/1 飛行機塗料の処理および適用規程　第1部：動力飛行機－1941年11月 … 211
　　7.5. L.Dv. 521/2 飛行機塗料の処理および適用規程　第2部：滑空機－1943年3月 ……… 253
　　7.6. L.Dv. 521/3 飛行機塗装の補修に関する規程草案－1937年 …………………………… 268
　　7.7. 一括通達1号－1944年7月1日 ……………………………………………………………… 275
　　7.8. 一括通達2号－1944年8月15日 ……………………………………………………………… 281

引用文献 …………………………………………………………………………………………………… 288

索引 …… 290

ドイツ空軍塗装大全

ドイツ航空産業と空軍の表面保護処理と塗料：1935－1945

1. 序　Einleitung

　長年の探求の結果、本書の原資料多数を蒐集できた。紙面の多くを割いて手元にある原資料を組み入れ、本文の随所に引用している。資料は航空省、航空産業、塗料産業の文書など多様な出典から得た。この資料から、空軍と航空産業の当時の様相や、国家省庁と軍部の密接な連携と経済に対する影響を垣間見ることができる。戦時経済に向けての転換がすでに戦前に始まっていたことがはっきりとわかる。筆者は本書で歴史背景にも言及した。関連する史実の多くが広く知られていないからだ。

　本文には飛行材料番号〔Fliegwerkstoff-Nummer〕を、たとえば「飛行塗料7238.00」のように、特に参照をつけずに使用した。飛行材料は本書に組み入れた空軍要務令〔Luftwaffen Dienstvorschrift＝L.Dv.〕に記載してあるので、読者のみなさんには、当該飛行材料の説明があるページを目次または索引から見つけていただきたい。

　さまざまな原資料を複数の章で使用している。たとえば、ある章の概説で総論として使用し、また専門分野との関連で、別の箇所で各論として再使用することがある。どうか、これを水増しだと誤解しないでいただきたい。仮に本文中では関連箇所を指摘するにとどめ、参照するように構成したとすればどうだろうか。おそらく読者は不便に感じるだろう。読み進む流れが乱されてしまう。見覚えのある文を別の箇所で再読しなければならない方がましだと思う。

　本書の写真と図版はすべて、原版か原文書を使用している。したがって画質の不備は、使用した資料の正統性を示すものだとご理解ねがいたい。

　前向きな批判に対しては、筆者は常に答えていくつもりだ。もしも筆者の見解に対する異論、あるいは本書の向上につながる資料をお持ちのときは、どうか編集部あてにご一筆いただきたい。

2. 基礎　Grundlagen

本書をよく理解できるよう、一般になじみのない基礎事項を伝えておく必要がある。

2.1. 「色」とはなにか

本書は「色」を主題にしているので、まず色の概念を明確にしておきたい。

●色彩

色彩は眼から伝わる感覚上の印象（ドイツ工業規格DIN 5033）だ。色彩には以下の特質がある：

色相：（以前は色調）色合いの種類（たとえば赤や緑）
彩度：同じ明度の無彩色（灰色）と比較した、ある色の色合いの程度
明度：（それぞれの色感覚にともなう）感光の強度

●塗料＝ラック

歴史上、ラック〔訳注：ドイツ語のLackは漆、ラッカー、エナメルをさす〕は、保護被膜としておよそ紀元前1300年ごろから知られてきた。この語の概念は、ヒンズー語で十万を意味するラクシャ〔laksha〕から派生したラク〔Lakh〕に由来する。ラック〔lac〕の小片を大量に用いるシェラック〔Shellac〕[※1]の生産過程に由来するものだろう。これは大規模な商業生産をしている唯一の動物性天然樹脂で、アジア原産で樹木に生息する昆虫ラックカイガラムシ〔Laccifer lacca〕の分泌物だ。

●塗料の成分

結合材[※2]〔バインダ〕
　塗料のうち顔料以外の不揮発性成分で、顔料粒子などを結合する
　　－天然樹脂を精製したもの[※3]
　　－セルロース誘導体[※4]
　　－乾性油[※5]
　　－合成樹脂（アルキド樹脂[※6]、ポリウレタン樹脂[※7]、エポキシ樹脂[※8]、不飽和ポリエステル樹脂[※9]など）

溶剤
　塗膜形成要素を溶解する液体で、塗料の乾燥時にほぼ完全に揮発する
　　－アルコール[※10]
　　－エステル[※11]
　　－ケトン[※12]
　　－芳香族[※13]
　　－水

着色料（透明塗料には含有しない）
　染料[※14]　　－可溶性着色料
　顔料　　　－溶剤や結合材に溶解しない着色料
　体質顔料　－ほとんど無色の非溶性物質で、艶

脚註：
　※1：Shellac～原語の音からすると「シェラック」が正しいが、塗料・画材用語としては「セラック」という表記で定着している。
　※2：結合材～「塗膜形成要素」とも。塗膜形成要素と溶剤（および塗膜形成補助要素）を合わせた塗料の液状成分を絵画では「展色剤（ビヒクル）」と呼ぶ。
　※3：天然樹脂～塗料・画材に用いる天然樹脂は、主に植物の樹液、動物の分泌物から得られるもの（化石化したものも含まれる）。コハク、コーパル、ダンマル、ロジン、セラックなどが代表的。
　※4：セルロース誘導体～セルロース（繊維素）は植物体を構成する天然の高分子だが、これを酸またはアルコール類で処理し、エステルまたはエーテル化した化合物のことをセルロース誘導体という。塗料に用いる代表的なセルロースエステル類は「硝酸（ニトロ）セルロース」「酢酸（アセチル）セルロース」、またセルロースエーテル類には「ベンジルセルロース」「エチルセルロース」などがある。
　※5：乾性油～動植物から採取精製した油脂のうち、空気中に放置しておくと固化乾燥して硬質の被膜を形成するするものをいう。乾性油の固化は油中に含まれる不飽和脂肪酸が酸化することによって起きる。
　※6：アルキド樹脂～無水フタル酸や無水マレイン酸などの多塩基性酸と多価アルコールの縮合で得られる合成樹脂の総称。もっとも一般的に用いられるものが無水フタル酸を使用した樹脂であることから、フタル酸樹脂とも呼ばれる。塗料用としては脂肪酸等を加えた変性アルキド樹脂として用いられることが多い。
　※7：ポリウレタン樹脂～分子中にウレタン結合 -NHCOO- を持つ化合物の総称。
　※8：エポキシ樹脂～分子中に2個以上のエポキシ基 -HC-CH- を有する化合物の総称。
　※9：不飽和ポリエステル樹脂～不飽和二塩基酸と多価アルコールとの縮合生成物を重合性モノマーに溶かして得た化合物。
　※10：アルコール～脂肪族炭化水素（鎖式、脂環式）の水素を水酸基に置換したヒドロキシ化合物のうち液体のものの総称。狭義には炭素2個からなるアルカン（エタン）の水素1個を水酸基1個に置換したエタノールを指す。
　※11：エステル～有機酸、無機酸とアルコールとの脱水縮合反応で得られる化合物。
　※12：ケトン～カルボニル基 -CO の両端にアルキル基、またはアリール基が結合した化合物。RCOR'の一般式で表される。両方ともアルキル基の場合は脂肪族ケトン、片側または両方がアリール基の場合には芳香族ケトンと呼ぶ。
　※13：芳香族～この場合、より正確には芳香族炭化水素。ベンゼン環（芳香環）いわゆる"亀の子"構造をもつ炭化水素を有する分子で、溶剤としてはベンゼン、トルエンなどがこれにあたる。
　※14：染料～顔料がそれ自体の有する色として発色するのとは異なり、染料の場合は、被着色物と直接科学反応を起こして結合した結果の発色である。したがって同じ染料を用いても、被着色物の構成成分が異なると発色する色も変化する。

	消し、耐摩耗性、被覆力など多様な物理特性がある
添加剤	－沈降抑止剤[※15] －促進剤[※16] －消泡剤[※17] －乾燥剤[※18] －軟化剤[※19]

● 乾燥

　液状の塗料が硬化して安定な被膜になることを塗膜硬化という。塗膜硬化は、つぎの二種に大別できる：
　－空気乾燥（揮発乾燥[※20]、酸化乾燥[※21]、湿度による硬化）
　－重合反応[※22]

2.2. 航空省の塗装保守

　ここでは、航空省と空軍の塗装保守の概要を示す。個別の概念と手順は、専門家でなくても理解できるよう記述してある。当時の公式文書からそのまま転記したもので、残念ながら全部を入手することはできなかった。文書の日付と名称は不明だが、1937年から1939年までの期間に発行した可能性が高い。1938年版の空軍要務令L.Dv. 521/1にある記述と酷似した部分がある。つづく1941年版のL.Dv. 521/1には、このような相似点が見当たらない。また当該文書はフラクトゥール体〔Fraktur〕で印刷してあり、1942年以前に発行したことがわかる。1942年以降は、全書類を普通のサンセリフ体で印刷しているからだ。

　飛行機部品の塗装は、その目的に応じて三種に分類できる：
　　a) 腐蝕防止
　　b) 迷彩〔Sichtschutz＝視認防護〕
　　c) 緊張塗料〔Spannlack〕

　耐蝕性表面の飛行機にあっては、一回のみ吹付塗装する（単層塗装）。表面の下地処理（羽布の緊張）が必要な機体は、複数の塗装を施す必要がある。個別の塗装の順序を塗料系〔Lackkette〕という。塗料構成に応じて塗料系の呼称を定める。個別の塗料は、旧来の商品名に代えて、番号で識別することとする。以下は飛行機羽布〔Flugzeugbespanstoff〕に用いる塗料の一例である。

　飛行塗料系20〔Flieglackkette 20〕は以下の塗料で構成する：
　　ヘアボロイト複合下塗り 灰緑 BC 6965、新呼称 7113
　　ヘアボロイト複合中塗り塗料 銀 BC 6966、新呼称 7114.01
　　ヘアボロイト上塗り塗料 銀 無光沢灰 550 BC 6954
　上記の塗料は、塗装時にヘアボロイト特殊稀釈剤 BC 6970、新呼称 稀釈剤7213.00で稀釈する。

　筆者注：ヘアボロイト〔Herboloit〕という商標の「-ロイト」は、ツェルロイト〔Zelluloit＝セルロイド〕すなわちツェロン〔Zellon〕に由来している。セルロースを原料として、性状の異なる2種の塗料が得られる：
硝酸セルロース＝CN＝可燃性
酢酸セルロース＝CA＝不燃性
セルロース系塗料は、たとえばアルキド系、ビチュメン系、あるいはアスファルト系の塗料の上に塗布できない。
　〔訳注：国家航空省〔Reichsluftfahrtministerium＝RLM〕は、ヒトラー政権誕生の直後、1933年4月に創設され、ヘルマン・ゲーリング〔Hermann Göring〕国家航空大臣〔Reichsminister der Luftfahrt＝R.d.L.〕をつとめた。空軍最高司令官〔Oberbefehlshaber der Luftwaffe＝O.d.L.〕もまた、1935年3月の空軍創設以来ゲーリングがつとめていた。緊張塗料とは、いわゆるドープのこと。Lackketteのケッテ〔Kette〕

脚註
　※15：沈降抑止剤～沈殿抑止剤とも。塗料貯蔵中に顔料がビヒクルと分離して容器の底に沈殿するのを抑制する添加剤。
　※16：促進剤～本書では硬化促進剤の意味で使っているものと思われる。ビヒクルの成分と反応して縮合、重合を起こし塗膜の硬化を進めるための化合物。
　※17：消泡剤～塗料製造時、塗装時に泡沫の巻き込みを抑制したり、発生した泡を消すために加える添加剤。界面活性剤としての役割を果たす成分の化合物が用いられる。
　※18：乾燥剤～ビヒクルに作用して塗膜の乾燥硬化時間を短縮させる添加剤。乾性油の場合、空気に触れる表面から乾燥、固化が始まるため、内部まで乾燥固化が進行するには時間を要し、また厚く塗った部分では塗膜形成不良を生じることがある。これを防ぐため、酸化反応を促進する触媒となる化合物を添加する。
　※19：軟化剤～ビヒクルに使用される化合物によっては、塗膜形成後、硬質だが反面脆いものがある。これを、あるていどの柔軟性を持つようにし塗膜の付着性などを向上させるために加える改質剤。
　※20：揮発乾燥～塗料中にある溶剤が空気中に揮発することによって、液状の塗料が固化すること。例としてはセルロース誘導体を用いた塗料がこれにあたる。原則として塗料は、乾燥後、揮発した溶剤分だけ軽くなる。
　※21：酸化乾燥～空気中の酸素と反応して塗料が固化すること。ここでは乾性油の固化を表すものと思われる。酸化による固化の場合、多くは酸素が化合することによって化学変化が進行する。結果として、塗膜を形成する成分の一部が酸素を取り込むことで塗料は乾燥後のほうが重量が増すことになる（ただし、粘性調整成分などで添加された溶剤分などある場合は、その分、軽くなる）。
　※22：重合反応～分子量の小さなモノマーが化学反応によって高分子を形成することを「重合」という。ある分子が他の分子と化合するとき、反応の前後で分子量に変化のないまま結合する反応を「付加重合」、結合のプロセスで特定の化合物（水やアルコール）を生成・排出し、最終的にできた高分子化合物が反応に要したモノマーの総和より減少する反応を「縮合重合」という。

とは鎖の意味で、三機編隊または無限軌道（いわゆるキャタピラ）をさすこともある。〕

　個別の機体構成品に用いる塗料は、機歴記録に記載する。特定の塗料は他の塗料に上塗りできないため、塗装を補修する際には機歴記録にある塗料のみを使用するよう注意せよ。

筆者注：前述したように、セルロース系塗料は他の塗料と併用できない。「特定の塗料は他の塗料に上塗りできない－」とあるのは、セルロース系塗料を用いて飛行機の塗装をしていた証左だ。

　鋲接または締結する機体部品は、取付前に個別に塗装すること。これを怠ると部品は腐蝕する。
　飛行機の塗装は白亜化によって劣化することがある。強力な日光のもとでは、塗料内の軽質油成分が滲出し腐蝕防止効果が消失する。

筆者注：「軽質油…」とあるのは、以下の塗料に含まれる成分のことだ：
アルキド樹脂塗料＝油性塗料＝合成樹脂塗料
複合塗料＝アルキド樹脂を混合した硝酸セルロース[※22]（ふたつの塗料種類の長所をあわせたもの）。ヴァルネッケ・ウント・ベームは、企業として最初にこの複合塗料を商品化し、『イカロール』の商標で販売した。

硬質の成分のみが残る。手洗いで被膜が脆くなり、表面にシワが生じる。
　同様に、不注意な取扱いによっても塗装に損傷が生じる。揮発油、ベンゼン混合液、P3溶液、および潤滑油は塗装を侵し溶解する。

筆者注：「P3溶液」はヘンケル社製のアルカリ性脱脂剤[※23]で、たとえばアルキド樹脂などを浸蝕する。
〔訳注：ベンゼン（C_6H_6）は芳香族炭化水素でもっとも単純な構造のもので、溶剤や化成品原料として使用する。ドイツ語ではBenzolと表記する。ベンジンは主として鎖状炭化水素からなる石油製品で、ベンゼンのような単一の組成ではない。ドイツ語ではBenzinと表記し、ガソリン（揮発油）を意味することが多い。〕

　一方、適切な洗滌と保守により、塗装の劣化を大幅に減少・遅延できる。保守剤の撥水効果によっても、表面を湿気から保護できる。これらの薬剤は、まず塗装表面を洗滌してから塗布するものと、洗滌剤と保守剤とを兼ねたものとがある。塗装保守は以下の通り実施する。

　1. 毛箒で塗装の塵埃を除去する。
　2. 汚垢甚しい油滓を飛行塗料洗滌剤Z〔Flieglack-Reinigungsmittel Z〕で洗滌する。
　3. 指示書に従い、清潔な布片で塗料保守剤を塗布して摩擦する。保守剤は薄く塗り、十分に摩擦して、保守した塗装に塵埃が付着せぬようにすべし。

筆者注：「飛行塗料洗滌剤Z」は炭化水素の一種で、硬化した塗膜を浸蝕しないという長所があった。たぶんベンゼンを基剤にした製品かベンゼンそのものだろう。
「塗料保守剤」を使用すると、大抵は塗膜の光沢が変化した（艶が増す⇒ 5.9.）。
〔訳注：ここでいう「保守」〔Pflege〕とはワックスがけのこと。〕

　翼、胴体、舵面の維持作業の際には必ずドライバを携行し、外板等のネジが緩解しておれば、再緊締すべし。
　塗装の損傷は、なるべく早期に補修すべし。この際、損傷が使用にともなう損耗すなわち歩行跡か、物体の衝突等によるものか、可動部の外板の接触によるものか、あるいはリベットの剪断脱落によるものか、原因を究明することが緊要である。単純な損耗は即座の補修を可とす。可動部の外板塗装が動きに沿って剥脱している際には、ただちに検査部門に通報し、指示を仰ぐべし。
　金属機の塗装補修にあっては、飛行剥離剤〔Flieg-Abbeizmittel〕7210.00を用いて残存塗膜を除去する。塗布量は最小限にとどめ、流出した剥離剤がフラップや開口部から機体内部に浸入せぬようにすべし。剥離後に飛行塗料洗滌剤Zで事後洗滌する。剥離剤は、鋲接部内側および板金突合部から特に入念に除去するよう注意すべし。この後、塗料系を当該機の機歴記録の指定に従って再塗装する。

筆者注：「金属機」「剥離剤7210.00」「鋲接部内側および板金突合部から特に入念に除去…」というのがキーワードで、金属機むけにセルロース系塗料を導入していたことがわかる。通常は水酸化ナトリウムを剥離剤として使用していた。水酸化ナトリウムは、当時かなり廉価で、アルカリ性のため

脚註
※22：アルキド…セルロース〜アルキド樹脂のうち、主に不乾性油変性フタル酸樹脂を配合して塗料の肉持ちを改善したものが"ラッカー"と呼ばれる塗料そのものである。
※23：アルカリ性脱脂剤〜水酸化ナトリウム（苛性ソーダ）およびケイ酸、炭酸などのアルカリ塩からなる基剤に界面活性剤を加えた金属用脱脂剤。ちなみに苛性ソーダの「苛性」とは反応の激しいことを表す言葉で、対語として「緩性」という語がある。緩性ソーダとは炭酸ソーダのことをさす。

金属を腐食しないが、セルロース系塗料には効かなかった。セルロース系塗料の被膜剥離には、二塩化メタン※24を使用する必要があった。これは当時きわめて高価で、金属を腐食するという欠点があった。問題箇所の剥離剤を入念に除去するよう注意があるのは、このためだ。

複合構造機にあっては、残存塗膜をまず剥離剤7210.00で除去する。塗膜を除去した部分の周縁を研磨し、均一な塗装になるようにする。これによって生じた塵埃は、毛箒で除去する。塗料系の再塗装は機歴記録に従う。

塗膜と羽布の損傷も同様の手順で処置する。

羽布の貫通など、重度の損傷の際には、たとえ小面積であっても、まず亀裂を縫合せねばならない。次に、損傷部周辺の塗膜を飛行塗料稀釈剤7230.00で濡らして軟化させる。

筆者注：飛行稀釈剤を用いて軟らかくするのは、セルロース系塗料が溶剤の揮発によって硬化するためだ。高分子化反応〔重合反応〕は起きない。このため、溶剤を「補填」することで、セルロース系塗料を再軟化できる。つまり飛行塗料稀釈剤7230.00は、アセトン※25または酢酸エチル※26そのものか、あるいは成分として含有しているわけだ。

稀釈剤の塗布には柔軟な布片を用いる。亀裂を完全に覆える大きさに羽布を切り、飛行塗料7130に浸してから亀裂に貼付する。乾燥後、飛行塗料7130を上塗りする。適切な乾燥時間をおいて、飛行機型式の塗料系を塗装してもよい。

翼小骨および金属製または木製外板との接合部の羽布に貼付した鋸歯縁帯が剥離した際には、以下の如く補修する。

1. 亜麻布に貼付した布帯：
当該箇所を飛行塗料溶剤7230.00で濡らして軟化させ、後は上記と同様。

2. 金属に貼付した布帯：
金属にグラッソ接着剤〔Glasso-Kleber〕S 13499を塗布する。

鋸歯縁帯を貼りつけ、圧着する。

脚註
※24：二塩化メタン～ジクロロメタン、メチレンクロライド、塩化メチレンなどさまざまに呼ばれる。メタンの4つある水素のうち2個が塩素に置換したもので、溶剤に使用される。日本では模型用接着剤としても商品化された。
※25：アセトン～CH₃COCH₃、ジメチルケトン。硝酸セルロースの溶剤として用いられる。
※26：酢酸エチル～CH₃COOC₂H₅。劇物。引火性は高い。酢酸セルロースの溶剤として用いられる。

飛行塗料洗滌剤Zを用いて、余分な接着剤を金属から洗い落とす。

金属と鋸歯縁帯を機歴記録の塗料系に従って処理する。

筆者注：グラッソはグラズーリット〔Glasurit〕社の製品で、セルロース系のものだ。「飛行塗料洗滌剤 Z」は上述したように硬化した塗膜を浸触しないという長所があったが、まだ液状の塗料はきわめてよく溶解するので、この作業指示に書いてあるように、塗りたての塗料を硬化した塗膜から除去するのに適していた。

〔訳注：鋸歯縁帯〔Zackenstreife〕とは、両縁が鋸の歯のようにジグザグになった布製リボンのこと。〕

2.3. 基礎事実

ドイツ空軍の塗装について共通認識をもって問題を的確に把握できるよう、つまり本書の内容を消化できるよう、筆者が調査で見出した基礎事実をここに列記しておこう。当時の画像を解析し推察するには、専門知識を要する。その骨子をここで述べる。

1. カラー写真、特にカラー写真の揺籃期（1930年代から`40年代）のものは、信頼できる証拠にならない。撮影直後から証拠にならず、まして数十年を経た今日では尚更だ。写真を趣味にする人ならだれでも知っている現象がある。ある対象を同一のカメラと露光状態で、ただし異なるメーカーのさまざまなフィルムを用いて撮影したとき、さまざまな色調で写るのだ。フィルムに緑がかった傾向があったり、青味が強かったりする。要するに、カラー写真は本書の目的にふさわしい確証にはならず、せいぜい手がかりとして役立つ程度ということだ。

2. 実機の残存部品にある塗料も信頼できる根拠にならない。空気、油脂、燃料による酸化で色が変化する。同様に、土中に埋もれた残骸も色が変化する。また、紫外線の影響で褪色が生じる。

3. 顔料、結合剤、製造法が今日の塗料産業の水準に達していなかったので、指定色の再現性は、今日の製品規格にもとづく品質に及ばない。当時の塗料は製造バッチごとに色が微妙に異なることがあった。特に製造会社がちがうと、その傾向がつよい。実際、筆者が用いた1941年11月版のL.Dv. 521/1に、この差が存在したことを裏付ける記述がある。

塗料は元祖の製造会社の処方に従い、複数の主要塗料会社がライセンス生産している。

　また、このような記述もある。

　　（配管の塗装）配管色のRLM色票からの軽微な色調乖離は容認できる。

4.　色の記憶は信頼できず、また色覚はひとりひとり異なる。色についての回想は役にたたない。納得できなければ、簡単な実験で確認できる。一様な照明状態（たとえば電球をつけた暗室）で、はじめて見る有色物体の色を記憶する。物体を隠し、一日おいて記憶をたよりに色見本から色をさがしてみる。結果に驚くことだろう。同様に照明状態の差で色がどのように見えるかについても、実験できる。この結果にも衝撃をうけるだろう。

5.　航空省は、L.Dv. 521/1の諸版で飛行塗料の細目まで規定している。塗装工程には多大な労力を要し、規程にそって塗装する必要があった。しかし、戦時のことだ。規程どおりの塗装を行なう時間や器材がない状況もあっただろう。所定の稀釈をするなどの日常作業も無視することがあったかもしれない。規程どおりに塗装しないと、どんな結果になっただろう。明度や色調が変わったり、耐久性が悪化したりしただろうか。遮断塗料JS 238を上塗りするとRLM 65はどう変色しただろうか。ワックスがけ（1938年版のL.Dv. 521/1参照）で、塗料はどんな影響をうけただろうか。疑問は多く、簡単には答えられない。しかし、ほとんど断言できることがある。実戦機の色は、L.Dv. 521/1準拠の色票とはちがって見えたということだ。

6.　飛行塗料のさまざまな塗装法（吹付け、刷毛塗りなど）もまた、色の見え方に影響したことは明らかだ。

7.　今日ではガスクロマトグラフィーを用いて、塗料残片から配合と化学組成をつきとめることが可能だ。色素の原料にはそれぞれ、いわゆる色指標（Colorindex=C.I.）がある。この色指標を用いて、塗料残片の色調を再現できる。色指標もまた、個別の塗料の色調が生産バッチや製造会社ごとに変動したことの証拠になる。製造会社によって生産方法、原料、原料納入業者が異なっていたので色調が不安定になった。大戦末期の代用原料と、色調への影響もまた、詳細に解明する必要がある。

　古いカラー写真や塗料残片は信頼できる証拠にならず、製造会社ごとに色調が異なり、人間には色彩記憶がない。だとすれば、何を語れるというのか。

　きわめて多くを語れるのだ。

　たしかに当時使用していた色調を科学手法で厳密に確定するのは困難で、これは当時、忠実な色調見本がなかったために、今日になって参照できないからだ。とはいえ、色調をなるべく元の色調に近づけてある程度の普遍性をもたせるか、あるいはガスクロマトグラフィーを用いて現存する塗料残片の色調を正確に再現するという努力は可能だ。たとえ再現した色調に、問題解明に真に期待できるような普遍性がないとしても。

3. 歴史背景　Historische Grundlagen

3.1. 国家納入条件委員会（RAL）について

ベルサイユ条約の余波をうけ、1925年に国家納入条件委員会〔Reichsausschuß für Lieferbedingungen＝RAL〕が創設された。

1927年、汎用塗料の色数を制限する旨の勧告が採択された。調達・在庫の単純化で効率を高め、生産を合理化して、第一次大戦の終結以来ドイツを蝕んできた経済危機に立ちむかうのが目的だった。国産の顔料を用いる塗料の生産を重視していた。この狙いは、貴重な外貨を節約し、他の原料の輸入にふりむけることにあった。国外ではライヒスマルクが通用しなかったためだ。

当初、RALは40色を定めた。これは基本色13種と、基本色の混合による27色という構成だった。1930年代、第三ライヒの諸機関（鉄道、郵便、労働省、陸軍など）があいついで創設され、これにともなって色数が急増した。30年代末期には、RAL規格は100色を超えるまでになった。

この結果、1939年から40年にかけて、見直しが行なわれた。全色を1から9の大分類にふりわけ、個別の色には大分類のなかで番号をつけた。以後、色彩規格をRAL 840R（Rは改訂＝revidiertの略）と呼称するようになる。この規格は第二次大戦の終結まで効力があった。

ドイツ再建途上の1953年、RALは色彩規格を見直した。残存していた若干数の諸機関と協議の結果、もはや不要になった色を廃止している。廃止対象は主として第三ライヒの軍と党、鉄道、郵便が使用していた色だった。これは今日の修復専門家とモデラーが特に興味をもっている色だ。1961年に、さらに見直しを行った。以降、主規格改定版〔Hauptregister-Revidiert〕を略してHRと呼ぶようになった。1962年に公式の色名を導入し、色見本の誤用防止をはかった。1962年以前に使用していた色名は廃止している。

〔訳注：第三ライヒ〔Das Drittes Reich〕は、もともと歴史家アルトゥール・メラー・ファン・デン・ブルック〔Arthur Moeller van den Bruck〕の著書名で、のちに国家社会主義を体現したドイツを象徴する政治スローガンとなった。Reichはラテン語のRegnumに由来し、統一国家としての「くに」を意味する。法制上、総統〔Führer〕は皇帝〔Kaiser〕ではなく、総統が支配する国家社会主義の「ライヒ」は帝国〔KaiserreichまたはKaisertum〕ではない。戦後は、ライヒにかわって連邦〔Bund〕という語を用いている。

RAL色の大分類は、1が黄、2が橙、3が赤、4が紫、5が青、6が緑、7が灰、8が茶、9が白・黒・銀で、4桁の色番の千の位の数字に相当する。〕

3.2. ドイツの航空塗料産業について

1930年代初期、数社が軽金属の表面処理剤を生産していた。軽金属は飛行機の主要材料で、マグネシウムやエレクトロン[※27]など腐食しやすい金属は特に表面保護を要した。以下は航空機産業が使用していた製品の例だ。

- アヴィオノーム〔Avionorm〕
  リューディッケ・ウント・コムパニー〔Lüdicke & Co.〕
- DKH L 40/52 または L 40/40
  ドクトル・クルト・ハーバーツ〔Dr. Kurt Herberts〕
- イカロール〔Ikarol〕
  ヴァルネッケ・ウント・ベーム株式会社〔Warnecke & Böhm AG〕
- トキオール〔Tokiol〕
  ツェルナー製造所株式会社〔Zoellner-Werke AG〕

この製品名と社名はルフトハンザと空軍（航空省）の書類に見られる。これは空軍機の表面処理が民間機と同一だったことを示し、当時としては最先端の技術を用いていたわけだ。1938年版のL.Dv. 521/1にあるとおり、この時期に飛行材料番号〔Fliegwerkstoff-Nummer〕（飛行材料は航空省の標準品で、徹底した規格化を図っていた）を付与してあった塗料のほとんどが、ヴァルネッケ・ウント・ベーム社のイカロールだった。

イカロール保護被膜についてヴァルネッケ・ウント・ベーム社が出していた説明冊子から、製品紹介を以下に引用する。

> 軽金属と、その保護塗装にともなう問題。
> マグネシウムおよびマグネシウム合金が多用されるにともない、昨今、適切な保護塗料の発明が焦眉の急となっ

脚註
※27：エレクトロン〜Elektron もともとはドイツで開発されたマグネシウム合金の商標名だが、広くヨーロッパで同等の合金が製造使用され、マグネシウム合金を表す総称として定着している。

ている。マグネシウムおよび合金は、より重要なアルミニウム合金と同様に、特殊塗料を要することが現場で判明している。鉄および鋼の保護被膜で得た知識は、軽金属合金には適用できないという結論に達した。逆に、鉄および鋼できわめて良好な保護効果を発揮した塗料が、軽金属ではまったく使用不能というのが現実である。塗料に対して、軽金属が鉄および鋼と極端に異なる反応を呈することがあるのは、軽金属の物理および化学特性が原因である。従って、軽金属用にまったく新しい特殊塗料を配合しなければならなかった。耐用命数および保護効果において、現用の鉄・鋼用塗料に遜色のない塗料である。さらに副次目標として、可能ならばすべて国産の原料から製造することをめざした。(筆者注：前述のRALに関する記述を参照。)近い将来、「軽金属の保護塗料」の分野がきわめて重要になると確信し、当社はすでに数年前に科学研究所を創設して、この課題の解決策を追求してきた。すなわち「国産原料を最大限に用いた完璧な軽金属保護塗料」に全力を投入してきたのである。最新の試験方法を用い、軽金属製造・処理業界との密接な連携のもと、永年のたゆまぬ研究の結果、当社は本事業の完遂に成功したといっても過言ではあるまい。いまや、軽金属処理業界は海水と高温からの保護にイカロール塗料を随意使用できるようになった。イカロールは、きわめて過酷な条件下でも、比類なき保護力と耐用命数により、あらゆる局面で真価を発揮している。本件につき、官公庁および業界機関による証明書、報告書、および参考意見を、いつでも当社はよろこんで提供する。ご参考までに、本小冊子の末尾に掲出した主要飛行機製造会社の推奨文をご一読ねがいたい。あらゆる局面で通常の極限を超える、軽金属飛行機用の保護塗料の需要が特に高まっている。

　当社は軽金属保護塗料に関して永年わたる豊富な経験を有しているので、実用に即した専門の助言を、すべての顧客に提供できる。マグネシウムの他あらゆる軽金属を素材とする貴社製品の保護被膜として、当社のイカロール塗料の真価をご自身で確かめていただきたい。

ら駆逐してしまった。このことは1941年版のL.Dv. 521/1ではっきりとわかる。

　塗料は元祖の製造会社の処方に従い、複数の主要塗料会社がライセンス生産している。

　この「元祖の製造会社」というのがヴァルネッケ・ウント・ベーム社だった。1942年時点で同社がライセンスを供与していた塗料会社のなかには、かつて同様の軽金属表面保護剤を自社生産していた競合会社が数社ある。（下表）

　この表から、当時最高の軽金属表面保護剤だったイカロールの製造元としてのヴァルネッケ・ウント・ベーム社の地位がはっきりとわかる。イカロールは空軍機用の単層塗料で、戦争が長引くにつれ、労働力と原料の節約を目的とした使用が増加していった。上表が示すとおり、すでに1942年の段階で単層塗料に対する需要は旺盛で、航空機産業の要求を満たすには塗料会社多数のライセンス生産によるしかなかった。つまり、1941年11月版のL.Dv. 521/1の記述は、この状況を示しているわけだ。

3.3. 旧ドイツ国防軍の空軍について

　ドイツにとって、第一次大戦の終戦処理は『ベルサイユ条約』で決着した。条約は一定規模を超える民間航空と軍事航空を禁じた。

　きびしい制限にもかかわらず、空軍再建の準備が極秘裏に着着と進行する。1922年4月にラパロで独ソ協定が締結されてまもなく、これもまた極秘裏に、国防軍〔訳注：Reichswehr＝ライヒスヴェア、第一次大戦後の共和国体制下の軍〕の操縦士がロシアのリペックで訓練をうけるよ

　ヴァルネッケ・ウント・ベーム社の説明冊子は自信に満ちた表現で、イカロール塗料が軽金属の保護被膜として当時最先端の製品で、その優位性を確信していたことが読みとれる。

　1938年版のL.Dv. 521/1の塗料系と飛行塗料の表から、航空省が何種のイカロール製品を採用したかわかる。イカロールの優位性はゆるぎなく、ほどなく他社製品を市場か

会社	備考
グラズーリット〔Glasurit〕	
ハーバーツ〔Herberts〕	DKH塗料の製造会社
ヘアビヒ＝ハーハウス〔Herbig-Haarhaus〕	ヘアボロイト〔Herboloid〕塗料の製造会社
リューディッケ〔Lüdicke〕	アヴィオノーム〔Avionorm〕塗料の製造会社
ルート〔Ruth〕	
テーベス〔Tebes〕	
トゥーム兄弟社〔Thurm & B.〕	
ヴァーグナー〔Wagner〕	
ツォーエルナー〔Zoellner〕	トキオール〔Tokiol〕塗料の製造会社
エルフ〔Eluf〕	エーバースフェルダー塗料染料製造〔Ebersfelder Lack & Farben Fabrik〕の略
クリンカート〔Klinkert〕	オランダのツヴォレにあるヴァルネッケ・ウント・ベーム社現地法人

うになった。1920年代中期以降、ドイツの航空機産業もまた極秘裏に新型の戦闘機を開発し、ロシアで試験を行なっていた。

　1933年にヒトラーが政権を掌握した直後から、ドイツ再軍備の動きが加速する。その一環として、強力な空軍〔Luftwaffe＝ルフトヴァッフェ〕をベルサイユ条約に反して創設することになった。1933年4月、国家航空省〔Reichsluftfahrtministerium＝RLM〕が生まれ、国防軍の航空部隊を統括する。1935年3月1日に空軍が正式に発足した。これもベルサイユ条約違反だった。外交に及ぼす影響については、あえて無視したのか、あるいはわかっていて断行したのだろう。後知恵で見れば、一連の動きの最終目的が戦争だったからだ。ドイツ本土を策源とし、東方地域の獲得をめざす戦争だ。

　ヒトラーは再建した空軍の示威を目指す。装備機数こそ多いものの、臨戦態勢には遠く及ばない状態だった。再軍備と、当時すでに拡大しつつあった諸政策はドイツ大衆の心をつかんだ。「ベルサイユ不平等条約」の重圧から、やっとこれで自由になれると思ったのだ。大衆は条約をそのようにうけとめていた。

3.4. 規程類と公式書類について

　ドイツ国内で建造・生産するもの全体を統制する必要があったため、航空省は飛行機の塗装などの「重要でない」事項まで、ドイツ式徹底性をもって管理した。

　飛行機の塗装を定めた最初の航空省公式書類が、1936年末に出た『適切な飛行機塗料の開発要綱（色票付属）』だったことは確実だ。この要綱は空軍機の塗装、特にRLM 02に初めて言及している。さらには空軍機用塗料の性能の厳密な基準値と方針も書いてある。これはL.Dv. 521系列の規程の前身と見なせる。

　筆者の手元にある当時の資料からわかるのは、空軍用規程と産業用規程の路線があったということだ。

　空軍用の路線がL.Dv.〔Luftwaffen Dienstvorschrift＝空軍要務令〕521系列の規程だ。1938年版のL.Dv. 521/1の巻頭序文から、1938年以前の版が複数あったことがはっきりとわかる。L.Dv. 521/3の発効が1937年であることも、この裏付けとなる。1938年以前と41年以後のL.Dv. 521/1は、残念ながら現在まで見つかっていない。

　産業用の路線は、同時期のL.Dv. 521/1の版とほとんど変わらなかったと推測している。根拠は、1938年版の飛行機塗料の処理および適用規程〔Behandlungs- und Anwendungsvorschrift für Flugzeuglacke〕第2版の内容が、軍用の1938年版L.Dv. 521/1と同一だからだ。しかし、この民間用規程にはL.Dv.呼称がなく、また表紙に機密保持注記が見られる。同様の注記は今日も各種書類に見られ、想定使用者が機密保持の必要性をはっきりと認識していない場合に用いている。これより以前の版の「産業用規程」は、いまのところ見つかっていない。

　この規程の「複線性」は、各飛行機型式に対する単一の表面処理工程を空軍全体に導入する必要を、当局がかなり早期から認識していたことが理由だ。つまり全機を同一の表面保護工程で処理し、同一の塗料で塗装する必要があったのだ。一連の規程を定め、航空・塗料産業の関係者全員と空軍に配布することで、表面処理工程と塗料の標準化が達成できた。結果、全員がL.Dv. 521/1に定める表面処理と塗料だけを使用するようになった。飛行機の開発・生産・整備の統一規準だ。こうして最大限の物資標準化を図り、空軍は統制物資の安価で安定した供給を確保した。

　戦争準備と、経済の臨戦態勢への転換が、この標準化にどの程度の影響を及ぼしたかについては、読者の判断にゆだねたい。

　1941年11月発行のL.Dv. 521/1「飛行機塗料の処理および適用規程第1部、動力飛行機」をもって、この「複線性」はなくなった。序には、以下のように明記してある。

　　この新版、1941年版L. Dv. 521/1は、戦争遂行に適合させた。

ここからはっきりと読みとれるように、塗料産業と空軍における過去数年間の標準化は成功した。同時に、戦時経済にむけての転換努力と、その成果についても記述がある。序を読み進もう。

金属塗装用の塗料ならびに木材および布用塗料を、1939年以来、空軍全般に導入してきた。塗料は元祖の製造会社の処方に従い、複数の主要塗料会社がライセンス生産している。

この戦時経済の本質は、国家機関の計画・統制による社会主義の「計画経済」の概念そのもので、徹底して標準化した製品を多数の製造会社で生産（schlanke Produktion）する必要があった。これは、ある供給源が戦争の制約下で操業停止した際には、ただちに別の供給源が代替するという解決策だった。その一例が飛行機の生産だ。

［訳注：schlanke Produktionは、マサチューセッツ工科大学がトヨタ生産方式をもとに考えだしたlean production＝リーン（無駄のない）生産方式をドイツ語にしたもの。］

筆者の手元にある1938年版のL.Dv. 521/1には複数の訂正差替〔Deckblatt〕が付属している。規程は、訂正差替によって常時改訂し、最新の内容に保ってあった。

筆者は1941年版のL.Dv. 521/1にも訂正差替があったはずだと想像しているが、いまだに確認できずにいる。ただし、訂正差替ではなく修正は見つかっている。1943年4月5日付の空軍官報1943年16号の序に、以下の修正を手書きで行なうよう指示がある。

1943年5月1日をもって、飛行塗料のRLM色調記号「－」は、RLM色調「99」に変更するものとする。

例：従来の飛行塗料7102.－は、今後は飛行塗料7102.99とする。

対象となる塗料の品質および生産方法は変更せずに継続する。上記の空軍要務令両方に関して、4桁の飛行塗料番号の後に記号「－」が付随する箇所については、これを手書きで「99」に修正するものとする。

L.Dv. 521/1の7ページの注記は、手書きで以下の文に修正するものとする：

「4桁の塗料番号の後の点につづく数字99の意味：正確な色調は重要ではない。」

本修正は、将来のOSリストにも反映するものとする。工程表は、飛行機製造会社の歴史記録に付随する。

［訳注：OSリストは表面保護処理表〔Oberflächenschutzverfahren List〕の略。］

ここに引用した修正指示は、L.Dv. 521/1とL.Dv. 521/3だけを対象にしている。L.Dv. 521/2は対象外で、これはすでに修正を織り込みずみのためだ。本書に掲載したL.Dv. 521系列の諸版にも、同一の記述が見られる。ここでも、「－」と「99」は同じ意味であることを明記してある。

1944年7月1日付の一括通達〔Sammelmitteilung〕には、L.Dv. 521/2（滑空機）に対する変更が記載してある。まさにこの変更から、筆者は後期の色調（RLM 81/82/83）の正体をつかもうとしてきた。（⇒ 4.4.2.）

しかし、戦局のため1941年版のL.Dv. 521/1には訂正差替を作成せず、かわりに航空省の文書を通じて（上記のL.Dv. 521/2のように）修正を公布した可能性もある。以下に示す1944年8月15日付の一括通達2号の記述は、訂正差替がなかったことを示唆している。

迷彩色調と飛行機上の配色を統一規準で新ためて決定した。迷彩図作成の任にある企業は、トラーヴェミュンデ実験場から迷彩原図帳を受領する。すべての必要事項を記載してある。この迷彩原図帳の発行に伴い、例えば部隊の特別な要望に応じて、原図帳指定外の迷彩法または色調を産業が使用することは、トラーヴェミュンデ実験場の明確な許可が無い限り、原則として禁止する。

この新決定の進捗により、今後は以下のRLM色調を廃止する：65、70、71、および74。色調70は、プロペラ用に限って指定を存続させる。

すでに確認できているかぎりでは、1941年版のL.Dv. 521/1は、基本配信〔Grundverteiler〕第3141号によって各航空大管区本部〔Luftgaukommando〕の要務令処〔Dienstvorschriften-Stelle〕に1941年12月15日から1942年1月3日までの期間に到達している。L.Dv. 521/1が要務令処から全部隊に行き渡るのに数カ月を要したのは明らかだ。航空省がRLM 70と71にかえて迷彩色RLM 81と82を将来導入することを、1943年8月21日付の文書によって発表していたことが、1944年7月1日の一括通達1号からわかる。

1941年版のL.Dv. 521/1は1942年前半に配布され、わずか一年半後には、新迷彩色導入を発表した文書が出ている。1941年版のL.Dv. 521/1を定め配布した時点で、迷彩原図帳〔Tarnatlas〕の作成を進めていることが、すでにわかっていた。訂正差替を出さなかったのは、このためだろうか。迷彩原図帳の発見によって、はじめて真相を究明できる。しかし残念なことに、まだ見つかっていない。

本書の第7章に、現時点で筆者が知るかぎりの飛行機表面保護に関する航空省公式規程すべてを収録した。あわせて一括通達1号と2号の全文も収録してある。

4. 1935年から1945年までの塗料　Anstrichstoffe 1935－1945

　前章では、諸社の塗料が当時どのように発達したかを見た。軽金属が飛行機の主要製造材料になった。イカロール単層保護塗装の技術優位のために、1939年までに他社はすべて軽金属用塗料の市場から撤退した。例外（たとえば羽布や不燃塗料）にかぎって、他社の塗料をまだ使用していた。かつての競合会社は、イカロールをライセンス生産するようになった。本章では、塗料の使用を見ていく。

4.1. ルフトハンザ

　ルフトハンザは特に重要だ。一部に空軍と同じ機種を使用し、空軍機と同じ表面保護処理工程と塗料を用いていたからだ。しかしまた、空軍と大きく異なる点もあった。このことは、在ラス・パルマスのルフトハンザ南太平洋地区支配人の1937年8月19日付文書からわかる。〔訳注：Deutsche Lufthansa Aktiengesellschaft＝ルフトハンザ ドイツ航空、略称DLH〕

　Do 18全機とD-AKYMは水上部をDKH塗料のブロンゼミッテルグラウ〔Bronzemittelgrau〕で、水中部をイカロール上塗り塗料の銀色で、貴所の品目表の指示に沿って塗装してある。当所における運用実績で、この塗料は有効性を実証した。のみならず、手塗り塗料のなかでイカロールが最も人気がある。
〔訳注：DKHはドクトル・クルト・ハーバーツ〔Dr. Kurt Herberts〕の頭文字で、DLHの誤記ではない。〕

　空軍とルフトハンザとで塗料が共通なのは、簡単に説明がつく。どちらも当時最高の塗料と表面保護剤で保有機を処理することを望んだのは、当然だろう。塗料会社の選択は、当然ながら品質仕様の制約をうけたため、つねに同一の会社を採用していた。ルフトハンザの品目表と1938年版のL.Dv. 521/1を比較すると、共通性がわかって特におもしろい。

Do 26の流麗なラインがよくわかる写真。ヘルグラウの塗装には金属性の光沢がある。同じ塗料を内部にも使用していて、これは機首で開いているパネルの裏面からわかる。金属性の光沢は、表面保護効果を高めるためにアルミニウム粉末を多量に混和しているためだ。主翼上面の黄色塗装も判別できる。民間用登録記号は規程どおりだ。（ミヒャエル・ウルマン）

以下の表は1936年10月27日付のもので、「DLHが使用する主要塗料およびその使用目的の集成−1936年11月1日時点」〔Zusammenstellung der wichtigsten bei DLH geführten Anstrichmittel und deren Verwendungszweck. Stand 01.11.1936〕という表題がついている。

呼称	危険等級	製品番号	社内番号	使用目的	代替する資材
DKHニトロエナメル ジュラルミングラウ	I	L 40/52	015V054	He 111金属部品	新
同　RLMグラウ	I	L 40/52	015V056	特注に限定して支給	
ブローンゼミッテルグラウ 同　黒	I	L 40/52	015V057	He 70エンジン基部 シリンダ等	アヴィオノーム上塗り塗料 015V123
DKHニトロエナメル 灰	I	L 40/51	015V058	He 70外部塗装	アヴィオノーム上塗り塗料 015V120
DKHニトロエナメル 銀	I	L 40/52	015V053	ユモ・エンジンおよび 機体外部塗装	アヴィオノーム上塗り塗料 015V126
DKH軽金属塗料 （油性下塗り）	II	W 30/01	015V061	下塗り	下塗り塗料　白 010V001
DKH油性被膜塗料 DLHグラウ	II	W 30/23	015V062	Ju 52外部塗装	エナメル色調54 015V030
DKH油性被膜塗料 赤	II	70/13	015V063	国章	
DKH油性被膜塗料 Rbグラウ	II	W 30/23	015V066	Ju 52 Rb 外部塗装	エナメル色調53 015V031
DKH油性下地 明灰	II	L 40/41	015V040	外部塗装下塗り	白色下塗り 010V001
DKH油性下地用稀釈剤	II	L 40/40	050V095	油性下地専用	
DKH標準稀釈剤	I	E 52/50	050V100	ニトロエナメルおよび ニトロ塗料用	アヴィオノーム稀釈剤 050V004
DKH稀釈剤 （油性塗料稀釈剤）	II	W 30/00	050V005	015V061、015V062 および015V066用	
イカロール　アルミ塗料 即時塗装可	I	142	015V035	Ju 52他 外部塗装	アルミエナメル 015V033
イカロール中塗り塗料 灰	I	103/1	015V160	三層式特殊塗料 政府機用	新
イカロール単層上塗り塗料 DLHグラウ	I	132/1	015V162	Ju 160外部用試験塗装 のちにJu 52に使用か	新
イカロール上塗り塗料 RLMグラウ	I	103/2	015V163	政府機用特殊塗料	新
イカロール上塗り塗料 銀	I	110	015V164	10 tドルニエ・ヴァール用 水中塗料	新
イカロール被膜塗料 銀	I	111/s	015V165	同上	新
イカロール単層上塗り塗料 灰	I	132/3	015V166	Ju 160、Ju 86、Ju 52 He 111内部塗装 （操縦室以外）	

呼称	危険等級	製品番号	社内番号	使用目的	代替する資材
イカロール洗滌剤	I	R 100	060V099	イカロール塗装 はみ出し除去用 （ツェルナーまたは テパク剥離剤）	カジカ洗滌剤 060V092
イカロール標準稀釈剤	I	104/107	050V015	イカロール全製品稀釈用	新
イカロール下塗り	I	L 201	010V050	イカロール塗料の下塗り用 DKH下塗りにも使用可	新
ツェレスタ緊張塗料または 下塗り塗料　赤	I	1603	020V001	布用緊張塗料	
ツェレスタ被膜塗料 DLHグラウ	I	2000/67	020V010	10tヴァール用	
同　明黄	I	2000	020V013	10tヴァール用　表面	
同　ジュラルミングラウ	I	2000/91	020V015	He 111布表面	
ツェレスタ均等化液	I	1611	020V020	ツェレスタ塗料稀釈用	
ツェレスタ被膜塗料　無色	I	1606	020V021	10tヴァール用	
ツェレスタ洗滌剤 （旧稀釈剤）	I	2437	050V002	稀釈用ではなく、 油脂分除去用	
エラストデュアラック　黒	II		015V001	降着装置、標識 エンジン基部など	
同　半艶消し	II		015V006	タウンエンドリング およびNACAカウリング専用 （防眩用）	一部カジカ塗料 015V002
焼付塗料　黒　半艶消し 半光沢黒	II	9354	015V004	シリンダ	
青色塗料	II	32 RAL	015V100	DLH車輛	
黄色塗料	II	23 RAL	015V101	DLH車輛文字標記	
灰色塗料、空気乾燥	II	9551/3	015V110	BMWホーネット発動機外被	
同　白色、研磨エナメル	II	T 410	015V014	飛行機便所	
識別色クロムグリュン〔緑〕	I	L 9241/237	015V083	配管	プロトール塗料015V092
同　クロムゲルプ〔黄〕	I	L 9237/5	015V084	配管	同015V093
同　茶	I	L 9239/82	015V085	配管	同015V094
同　青	I	L 9240/68	015V086	配管	同015V095
同　赤	I	L 923/9	015V087	配管	同015V020
上記稀釈用	I	L 192/s/98	050V019	配管	プロトール稀釈剤015V020
ヴェアマリン吹付け塗料 灰、艶消し	I		015V042	計器盤、計器	
同　黒、艶消し	I		015V043	計器盤、計器	
同　黒、光沢あり	I		015V045	計器盤、計器	
船舶塗料　緑	II		030V001	ジュラルミン等保護用	
シェル保護油	III	54	030V022	無塗装エンジン 保護用	ツェラー噴霧剤 030V020
DKH油性パテ	II	L 40/45	040V009		新
DKH油性パテ用稀釈液	II	L 40/00	050V096		新
DKHニトロパテ	I	L 40/43	040V011	標準稀釈剤で稀釈	アヴィオノームパテ　白

呼称	危険等級	製品番号	社内番号	使用目的	代替する資材
特殊パテ 黒色プロペラジャケット用			040V007	木材補修	040V002
同、稀釈液			050V010		
DKH研磨ペースト		L 40/60	025V016	ニトロ塗装（He 70） 仕上げ用	アヴィオノーム 磨きペースト 025V015
DKH磨き液		L 40/61	025V017	同	アヴィオノーム磨き液 025V014
イカロール研磨ペースト		S 713a	025V019	プレキシグラス研磨用	新
イカロール・ポリッシュ			025V020	同	新
テパーク剥離剤	III		060V090	全機種	
ツェルナー汎用剥離剤	III	L 9801	060V094	同	
イカロール剥離剤	I	127	060V100	ルフトハンザでは 使用せずという仮説	新
ザムン剥離剤 洗滌剤のみ	I		060V093	エンジン部品洗滌用	

ルフトハンザ塗装方式にはもうひとつ、注目すべき特徴がある。緊急着水時に上空から発見しやすいよう、主翼上面を黄色で塗装していたのだ。以下の引用で、ルフトハンザの飛行艇が実際に黄色塗装をまとっていたことがわかる。ここでもまた、空軍との関連がある。戦前は、空軍機も主翼上面を黄色に塗装していたのだ。（⇒ 5.2.、1938年版L.Dv. 521/1、1941年版L.Dv. 521/1）

以下、ヨアヒム・ブランケンブルク機長による1936年9月7日付の飛行日誌『ドルニエDo 18ツェーフィル飛行艇で北大西洋横断』から抜萃。

　　　山の中腹、家が一軒たっているところから、眼下の防波堤内に停泊するわれらがドルニエ飛行艇、『ツェーフィル』を見た。流麗な灰色の胴体と、黄色の主翼が見えた。

もう一件、トラーヴェミュンデのルフトハンザからラス・パルマスの南大西洋地区支配人にあてた1938年9月27日付書状から抜萃する。

　　　貴信に関し、本処でもっとも頻繁に使用しているHa 139用塗料の一覧を、ここに記す。
　　　もしも情報が不十分ならば、ハンブルク飛行機製作所有限会社〔Hamburger Flugzeugbau GmbH〕発行のHa 139型飛行機の塗料表をTEから入手されたし。
　　　胴体、内部：
　　　　油性下塗りDKH明灰　L 40/41
　　　　ニトロ上塗り塗料DKH銀灰　L 40/51
　　　外板外部：
　　　　油性下塗りDKH明灰　L 40/41
　　　　ニトロエナメル塗料　L 40/52
　　　主翼上面、外板：
　　　　DKH油性下塗り　L 40/41
　　　　DKHニトロ上塗り塗料、ルフトハンザ黄　L 40/51
　　　　DKHエナメル　L 40/52
　　　浮舟、水線下：
　　　　イカロール軽金属下塗り　201
　　　　イカロール上塗り塗料、灰　103/1
　　　　イカロール上塗り塗料、銀　111/s

さらには、1936年10月27日付のルフトハンザの表に、以下の塗料の記述がある：

　　　ツェレスタのヘルゲルプ〔Hellgelb＝明黄〕2000の使用目的：10 t ヴァール表面。
　　　主翼上面のみを黄色で塗装し、舵面は塗装しない。

うえに引用した文書から、ルフトハンザの飛行艇が実際に主翼上面を黄色塗装していたことを確認できた。第二次大戦が勃発しても、ルフトハンザは消滅しなかった。複数の同社書類から、ルフトハンザ機の戦時中の塗装をうかがい知ることができる。1940年7～9月の技術管理四季報〔Vierteljahresbericht der Technischen Kontrolle〕に、

カタパルトから射出したDo 18。主翼上面は黄色で塗装してあるが、水平尾翼上面は違うことが、はっきりとわかる。主翼上面以外は全面ヘルグラウL 40/52の塗装だ。規程どおりの民間機登録記号と国章をつけている。（ミヒャエル・ウルマン）

以下の記述がある。

> 塗料および染料の在庫状況ならびに個別のルフトハンザ事業所におけるおよび使用状況を調査した結果、当社が使用する塗料および染料の数を大幅に削減することが可能で、在庫および使用の合理化の観点から望ましいことが判明した。これは、特定の用途に対し、特定の塗料または塗料体系を一律に規定するという方法による。
>
> …塗料の選定にあたっては、以下の点を考慮している。当社は広範囲に国有機を整備し、国有機用の塗料および塗料体系のほぼ全種の在庫を保有しているため、規程には、いわゆる飛行塗料体系をなるべく取り入れている。ただし国有機は色調01銀をほとんど用いていないが、当社機の外部塗色として採用している。共通仕様には、国有機の塗装と同一の下塗り、中塗り、および稀釈剤を当社機に使用できるという利点があり、さらに在庫の単純化も可能となる。また塗料の成分は、すでに実施してきたとおり、困難な供給状況にあっても十分な量を確保できるように選択してある。適切な飛行塗料がない対象については、当社における永年の使用実績で効用を確認したものか、あるいは、適切な耐久性および他の塗料との十分な親和性を試験で実証した塗料のみを採用した。
>
> 以下は特記事項：現在、国はすべての陸上機を、労働力と物資の節約のため、ヴァルネッケ・ウント・ベーム社の単層塗料7122で吹付塗装しているが、TEとの協議の結果、当社機の外部塗装には単層塗料を使用しないこととした。この点については、近年、くりかえし論議してきたとおりである。シュターケンにおいて一年間の耐久性試験を行なった結果、ヴァルネッケ・ウント・ベーム社およびドクトル・クルト・ハーバーツ社の二層式と比較して、ヴァルネッケ・ウント・ベーム社、ヘアビヒ＝ハーハウス社、ドクトル・クルト・ハーバーツ社、およびルート社の単層塗料の耐久性が劣ることが判明している。さらには、ドクトル・クルト・ハーバーツ社の二層塗料がヴァルネッケ・ウント・ベーム社製品に劣る成績であったため、今後、当社機の金属外皮の塗装には、飛行塗料7102および7109からなるヴァルネッケ・ウント・ベーム社の二層式のみを使用するものとする。なお当社水上機の水中部は、同じ下塗りおよび上塗り塗料とするが、同社製の中塗り塗料7106を用いてで三層式とする。
>
> 金属内部塗装に関しては、客室造作物等を除いて、一般に陸上機には飛行塗料7122を用いる。陽極酸化（Eloxal）[※28]処理した部分は、陽極酸化浸漬塗料〔Eloxaltauchlack〕[※29]の上に塗装する。水上機は、陽極酸化処理した部分につき、陽極酸化浸漬塗料と飛行塗料7122との組合せか、あるいはヴァルネッケ・ウント・ベーム社の二層式飛行塗料系を用い、色調02 RLMグラウの仕上げとする。木製の内装にはヘアビヒ＝ハーハウス社の飛行塗料7140を用いるが、

ルフトハンザのDo 18『ツェーフィル』の写真。ヘルグラウL 40/52で塗装してある。水線下の全部とフロートはイカロール上塗り塗料銀111/S（のちのRLM 01の色調）で塗装し、表面保護を強化してあった。主翼上面は黄色。（ミヒャエル・ウルマン）

操舵輪および同様の部品の無色塗装にはツェルナー社の研磨塗料と被膜塗料の組合せを使用しつづける。

　それ以外の用途、特に計器およびエンジン部品の塗装については、大体において従来の塗料の使用を継続する。ただし、国章、装飾、文字標記、客室造作、機内便所および荷物室、ならびに地上機材用に採用した多種の塗料に代えて単一種の塗料を用いることとし、必要な全色の在庫を持つ。この種類の塗料は、良好な光沢とある程度の濃度を要する。

　…航空省が飛行塗料として認可し、国章等の塗装用に指定しているベック・コラー・ウント・コムパニー社の標識塗料は、艶消しで色調が悪いため、当社の目的には適さない。ただし配管の識別用は例外で、これは従来と同様に使用する。

　…従来、国章や客室造作などの塗装には、各個の塗装師が油性塗料、硝酸セルロース系塗料、または合成樹脂塗料を、嗜好に応じて任意に選ぶことがあった。しかし互換性がないため、変更が困難になっていた。

〔訳注：航空省の飛行塗料系〔Flieglackkette〕のことを、ルフトハンザの四季報では飛行塗料体系〔Flieglacksystem〕と呼んでいる。〕

さらには、1941年4〜6月の技術管理四季報から以下に抜萃する。

塗料で変更があった。すなわち、従来はひとつの塗料の各色調に固有の部品番号をつけていたが、今後は、飛行塗料（筆者注：飛行材料番号＝Fliegwerkstoff-Nummer）と同様に、それぞれの塗料に単一の部品番号つける。同一部品番号内での色調の区別として、塗料の大半にはL.Dv. 521で定める色調番号を付記する。なお、国章および装飾用の塗料にはRAL色票840 B2の色調番号を、皮革用にはヴィルブラ色表の色調番号を付記するものとする。

　塗料業界の標準化をすすめる諸施策は、滞りなくつづいた。以下は1941年8月11日付のルフトハンザ塗装規程の全文だ。

脚註：
　※28：陽極酸化処理〜アルミニウムおよびアルミニウム合金に施す表面処理法のひとつ。耐酸耐アルカリ性や耐食性を高める目的で、電気化学的な方法を用いて酸化被膜を生成する。エロクサール Eloxal というのはドイツで開発されたアルミおよびアルミ合金に対する表面処理法の総称（商標）で多くの種類がある。電解液に何を用い直流電流・交流電流いずれを使うかなどの違いで処理可能な合金の適不適、生成被膜の強度・色に変化が生じる。エロクサールGSは硫酸・直流で処理、GX、GXhはシュウ酸・直流、WXはシュウ酸・交流といった具合。なお日本で開発された理研アルマイト法もシュウ酸を用いたものである。
　※29：陽極酸化浸漬塗料〜陽極酸化で生成された保護被膜には表面に微細な孔が形成される。この細孔があることでアルミやその合金は染色が可能となる。反面、耐水保護被膜としては完全ではないことから、陽極酸化被膜を強固にするため事後の仕上げ処理を行う。装飾的には染料を含む溶液で処理、発色原を埋め込んで孔をふさぐ方法をとるが、機能を優先する場合には、熱湯煮沸でふさいだり、有機、無機の溶液に浸漬等して細孔を潰す方法が多数存在する。本文記述では具体的な内容がわからないが、エロクサールで陽極酸化処理した材料を仕上げ処理するための専用の有機系溶液と思われる。

TE/TK. 　資材・燃料部
Dr. 51/Wo 　　　　　　　シュターケン、1941年8月11日

ルフトハンザの飛行機、発動機、計器、および地上機材の塗装規程に関する説明

　　本塗装規程は、関係各部との広範囲な協議の後に策定したもので、ルフトハンザのすべての飛行機、発動機、計器、および地上機材の塗装の標準化を推進し、当社および社外倉庫で保管する塗料等の種類を大幅に削減することを企図している。特に、将来の平時運用への転換に多大な労力を要し、また平時運用そのものが多岐にわたる要求を伴うため、最低限の塗料を使用することが緊要であることを念頭においている。塗料は標準品が望ましく、成分の互換性は絶対に必要である。もはや、飛行機の塗装が個別の塗装師の嗜好や技倆で左右されるような状況は許されない。従って、本塗装規程はルフトハンザの全部門に拘束力を有す。

　　当社が軍用機および国有機の分解検査を当面は継続する模様であるため、塗料表は軍用機および国有機の両方に使用する飛行塗料に限定する。これは、在庫増加を抑制し、さらには現下の原料不足に対処するためである。なお当社予測では、原料不足は平時に復旧後も当面は継続する。規定する塗料は、ほとんど国産原料のみを用いて製造でき、常に十分な量を確保できる。当社専用の機種についても、原料の状況を考慮して塗料を選定している。このため、これまで当社が選好してきた油性塗料、油性樹脂塗料、および石油系合成樹脂塗料は、もはや使用不能となった。しかしこれは、一部の塗装師が塗装方法を変更する必要があるものの、不利なことではない。新開発の塗料は、より均一に塗装でき、油性塗料よりも優れた性状を有している。そして戦後、陳腐化した塗料原料に外貨を使用できないだろうというのも理由である。

　　よって塗装規程には新機軸を盛り込んでいる。

　　これまで国章、文字標記、装飾模様、客室内装の一部などに用いてきた多種の硝酸セルロース油性塗料と合成樹脂塗料に代えて、単一の製品、ベコロイト光沢セルロース塗料を用いる。本製品には以下の特長がある。吹付け、刷毛塗り、および浸し塗り塗装に適している。当社の徹底した試験では、他種の塗料との互換性と、優れた耐久性を示している。短時間で乾燥し、美しい光沢の厚い塗膜を形成する。RAL色表840 B2（および必要ならばL.Dv. 521）の全色がある。修理用の中間色は、混合によって簡単に調色できる。

　　さらには、いままで木製部品の無色塗装に使用してきたツェルナー社の研磨塗料および被膜塗料などの油性塗料は、原料不足のため、別種の塗料による代替が必要となった。代替品として、エマイロラ低温ガラス〔Emaillola-Kaltglasur〕すなわち常温硬化型ベークライト塗料を選んだ。本製品は、すでにハイネ・プロペラ製作所が木製プロペラの無色塗装に永年にわたり使用していて、効果をあげている。適切な処理により、エマイロラ低温ガラスは美しい光沢または艶消しの、ガラス状の厚い塗膜を形成する。優れた保護力があり、あらゆる溶剤類を通さない。本塗料の施工要領は、TE/TKから入手可能である。

　　これまで無塗装金属部品の主として輸送中の保護に用いてきたデュッセルドルフのC.W.シュミット社の緑色船舶塗料も、原料不足のため供給不能となった。これは、ヴァルネッケ・ウント・ベーム社の緑色透明の保護塗料141で代替する。本製品は、広範な試験の結果、緑色船舶塗料のみならず、同時に試験した他の全製品よりも優秀なことが判明した。

　　将来は塗装規程にある塗料のみで塗装するよう、当社が受領予定の新造機の製造会社に要請する必要がある。過渡期においては、新造機の塗装補修に適すると当社試験で確認した塗料について、塗装規程の「補修」欄に細目を定める。本欄が空白の際には、その機種は新塗装体系の該当する上塗り塗料で補修可能である。当然、本欄の指定は補修のみに適用する。塗料が剥離した飛行機または構成品は、かならず「再塗装」欄に定める塗料を用いて保護すること。

　　補修および再塗装に使用する塗料および塗料体系の指定に加えて、塗装規程には塗装法（吹付け、浸し塗り、刷毛塗り）、稀釈手順、稀釈率、および乾燥時間に関する基本事項を併記する。内容は、L.Dv. 521および塗料製造会社資料から抜萃した。明確な細目が入手不能な項目もあった。かかる項目については、各個の塗装師が専門知識を応用せねばならない。

　　塗装規程には、すべての飛行塗料の飛行番号〔Fliegnummer〕のほか、1941年8月16日発効の新DLH部品番号を付した塗料を記載する。重大な変更点は、従来はひとつの塗料の各色に固有の部品番号をつけていたが、今後は飛行塗料と同様に各塗料に単一の部品番号を付すことである。発注時などの色調指定には、飛行塗料と同様に、当該塗料の部品番号に続けて小数点と色調番号を付記する。色調番号は、飛行塗料に多用しているごとくL.Dv. 521に準拠するが、例外として、ベコロイト光沢セルロース塗料にはRAL色表840 B2準拠の色調番号を、ヴィルブラ皮革染料にはヴィルブラ色表の色調番号を用いるものとする。例外規定が必要な理由は、L.Dv.色調表が空軍の要求に応じたもので、民間機の装飾塗料と皮革染料に要する色彩を網羅していないためである。管理上の都合により、飛行塗料番号およびDLH塗料番号の前には資材群記号〔Material-Gruppen-Bezeichnung〕を付ける。資材

補給飛行でロシアに来た元ルフトハンザの Ju 90 輸送機。ルフトハンザの規程に沿って全体を RLM 01 ジルバーで塗装してある。機首前部は RLM 65、カウリング上部はプロペラと同様に RLM 70 のようだ。カウリング下部は RLM 04 ゲルプ、スピナー先端は RLM 23 ロートの塗装。（ミヒャエル・ウルマン）

群C.908は、「化成品、塗料、および燃料」を示す。発注および照会などの際には、以下に例示する順序で部品番号を使用すること。

908/7122.02　　　　単層上塗り塗料Fl. 7122.02、色調02 RLMグラウ、L.Dv. 521/1準拠
908/80 641.01　　　ベコロイト・セルロース保護塗料
12 149、色調01 銀、L.Dv. 521/1準拠
908/80 300.23　　　ベコロイト・セルロース塗料光沢、色調23 黄、RAL 840 B2準拠
908/80 460.11　　　機械塗料、ブラウグラウ（DIN 1842）
908/80 871.5　　　ヴィルブラ皮革染料、色調5ハバナブラウン、ヴィルブラ色表準拠

　平時において、当社機は無塗装金属仕上げまたは色調01銀の外部塗装であるが、戦時は迷彩として外部を色調02RLMグラウで塗装するものとする。
　将来の塗装規程改定に運用実績を反映させるので、個別の塗料について、互換性不全、耐久性の不足、困難な塗装作業などの報告や改定要望は、すみやかにTK/BBに提出し、副本をTK/FLGに送付すること。ただし、改定提案については、詳細な技術上の裏付けがあるものに限って受理する。

　このルフトハンザの書類には、興味ぶかい点が多数ある。以下に留意されたい。
　●国有機〔Reichsflugzeug〕と国についての言及。すべて空軍機の意味でこの表現を使用している点が特筆に値する。書類の文脈で、戦争または戦闘状態についてなんら言及していないからだ。
　●L.Dv. 521/1に準拠した飛行塗料と塗装体系をルフトハンザに使用し、航空省式の色調呼称も採用しながら、L.Dv. 521/1からの逸脱（その他の塗装に光沢塗料を使用）をあえて規定している。
　●1940年7〜9月の技術管理四季報の最後の段落から、ルフトハンザ機を塗装する際の、整備員の慣行がわかる。公式文書で状況に言及しているのは、注目に値する。このことは、戦争が進行し、ルフトハンザの専門職が空軍に召集されるとともに、さらに重要性を増す。いままで「個人の嗜好」で塗装していたのが、急に空軍機を厳密に規程どおりに塗装するようになるだろうか。

ツェッペリン飛行船の表面の光沢が部分によって異なっているのがわかる。船殻の先端部は「ツェロン」を再塗装して、表面保護を強化してある。初期の「ツェロン」は雨で簡単に流失してしまう欠点があった。布の表面保護が不十分だと飛行船は水分を大量に吸収し、この余計な重量のために性能が低下した。この流失問題に対処するため、かずかずの努力で「ツェロン」向上をはかっている。（ミヒャエル・シュメールケ）

4.2. ツェッペリンの表面保護

二十世紀初頭からレークハーストの大惨事〔訳注：1937年5月6日、米国ニュージャージー州レークハーストで、LZ 129ヒンデンブルク号が着陸時に炎上し、乗客乗員97名のうち35名が死亡した事故〕まで、ツェッペリン飛行船はドイツ航空技術の象徴だった。

ツェッペリン飛行船の主要構造はジュラルミンと綿布で、それぞれに適した表面保護を施してあった。ジュラルミンは、腐蝕を防止する処理をしていた。綿布は伸張して水が浸透しないよう処理し、また有害な紫外線から防護してあった。

ツェッペリン飛行船の建造に使用する部品と原料の表には、防水性向上のためジュラルミンをコバルトブルーの透明塗料で塗装するという記述がある。この目的のため、詳細な規程が定めてあった。フリードリヒスハーフェンのツェッペリン飛行船造船所有限会社〔Luftschiffbau Zeppelin GmbH〕が1935年10月25日付で発行した「飛行船部品の保護に関する規程」〔Vorschriften für die Konservierung von Luftschiffteilen〕の一部を以下に抜萃する。（下表）

素材	下処理	保護剤	塗装法	乾燥時間	温度
ジュラルミン	テトラクロロエチレンまたはトリクロロエチレン洗浴。熱湯で洗浴	DKH塗料	浸し塗り 吹付け	8–10	18–20℃
エレクトロン	酸洗い	チタンホワイト	刷毛塗り	8–10	18–20℃
		アゾピル塗料	刷毛塗り	6	18–20℃
鋼	サンドブラスト	カドミウム被膜	電気鍍金		
		ツィクロープ・アルミニウム青銅	刷毛塗り	8–10	18–20℃
溶接部品 被筒	P3洗浴	カドミウム被膜	電気鍍金		
締結嵌合部	P3洗浴	ワセリン	塗布		
回転部		木炭タール（レガノール B.E）	塗布		
外皮 綿布および		セルロース緊張塗料 酸化鉄2%添加	1回塗布		
亜麻布		セルロース アルミニウム粉末4-5%添加	3回塗布		

〔訳注：テトラクロロエチレン（C_2Cl_4）とトリクロロエチレン（C_2HCl_3）は揮発性の溶剤で、脱脂・洗滌に使用していた。〕

LZ 129ヒンデンブルク号の船舶仕様書の外皮の章に、ツェロン〔Zellon〕塗装の記述がある。この塗布工程は、ツェロン処理〔Zellonierung〕と呼んでいた。

　　外皮と尾翼の外皮は、ツェロン塗装を5回おこなう。
　　塗装は、刷毛を用いて施す。外皮を研磨してはならない。

　　個別の塗装は以下の如し。
　　第1塗装：ツェロン＋1.5%酸化鉄
　　第2塗装：ツェロン＋3%アルミニウム粉末
　　第3塗装：ツェロン＋3%アルミニウム粉末
　　第4塗装：ツェロン＋3%アルミニウム粉末
　　第5塗装：ツェロン＋2%アルミニウム粉末
　酸化鉄とアルミニウム粉末の総量は、22 g/㎡を超えてはならない。
筆者注：ツェロンとはなにか
　ツェロンは、アセトンに溶解したセルロイドだ。この「液状プラスチック」は、処方が異なるものであれば、今日でも入手でき、滑空機などで使用している。ツェロンには強い引火性があり、この欠点のため、今日では新型の二液式塗料にほとんど転換してしまった。

　上記の、1935年10月25日付の「飛行船部品の保護に関する規程」とLZ 129の外皮のツェロン処理の記述とを比較すると、LZ 129にはツェロンを1層追加塗布してあることがわかる。
　ツェッペリン飛行船の外皮のツェロンによる表面保護の耐用命数は、それほど長くなかったという。一例をあげれば、飛行船ヒンデンブルク号がフランクフルト・レークハスト間を往復した第43回と第44回飛行の技術報告書から、このことがわかる。

　　航行中、数時間にわたり豪雨が降り続いたことがあった。水は区画板の間隙の立坑がない場所をしたたり落ちた。外皮は雨に打たれて、すでに雨漏りが発生しているようだった。

　ヒンデンブルク号の重度の浸水の問題は、外皮の表面保護の効用がなくなったことが原因らしく、1936年10月28日付で書状が出ている。これはフランクフルトのドイツ・ツェッペリン飛行船会社（Deutsche Zeppelin Reederei、

これはツェッペリン飛行船LZ 127『グラーフ・ツェッペリン号』で、「ツェロン」で保護した表面の流失箇所がわかる。「ツェロン」は布を緊張し保護しているので、流失すると布が吸水して緩んでしまう。この写真では、その影響がよくわかる。（ミヒャエル・シュメールケ）

以下DZRと呼ぶ）からフリードリヒスハーフェンのツェッペリン飛行船造船所（Luftschiffbau Zeppelin、以下LZと呼ぶ）にあてたものだ。

　　　　雨のために外皮のツェロンが流失してしまったかもしれないという仮説につき、貴社の見解をいただきたい。飛行船の短期間の運航で、すでにツェロン塗装に雨漏りが発生しているか、あるいは防水剤を配合した現在のツェロンの組成に問題があるとは考えがたい。浸水によって生じる船体への悪影響のほかに、回路の短絡がおきる可能性もあり、電気設備に危険を及ぼしている。

ドイツのツェッペリン飛行船には、外皮の表面保護塗装に関して、解決すべき問題が多数あった。

1. 浸水による重量増加。気嚢内の水素の浮力には限界があった。浮力は、気圧、大気の温度、湿度の影響をうけた。飛行船が浸水のために重量を増していくと、高度維持が困難になった。
2. 浸水による電気設備の回路短絡。電弧［火花］が発生するおそれがあるのが問題だった。火花から水素ガスに引火する可能性があった。水素ガスが大気中の酸素と混合すると「爆発濃度」の気体が生じる。これは文字どおり、きわめて爆発性の高い混合気だ。
3. 外皮の粗さによって生じる空気抵抗。たとえば、LZ 127の総表面積は20000 ㎡ある。表面が平滑でなく粗いと、空気抵抗が増加し、速度低下と燃料消費増加につながる。また、いうまでもなく、粗い表面には水が多くたまる。

この問題に対処するため、何度も特別な対策を講じた。その一例として、LZからDZRにあてた1937年7月17日付の書状を引用する。

　　　外皮の保護塗装
　　　将来の外皮の保護処理の事前試験として、以下の対策を検討されたし。
　　　原料、特に綿布は、裏面を撥水軟化剤で下処理すること。直立する微細な繊維には、スポンジのような吸水作用があり、埃もたまりやすい。保護染料を処理剤に混合してもよい。従来の6%にかえて、規則正しく伸張と緩和を交互に反復して布長を約8%引き延ばす。これは、試験伸張破断点の3分の2の張力に相当する。この伸張は永続せず、ただちに布は緩みはじめ、伸張破断点の数分の一（約10%）に張力が低下するまで、緩和が徐徐に進む。
　　　改良LZ 126型の緊張塗料を稀釈せず光線防護剤（酸化鉄）を添加して塗布する。

　　　2回目の塗装：1回目の塗装と同様（吹付け）。
　　　3回目の塗装：2回目の塗装と同様にするが、酸化鉄に代えて塗料1リットルあたり25 gのアルミニウム粉末を使用する。さらに、塗料5に対して稀釈液1の混合比で稀釈する。アルミ粉末は細度140であらねばならず、すなわち、1 cmあたり55本の密度の網目を通過せねばならない。
　　　4回目の塗装：3回目と同様。
　　　第13角から船体頂部を越えて第13角までの部分に、5回目の塗装として自動車用と同様の撥水性ワックス調剤を塗布すること。その後、拭除してから磨きあげること。外皮を補修する際には、アセトンでワックス膜を簡単に除去できる。布の内側全体と船体上部外側に対する保護剤の浸透（10 g/㎡のラテックス、ワックス、または同等品の被膜）は表面張力に影響を与えない。第5層の約3分の2を節約できるので、重量増加は軽微である。
　　　それよりもはるかに重要な点は、もはや外皮保護のための塗布を毎年する必要がなくなることである。（LZ 129は、わずか一就航期のあと、船体上半分に被膜2層の塗布をうけていた。）この追加重量は、外皮の過早交換による経費増加につながる。

しかし、これで外皮表面保護の完全な解決に至ったわけではない。以下の、1937年12月11日付のLZから航空省航空機検査場あて書状が示すとおりだ：

　　　表面保護に関する要綱

　　　飛行機製造の分野で多大な研究開発活動が金属および繊維の表面保護に関しておこなわれ、弊社飛行船の外皮の防水処理のさらなる開発を弊社がいまだに手がけておりますので、飛行機製造に関して発行された最新の要綱について、弊社に随時おしらせいただければ、まことにありがたく存じます。
　　　本要望にお答えいただけるかどうか、お返事くださいますよう、お願い申しあげます。

本書状に対する航空省の回答が、1937年12月27日に出ている。

　　　表面保護に関する要綱について
　　　貴信1937年12月11日付拝復
　　　標記の書状がベルリン＝アードラスホーフの本省航空機検査場から小職に転送された。貴社の要望に応じ、技術局が1936年末に発行した飛行機塗料の開発要綱を同封する。この後、不燃性塗料の試験を成功裡に完了している。まずは、ケルンのヘアビヒ＝ハーハウス社の以下の製品を

貴社に紹介したい。

　　金属用44不燃性

　　木材用10不燃性

　　布用24不燃性

　これらは18カ月にわたる実験を経ており、完璧な塗装が可能である。フランケル社およびツェルナー社の不燃性塗料も、同様の性状を呈している。ただし、いまだ実験を完了していない。

　さらには、純国産の金属塗料製品群の実験を行った。そのなかでは、ケルンのコットホーフ〔Kotthof〕社のアヴィアティン〔Aviatin〕C系列およびベルリン＝ヴァイセンゼーのベック・コラー・ウント・コンパニー〔Beck, Koller & Co.〕社のナス・イン・ナス〔naß in naß〕が貴社の興味をひくだろう。

　貴社があらたな表面保護剤の実績を得られた際には、そのつど技術局LC II部(1a)までご一報ねがいたい。

　飛行機羽布用に航空省が試験し認可した塗料体系を、ツェッペリンが飛行船用に採用しなかった理由は不明だ。たぶん飛行機用塗料は柔軟性が不十分で脆すぎるため、飛行船の外皮には適さなかったのだろう。あたりまえのことだが飛行船はその巨体のため完全な剛体ではない。接合部と支持架はつねに動いていた。表面保護が脆すぎると、動きを吸収できずに破断してしまう。布は、硬化していても多少の柔軟性が必要だった。当時の原料と生産工程では、この要求を満たせなかったようだ。

　試験は絶え間なく続いたが、1938年の夏になっても完了しなかった。1938年7月28日にイー・ゲー・ヘキスト社とDZRが開いた会議の議事録にあるとおりだ。

　　イー・ゲー・ヘキスト社において不活性ガスに関する論議をした後、科学主任のクレンツライン博士が、当社の飛行船外皮の塗装にも使用可能かもしれない塗料の開発経過について説明した最初に、DZRは今日まで使用してきた防水剤の問題点を説明した。すなわち、緊張塗料の過早流失と耐水性の劣化である。この解消、あるいはすくなくとも軽減が急務となっている。ツェッペリン飛行船の外皮の再塗装用に、この問題を克服した改良型ツェロンが必要である。しかし、それと同時に、運航中の外皮保守用に、DZRは微細な亀裂を埋める軟化剤を必要としている。この亀裂は一回の航行後に塗膜にあらわれ、そこから水がしみこみはじめる…

　この会議で出た要望の結果、数日後に会議をもう一度ひらいた。1938年10月26日付の報告書が以下に示すとおり、この二回目の会議から、さらに活動がうまれた。

　　飛行船外皮のツェロン塗装

　1938年8月1日、飛行船発着場の技術局事務所において、飛行船外皮の緊張塗料と防水塗料の向上に関する会議を開催した。イー・ゲー染料工業〔I.G.-Farbenindustrie〕[※30]のヘーヒスト事業所とルートヴィヒスハーフェン事業所、およびDZRなどから、関係者多数が参集した。クレンツライン博士は、塗料に適した新原料（合成）に言及した。これは、今日までのツェロン塗装に固有の欠点の多数を解消できると期待できるものである。周知のごとく、イー・ゲー社が原料を供給し、シュトゥットガルト＝ツッフェンハウゼンのヴェールヴァク塗料製造所〔Lackfabrik Wörwag〕が、即用可能塗料として製造し、商品化する。昨日、飛行船発着場においてオイゲン・ヴェールヴァク氏と本件につき話し合う機会を得た。そのなかで、氏は新外皮塗料の現状につき、以下の点を明かしてくれた。9月以降、全力で試験をおこなっている。新合成原料は、低溶解性に起因する初期障害があったが、後に着実な向上を示した。

　一連の試験の結果、この新原料（合成）から当社の目的に適した保護塗料を製造できる目途がついた。事前試験によると、新原料を用いた塗料は、従来使用してきた塗料よりも格段にすぐれている。特に水蒸気透過性で顕著であるが、一方、硬化材はまだ不完全のようだ。在来塗料2層、そのうえに新材料による2層、さらに伸縮性の在来塗料の改善版の層で最終仕上げをした塗装につき、試験が進行中である。

　当社は、永年にわたり飛行船建造での外皮塗装の改善に取り組んできており、最近のヴェールヴァク社との連携により、ようやくある程度の成果を得るに至った。ヴェールヴァク氏は、昨日の談話によると、使用する新塗料の張枠見本を携えて明後日にフリードリヒスハーフェンに相談に来訪する予定である。氏は、ここ数週間で何度もフリードリヒスハーフェンを訪れている。ヴェールヴァク氏の説によると、現用塗料素材そのものが問題なのではなく、むしろ塗装法に難点が多いという。特に、塗装面への接近性が悪いこと、さらに大きな問題として、格納庫内の塵埃があげられる。この塵埃のため、今日まで外皮塗装の仕上がりが粗くなっている。

脚註

※30：イーゲー染料工業～ドイツの航空産業のみならずヨーロッパで広く使用されたマグネシウム合金「エレクトロン」を開発したのがこの会社であった。開発当初は別の名称であったと思われるが、生産事業を移譲されたChemischen Fabrik Griesheim Elektoronの社名にちなんでこの合金をエレクトロンという名称で呼ぶようになったそうである。

ヴェールヴァク社は、塗膜2層をさらに追加塗装することをLZ社に提案している。この際には流展剤（Verteilermaterial）を使用して鏡面のように平滑な表面に仕上げるようにする。庫内の設備を改造して、完全に塵埃のない塗装をめざす件については、LZ社内で検討している。本発着場で1938年8月1日に話し合った際、ヨルダン博士がオーバーホール用の再生塗料を提案すると約束した。その後、氏からは何の連絡もないし、約束の張枠と塗料試供品も届いていない。この件について、ヴェールヴァク氏の見解は以下の如くである：すでにヴェールヴァク氏自身が、この再生塗料の開発を行ってきており、約50 kgをLZ 129の船体前部に塗布している。結果は良好な模様で、LZ 130のオーバーホールには、是非ともこの塗料を使用するよう推奨したい。もしも前回の会議でヨルダン博士が同種の塗料開発が有望だと発言したならば、これは誤認によるもので、LZ 129用に再生塗料が開発ずみであることを同僚のシュルツェ博士から聞いていなかったからにちがいない。

　塗料素材の改善にむけての塗料製造会社の取組みと、塗装法の改善にむけてのLZ社の努力は、今日、着実に進捗しているようだ。

この問題がどれほど深刻なのか、そして解決策の発見がどれほど重要なのか、なかでもDZRにとっての意味合いは、以下に示す1938年11月11日付の同社フリードリヒスハーフェンから同社フランクフルト宛の書状からはっきりとわかる。

　　主題：外皮
　LZ社は、外皮表面の平滑度を向上させるべく、目下、試験を実施中である。
　LZ 130の外皮は、細目のガラス紙で入念に研磨した後、通常の酢酸セルロース塗装をさらに2回、吹付けることになろう。追加の重量は約1000 kgを見込む。予測される速度上昇で超過重量増加の影響を減殺し、なかんづくバラスト抽水装置の燃料消費3000 kgを75時間の航行中に節約できると期待している。ヘルツォーク氏の試算による空虚重量（112.694 t）にもとづくと、ツェロン塗装による超過重量は契約上可能である。
　よって、つぎに検討すべき事項は、この「ツェロン処理」を航行の間隙にフランクフルトで行なうべきか、あるいはレーヴェンタールの格納庫が気候上で適しているか、という点である。ゲルおよび水浄化フィルタ・ホース取付口10箇所を備えた空気圧縮装置一式を用意する必要あり。各ホースには、約50気圧で作動の噴霧銃を接続する。さらには、真空吸入装置一式も要る。これは庫内から塵埃を完全に除去するためである。
　当方に、LZ飛行船の外皮試料数点を送付されたし。船体の下面、側面、背面の数箇所から切除した約20 cm四方の試料である。送付していただければ、当方からLZ社に試料を提出し、外皮の現状を明示できる。個別の試料は採取位置を正確に記し、皺をつけぬよう、また当方にて重量および含水率を計量できるよう、厳重に梱包する必要あり。

　外皮の表面保護を向上させる取り組みがついに成功したことが、以下の書状からわかる。これは1938年12月20日付でヴェールヴァク塗料製造所からフランクフルトのDZRにあてたもので、表面の平滑度だけを論じている。

　弊社のオイゲン・ヴェールヴァクと貴社の主任技師レシュ殿とが過日話し合った、平滑な外皮の生成法に関して追記いたします。弊社は多様な試験を行ってきており、満足しうる結果を得ました。本日、張枠見本を貴社宛に発送いたします。この張枠は、飛行船本体と同様、表面を外側から処理してあり、最初に稀釈した素地浸透剤を2回、さらにアルミニウム青銅2%を添加した外皮防水塗料6252を4回、塗布してあります。その後、極細手の研磨紙で張枠を磨き、目立った凹凸を除去しました。さらにその上から、アルミニウム青銅1%を添加して2層、同じく0.5%を添加して1層、吹付けました。ご覧のとおり、この工法で完璧に平滑な外皮を生成できます。飛行船の速度に絶大な効果をもたらすことは明白です。この3層被膜には、長い耐用時間という副次効果があります。外皮の張力も、わずかながら増大しています。今回の試験に加えて、飛行船本体を用いた小規模試験を実施させていただければ幸甚です。本件につき、貴社のご意見を賜りたく、ご回答をお待ちいたします。

　外皮の表面保護の耐候性が永続しないという問題をついに克服したかに見えたが、1937年5月6日にレークハーストでおきたLZ 129ヒンデンブルク号の惨事の原因究明により、表面塗装にあらたな要求が生まれた。レークハーストでヒンデンブルク号が爆発した原因は、今日でも完全に判明していない。爆弾か、落雷か、飛行船自体の自然発火か、あるいは何か別の原因なのだろうか。実は、一定の条件下でツェッペリン飛行船の外皮に相当量の静電気が蓄積することがわかっている。外皮の静電気の放電による電弧で気嚢内の水素に引火したのかもしれない。この問題を解消するためには、外皮を導電性にする必要がある。この目的のため、LZ 130のツェロン処理に関して、1939年12月4日付で以下の仕様が出ている。

LZ 130の黒鉛ツェロン処理の工程

外皮の内側の塗装表面
テールコーンから第218環状枠まで、15-18-15角
第218環状枠から第246環状枠まで、16-18-16角
舵面上部
総計約5300 ㎡

黒鉛ツェロン塗料の混合
コロイド状黒鉛（約12 kg在庫あり）を使用する際
ツェロン塗料を重量比で100に対し
コロイド状黒鉛（アセトンで20%溶液）を重量比で35
稀釈剤使用不可
粉状黒鉛（1939年10月2日に100 kg発注）
ツェロン塗料を重量比で100に対し
粉状黒鉛を重量比で9
稀釈剤使用不可

　1939年10月2日にツェロン1000 kgをLZ社が発注ずみ。なるべく3分の2をヴェールヴァク社、3分の1をアトラス・アーゴ社の製品とする。両社の製品は、極力、元の塗装と同じ部位（外皮略図を参照）に使用すること。
　頂角〔Firsteck〕から第16角までの縦通布帯〔Längsbahn〕を、骨格〔Gerippe〕から完全に取り外す。青色の骨格塗装は、ツェロン溶剤を浸した綿布で除去する。ただし鳩目縫合〔Oesenschnürung〕に使用している構造材〔Profilstab〕、すなわち三角梁〔Dreieckstränger〕がある終端板〔Spitzengurt〕に限る。構造材には、青色塗料の除去後に黒鉛ワニス〔Graphit-Firnis〕を塗布する。（鳩目構造材の第18角上。）本作業用に、透明塗料20 kgを1939年10月2日にD.K.ハーバーツ社に発注ずみ。塗料100に対し、黒鉛粉を9混合すること。外皮布帯〔Hüllenbahn〕は、丁寧に皺をつけずに取り外し、格納庫の床におろして、梁枠〔Balkenrahmen〕に張る。その後、項目1または2に従って刷毛塗りまたは吹付けを行なう。塗料は、丁寧に、かつ均一に塗ること。1日の乾燥後、布帯を骨格に戻し、外皮紐〔Hüllenschnur〕を用いて緊締する。この外皮紐も、黒鉛ツェロンを浸透させて黒鉛処理を施しておくこと。伸張機〔Spannmaschine〕を取りつけ、アルミ粉末を添加した緊張再生塗料〔Spann- und Regenerierungslack〕を外皮の外側に均一に塗布する。なるべく、まだ塗料が乾燥しないうちに伸張機で外皮を緊張し、紐を通しておく。その後、伸張機を取り外し、黒鉛処理をした紡績糸で第17縦通布帯を通し縫いする。これで仕上げ接着できる。ただし接着ツェロン〔Klebzellon〕に黒鉛を添加しないこと。

接着塗料75 kgを1939年10月2日にLZ社に発注ずみ。16-15角の縦通布帯は裏側に折り返し、15-14間の各区画に布帯1枚が二つ折りで横たわるようにする。第15縦通材〔Längsträger〕も取り外し、鳩目緊定帯〔Oesengurt〕の青色塗料を除去して黒鉛ワニスを塗布する。その後、上の工程のように黒鉛処理し、第16縦通材と第14縦通材の間の布帯全体に緊張再生塗料を塗る。
　背部の舵面の外皮は取り外さず、内側から吹付けまたは刷毛塗りする。
　LZ社に緊張再生ツェロン塗料1000 kgとアルミニウム粉末30 kgを上記のために発注。外皮紐25 kgをLZ社に発注、同じく延べ300 mのアルミ処理した外皮布を接着帯用に発注。

　第二次世界大戦勃発で、飛行船の時代は終わる。一連の書類の最後の2通は、大戦勃発後のものだ。ツェッペリン飛行船はつねに敵機の脅威にさらされることになり、もはや時代遅れになってしまった。ドイツの飛行船は、水素気嚢のため特に危険だった。残存していたツェッペリン飛行船は廃棄処分になり、建造資材（アルミニウム、布）は軍用飛行機の生産に再使用した。
　外皮に使用したツェロン塗料の色は、一時期は赤褐色（酸化鉄の顔料）で、その後、アルミ色（アルミニウム粉末顔料、RAL 9001と同様）になっている。
　本節で述べた飛行船には、以下の船名がついていた：
　　LZ 127「グラーフ・ツェッペリン」
　　LZ 129「ヒンデンブルク」
　　LZ 130「グラーフ・ツェッペリンⅡ」

4.3. 輸出色

　本節では便宜上、輸出色という表現をつかう。この表現が研究家に広まっているためだ。ただし、筆者の見解では、輸出色などという概念は存在しなかった。
　戦前、ドイツの航空産業は多数の飛行機を輸出していた。たとえば、ユンカースはスウェーデンにJu 86を、ドルニエはオランダに蘭領東インドへの配備用としてDo 24 K哨戒飛行艇を、それぞれ納入している。輸出機は顧客の要求に応じて納入した。塗料はRLM色調とまったく異なる色調だった。たとえばスウェーデンは、黄土色の塗料をJu 86用に要求している。オランダは青灰色塗装をDo 24用に指定していた。
　Do 24 K用の表面保護表1937年10月4日付によると、以下の塗料を使用していた（次ページ表）：

内部：	DKH油性下地　緑　L 40/41	
	DKHニトロ上塗り塗料　銀　L 40/51	
外部：		
水上　製造番号761、762、765-778	イカロール軽金属下地　緑　201	
	イカロール上塗り塗料　I　灰　103/1	
	イカロール上塗り塗料　II　ホーラントグラウ　103/2	
または製造番号763および764	DKH油性下地　緑　L 40/41	
	DKHニトロ上塗り塗料　銀　L 40/51	
	DKHニトロエナメル　ホーラントグラウ　L 40/52	
水中	イカロール軽金属下地　201	
	イカロール上塗り塗料　I　灰　103/1	
	イカロール上塗り塗料　銀　111/S	

　使用塗料でヴァルネッケ・ウント・ベーム社製のイカロールは、1938年版L.Dv. 521/1の塗料系02の中にある。同様にDKH上塗り塗料も他機種のさまざまな表面保護表に見られる。

　イカロール上塗り塗料103の呼称は、製品の特徴を示している。これは2層の表面保護処理だった。「/1」は塗料層1を示し、「/2」は上覆塗料層2で、また塗膜の色調も意味している。ただし、この補助記号は（たとえば/2＝RLM標準色のRLMグラウ02のように）航空省の色調記号を意味しているわけではない。上塗り塗料の色調は、色彩仕様のなかに指定してあった。この方式は、DKHとイカロールで同一だった。ホーラントグラウ〔Hollandgrau＝オランダ灰〕という呼称は、供給可能だった何十種もの灰色からこの灰色を区別できるように選んだものだ。ホーラントグラウは、顧客の要求に応じた青灰色の色調だった。

　当時も今日も、塗料会社は製品を顧客要求に応じた色調で供給している。これは塗料の他の成分を変えずに、顔料で色調を生成するからだ。

　こういうわけで、イカロール103の色調ホーラントグラウとRLMグラウ02とは別個のものだ。DKH L 40/52はホーラントグラウのほかに、デューラルグラウ、ブローンゼミッテルグラウ、グラウ、シュヴァルツ、ジルバーがあった。ほかにも色調があって、ヴァルネッケ・ウント・ベーム社の例では、スウェーデン王立飛行庁から同社あて書状の引用が示すとおりだ：

　　デューラルの腐蝕試験に係る王立飛行庁書状1937年10月22日付第Mt 362:12号に関連して、ヴァルネッケ・ウント・ベーム社の保護塗料イカロールで処理したところ、イカロール塗料がきわめて良好な保護力を有することを試

ユーゴスラビア空軍のDo 17 K。ドイツ空軍機と違う迷彩をしているのがおもしろい。下面はRLM 01 ジルバーの塗装。上面は暗い単色のように見え、RLM 70 シュヴァルツグリュン、あるいはRLM 61 ブラウンかもしれない。プロペラブレードは磨き上げてある。（ミヒャエル・ウルマン）

オランダ空軍の Do 24 K。水中部の RLM 01 塗装がはっきりとわかる。上面の色は判別しづらい。表面保護処理表では、ホーラントグラウという指定になっている。どちらかというと、明るめの色のようだ。大戦中期の米海軍三色迷彩のインターミディエート・ブルー 608 のような青灰色だろうか。(ミヒャエル・ウルマン)

験結果が示したことを、当庁はお知らせします。

ユンカース飛行機および発動機製作所が納入したJu 86型飛行機の数機は、当該塗料で塗装してあります。

ストックホルム、1938年4月6日

ひょっとすると「シュヴェーディッシュブラウン」〔Schwedischbraun＝スウェーデン茶〕あるいは何か似たような呼称で、Ju 86の迷彩塗装用の黄土色を識別していたのかもしれない。

これ以上の情報を「輸出色」について、とりわけ色調について筆者は確認していない。しかし実際に当時の製品には、RLM色調以外に多種多様な色調が存在していた。その証拠として、筆者は上記の実例をあげた。

4.4. 空軍
4.4.1. 空軍用塗料の時系列による概略

本節で考察の対象にする期間は短く、1935年から1945年までの10年間にすぎない。この10年間にすべてが起きた：空軍の創設、実戦能力のある兵科にむけての拡充、大戦、そして末期の没滅。

これにくらべて、たとえば米空軍は第一次世界大戦から今日まで系譜がとぎれないが、それでも第二次大戦中に合衆国陸軍航空軍〔U.S. Army Air Force〕が使用した塗装について研究しようとすると困難に直面する。ましてや、旧ドイツ空軍の塗装の研究ともなると、どれほど困難か想像できるだろう。しかしまた、困難だからこそ興趣も深まるのだ。

旧ドイツ空軍の起伏に富んだ興亡のため、創成期や滅亡期の資料で現存するものは、きわめて稀少だ。創成期はまだ「ベルサイユ条約」のためすべてが極秘で、隠密裏に準備を進めていた。末期には、飛行機の塗装よりも重要な死活問題があった。結局、第三ライヒ崩壊の大混乱のなかで、大半が失われてしまった。

1933年初頭、「ベルサイユ条約」の制約下でドイツはごく少数の飛行機しか保有していなかった。軍用機の実体は民間機を転用したもので、そのため塗装も民間機と同様だった。当時、常用していた主要塗料は以下のとおりだ：

ヘルグラウ〔Hellgrau＝明灰〕
  例： DKH（ドクトル・クルト・ハーバーツ）
        L 40/52 グラウ〔Grau＝灰〕または
        アヴィオノーム・ニトロ上塗り塗料 7375
        グラウマット〔Graumatt＝無光沢灰〕
        他の塗料体系

ジルバー〔Silber＝銀〕
  例： DKH L 40/52 ジルバーまたは
        イカロール110または111/S〔これが後に
        RLM 01 ジルバーとなる〕

しかし、まもなく最初の空軍機塗装を標準化している。

RLM 01   ジルバー
RLM 02   RLMグラウ〔RLM-Grau＝RLM灰〕
RLM 63   グリュングラウ〔Grüngrau＝灰緑〕

1936年党大会の飛行展示のためにニュルンベルクに向うDo 23。全機ヘルグラウL 40/52で塗装し、規程どおりの登録記号と国章を表示している。（ミヒャエル・ウルマン）

右ページ写真／1937年の展覧会で撮影したHe 112。塗装は強い光沢のヘルグラウL 40/52だ。登録記号は規程どおりのもの。プロペラはピカピカに磨きあげてある。（ミヒャエル・ウルマン）

　空軍創生期の塗料については、憶測が絶えない。RLM 02とRLM 63は同一色だという解釈が主流だった。DKH L 40/52とアヴィオノーム7375もまた、RLM 63ヘルグラウだといわれてきた。筆者自身は、資料がなかったのでこの両方の塗料をRLM 63 aと呼んでいた。真正のRLM 63と区別するためだ。

RLM 02とRLM 63は異なる色調だ。

　これは1944年版の塗装事業便覧に、RLM 02はRAL 7003と、RLM 63はRAL 7004（旧）と同一だと書いてあるからだ。ふたつのRAL色は、きわめて近いが異なっている。RLM 02と63の色相は同じだが、RLM 63のほうがやや明度が高い。RAL 7004（旧）は、今日のRAL 7033にきわめて近い。RAL 7033は、RLM 63をとてもよく近似している。

　今日、RAL 7004（旧）はRAL色票から削除され、RAL 7003（＝RLM 02）にきりかわっている。これは、色調がほぼ同じだからだ。なおRAL 7004が新しい色調として復活していることに注意。この措置についてRAL協会は

戦前に撮影した爆撃機型Ju 52の編隊。ヘルグラウL 40/52の全面塗装だ。全機、無光沢のように見え、特に手前の機の塗装はかなり損耗している。登録記号は規程どおりのもの。カウリングは黒塗装。赤帯に白円上のハーケンクロイツが鮮明だ。（ミヒャエル・ウルマン）

以下のように説明している。「…旧来の7004について協会には遺物も資料もないため、この番号をジグナールグラウ（Signalgrau）として再指定した。」この新色調（ジグナールグラウ）は大戦当時のRAL 7004とは異なる。この例からわかるように、古い番号を後日あらたな色調に再指定すると混乱が生じることがある。

多くの研究者の誤解のもとになったのは、資料の欠如のためにDKH L 40/52グラウ（あるいはアヴィオノーム7375グラウマット）をRLM 63ヘルグラウと呼んだことだ。この塗装体系で塗った飛行機は、OSリスト上でRLM 63塗装と明記してあった他の飛行機と同時期に運用していた。はっきりと認識できる区別をつけられなかったので、追加情報がないまま、両方の色調にRLM 63という呼称をつけてしまったのだ。これは、日付を特定できる写真から判別できるように、ヘルグラウのL 40/52（あるいはアヴィオノーム7375）の塗装を1935年に多用していたが、その後は、L.Dv. 521/1に準拠したRLM 02塗装が着実に増加し、やがてヘルグラウの塗装がなくなってしまったのが原因だ。残余のL 40/52やアヴィオノーム7375を使い切ってしまったあとも、次回の外部塗装の全面補修の時期まで、このように塗装した飛行機はヘルグラウ塗装をとどめていた。その後は、規程にそって2色（RLM 70/71）または3色（RLM 61/62/63）迷彩を施した。このようなわけで、当初ヘルグラウ塗装機は高い比率を占めていたが、減少の一途をたどり、1939年には実戦部隊から完全に姿を消してしまったのだ。

一般に知られていないが、RLM番号を付した色調は1938年版のL.Dv. 521/1以前から確実に存在していた。しかし航空省内で飛行機用塗料の標準化を図ったのは1938年版が出てからのことだ。以後、飛行塗料を製造会社の品名で呼ばずに、飛行材料番号〔Fliegwerkstoff-Nummer〕を（たとえば、7115.02や7136.70のように）つけるようになった。小数点以下の2桁はRLM準拠の色調を示し、この例ではグラウ02とシュヴァルツグリュン70を示す（⇒ 7.2.）。

1937年から39年にかけて、ドイツはコンドル兵団〔Legion Condor〕を編成してスペイン市民戦争に派兵した。当時、投入した飛行機は前記の標準塗装をとどめていた。スペイン到着後、多くの機に応急処置として、RLM 61ドゥンケルブラウン〔Dunkelbraun＝暗茶〕やRLM 62グリュン〔Grün＝緑〕あるいは現地調達した塗料による迷彩を、標準のL 40/52またはアヴィオノーム7375のままの表面の上から塗装した。

1936年末から37年初にかけて、すべての前線機に、以下の色調による三色分割迷彩を導入した：

RLM 61　ドゥンケルブラウン〔Dunkelbraun＝暗茶〕
RLM 62　グリュン〔Grün＝緑〕
RLM 63　グリュングラウ〔Grüngrau＝灰緑〕
RLM 65　ヘルブラウ〔Hellblau＝明青〕

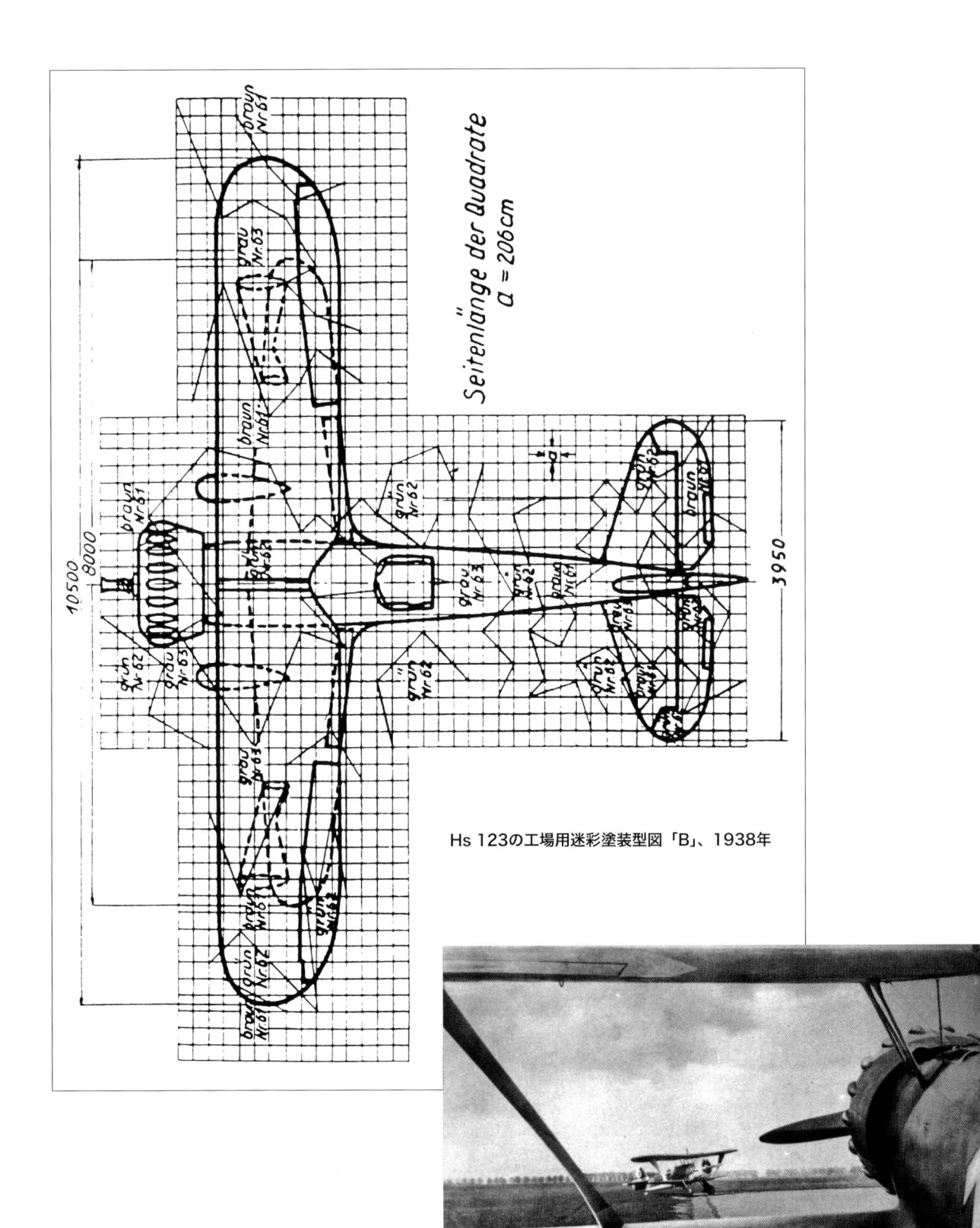

Hs 123の工場用迷彩塗装型図「B」、1938年

Hs 123の左翼。RLM 61/62/63による戦前の迷彩のパターン「A」で塗装してある。(迷彩図のパターン「B」と比較)。胴体のバルケンクロイツも戦前型だ。(ミヒャエル・ウルマン)

RLM 61/62/63/65 による戦前式迷彩のパターン「A」で塗装した Do 17 E。戦前の演習時の写真で、洗滌除去可能な黒色塗料の円でバルケンクロイツを覆っている。（ミヒャエル・ウルマン）

RLM 61/62/63/65 による戦前迷彩で塗装した Do 17 で、戦前の軍用標識をつけている。迷彩の分割パターンは工場用迷彩図と一致しない。バルケンクロイツはすべて、黒の円で塗りつぶしてある（ドルニエ社史料室）

以下に、1937年4月版のDo 17Eの迷彩図2種を示す。両図を比較すると、迷彩の分割形状は同一で、三色の配置を順にずらしてあるのがわかる。

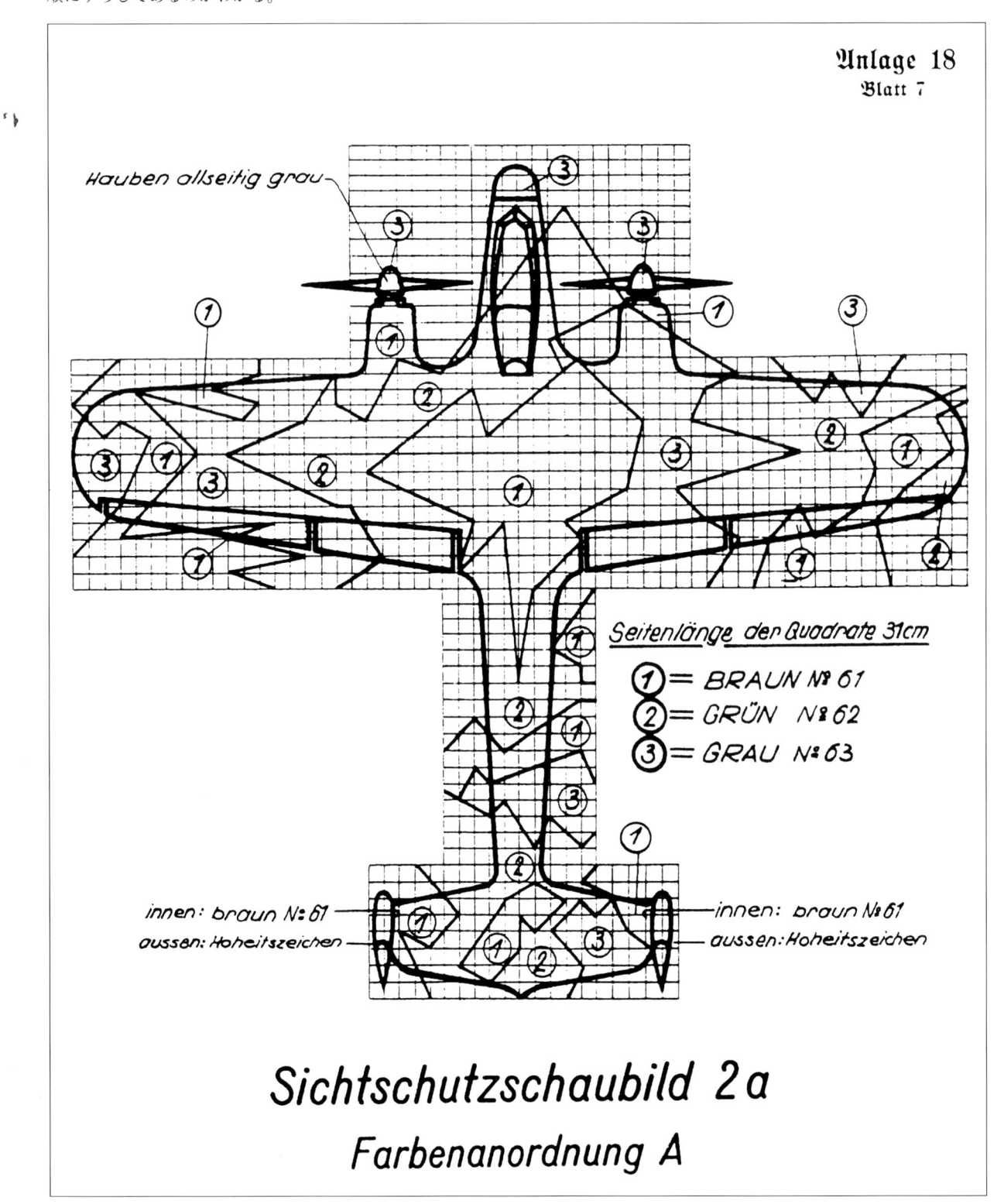

Anlage 18
Blatt 7

Hauben allseitig grau

Seitenlänge der Quadrate 31cm
① = BRAUN № 61
② = GRÜN № 62
③ = GRAU № 63

innen: braun N°61
aussen: Hoheitszeichen

Sichtschutzschaubild 2a
Farbenanordnung A

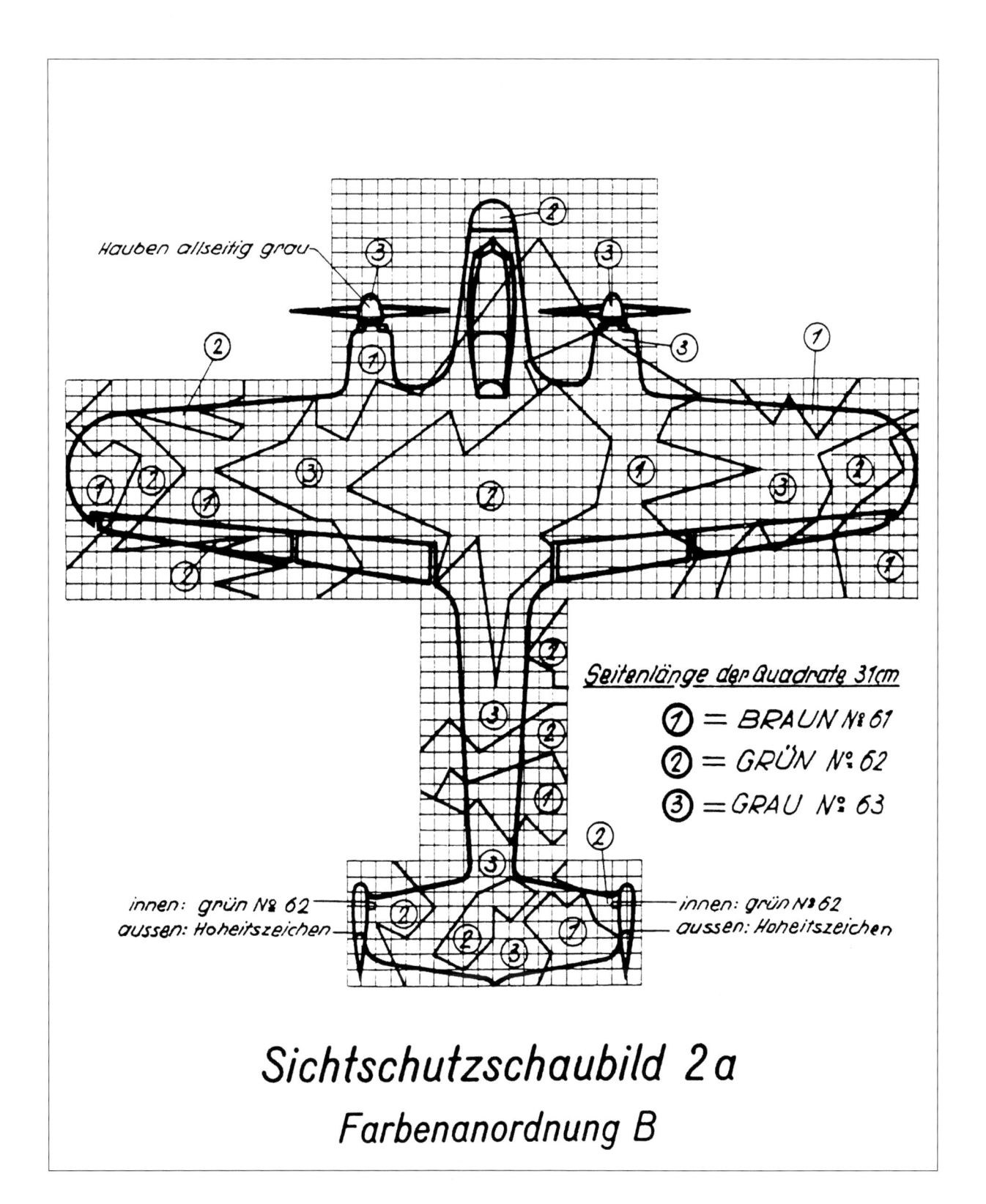

Hauben allseitig grau

Seitenlänge der Quadrate 31cm
① = BRAUN Nº 61
② = GRÜN Nº 62
③ = GRAU Nº 63

innen: grün Nº 62
aussen: Hoheitszeichen

innen: grün Nº 62
aussen: Hoheitszeichen

Sichtschutzschaubild 2a
Farbenanordnung B

展示中の Hs 126 で、RLM 61/62/63/65 による戦前式の迷彩をまとっている。磨き上げたプロペラに注目。垂直尾翼の国章も戦前式だ。（ミヒャエル・ウルマン）

　1938年にL.Dv. 521/1の草案を公布したとき、空軍はすでに作戦教義を確立していた。作戦中の陸軍を支援し、「空飛ぶ砲兵〔fliegender Artillerie〕」の役を演じるというものだ。この作戦教義は、後年、長距離戦闘機と爆撃機が不足する一因となる。陸軍との協同作戦を本分とする空軍にとって、長距離戦略爆撃機や護衛戦闘機など不要だったのだ。
　L.Dv. 521/1の草案では、あらたな作戦目的に合致した新色を導入した。1938年以降、すべての飛行機（水上機をのぞく）の標準迷彩塗装は以下のとおりとなった：

RLM 70 　　シュヴァルツグリュン
　　　　　　〔Schwarzgrün＝黒緑〕
RLM 71 　　ドゥンケルグリュン
　　　　　　〔Dunkelgrün＝暗緑〕
RLM 65 　　ヘルブラウ〔Hellblau＝明青〕

戦前の写真で、RLM 70/71/65で迷彩したBf 109 Bが写っている。両機ともに戦前式の国章を表示し、塗装には光沢がある。手前の機は下面に修理跡があり、バルケンクロイツの一部が再塗装で消えている。（ミヒャエル・ウルマン）

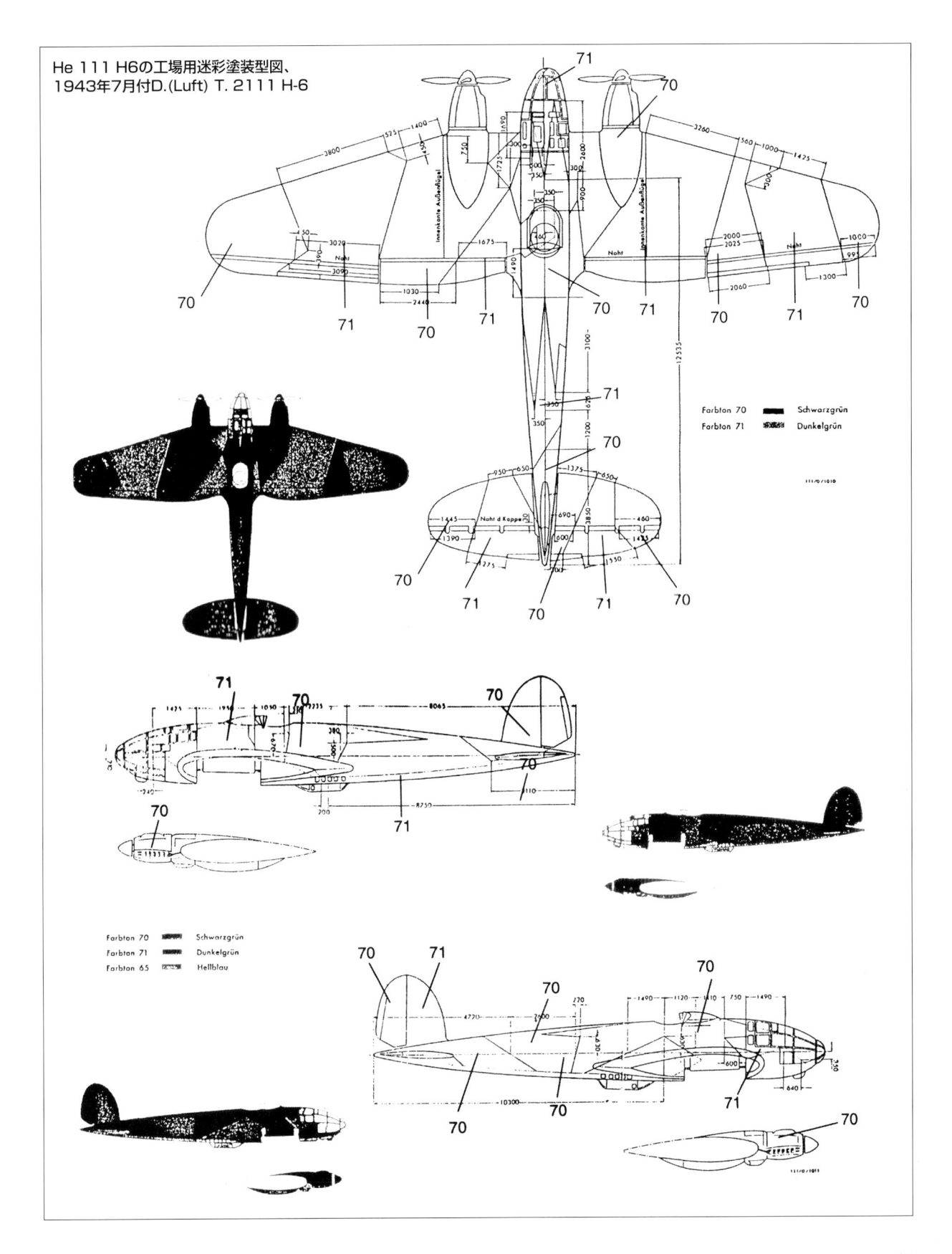

He 111 H6の工場用迷彩塗装型図、
1943年7月付D.(Luft) T. 2111 H-6

| Farbton 70 | Schwarzgrün |
| Farbton 71 | Dunkelgrün |

Farbton 70　Schwarzgrün
Farbton 71　Dunkelgrün
Farbton 65　Hellblau

47

He 111Pの工場用
迷彩塗装型図「A」、1939年

Draufsicht

Anstrich-Muster A

Farbton 70 = schwarzgrün
Farbton 71 = dunkelgrün
Farbton 65 = hellblau

Maße für die einzelnen Rechtecke:

Rumpf, Draufsicht: 1490×335
" Seitenansicht: 1490×420
Fläche: 1125×960
Höhenleitwerk: 785×570
Seitenleitwerk: 510×600

Netzaufteilung

Begrenzungslinie des unteren Tarnanstriches

Ansicht von links

Ansicht von rechts

2 Farben-Sichtschutz He 111 P.

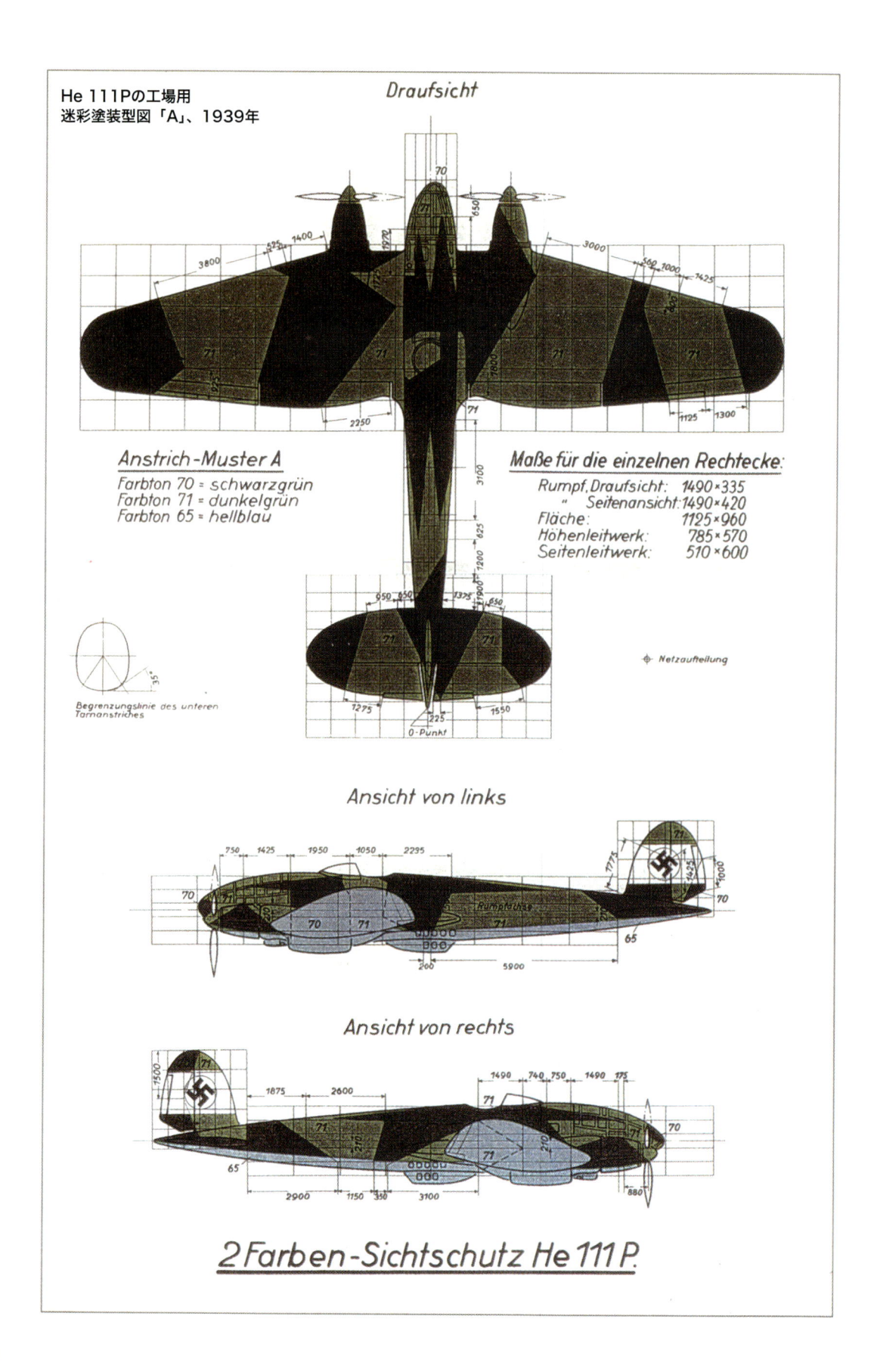

He 111Pの工場用
迷彩塗装型図「B」、1939年

Draufsicht

Sämtl. Maße am Rumpf
sind auf der Rumpfhaut
gemessen.

Begrenzungslinie des unteren
Tarnanstriches

Anstrich-Muster B

Farbton 70 = schwarzgrün
Farbton 71 = dunkelgrün
Farbton 65 = hellblau

Schnitt C-D

Schnitt E-F

2 Farben-Sichtschutz He 111 P.

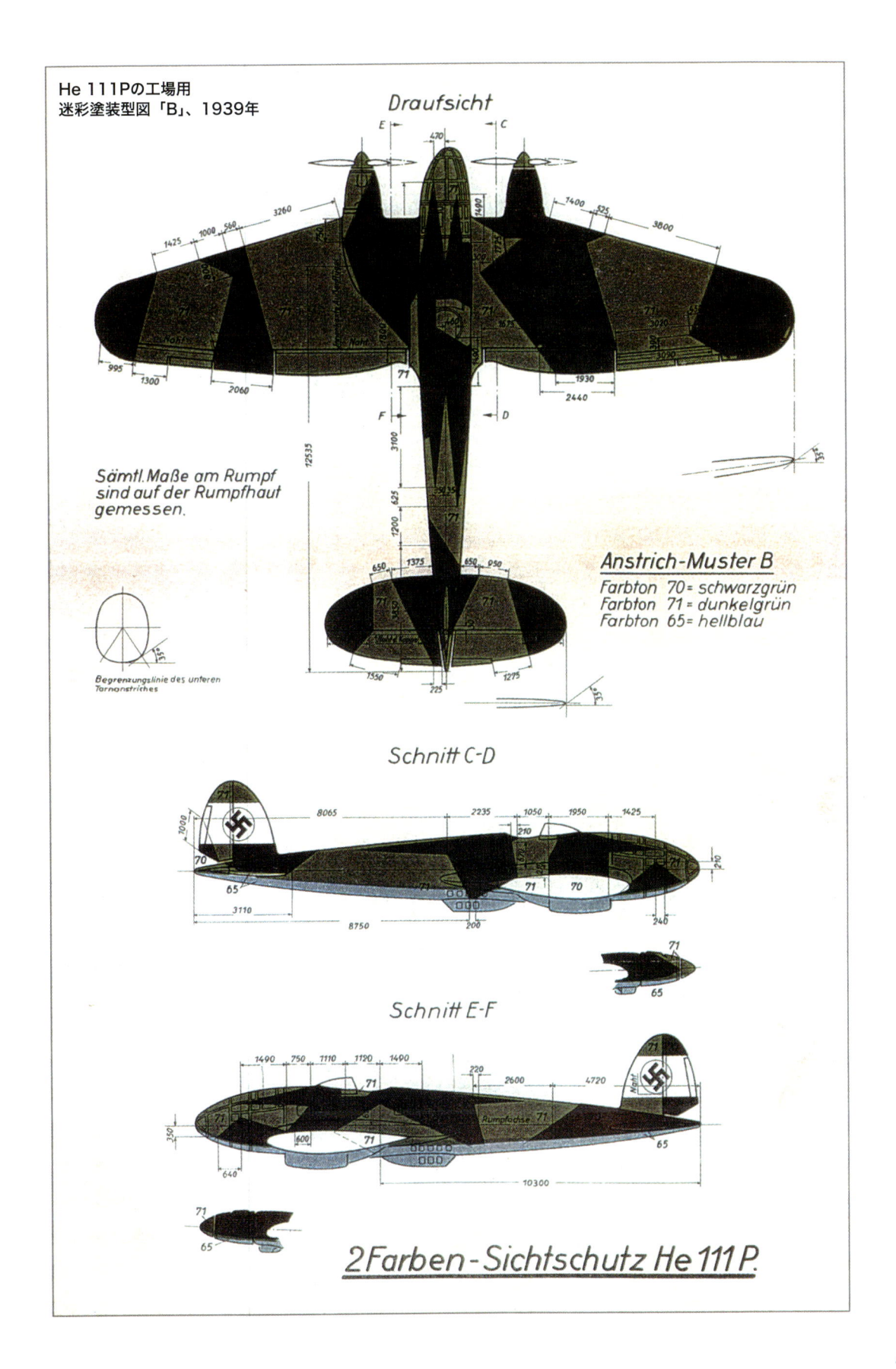

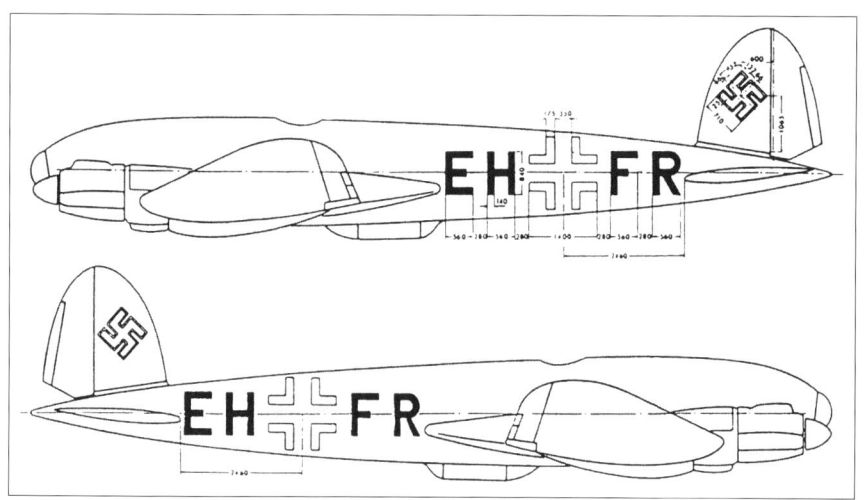

He 111 H6の工場用迷彩塗装型図、1943年7月付D.(Luft) T. 2111 H-6

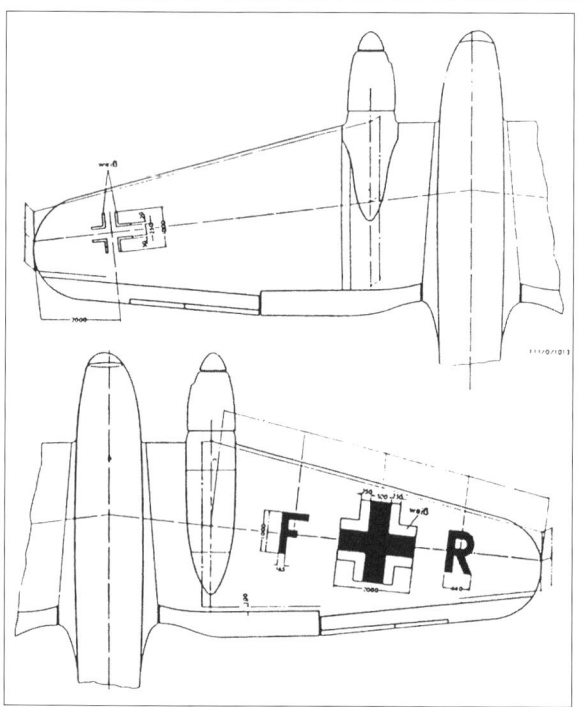

新造機はすべて、この標準迷彩塗装を製造会社が施すことになった。配備ずみ現用機は、部隊の能力に応じて順次、同様に再塗装する計画だった。ポーランド戦役に参加した飛行機の多くが旧迷彩色（RLM 61/62/63）のままだったのは、このためだ。旧迷彩色は1943年前半になってもロシアで再登場している。妨害襲撃爆撃飛行隊〔Störkampfgruppe〕と夜間攻撃飛行隊〔Nachtschlachtgruppe〕を編成した際に、余剰の旧型機を配備したのだ。

RLM 70/71/65 の標準迷彩をした He 111。胴体のバルケンクロイツとハーケンクロイツは黒の輪郭線つき。

着色し修正したモノクロ写真で、ポーランド戦役時の Do 17 Z。内部が RLM 02 で塗装してあり、これは 1938 年版の L.Dv. 521/1 に準じたものだ。実際の RLM 71 の色合いと艶消しの程度が写真から推察できる。(ミヒャエル・ウルマン)

写真左：1939年10月に撮影したBf 109 E-1で、RLM 70/71/65の迷彩。バルケンクロイツには黒の輪郭線がついている。主翼の巨大なバルケンクロイツは、第二次大戦劈頭の規程に沿ったもの。（ヨーゼフ・シュヴァルツエッカー）

写真右：RLM 70/71/65で迷彩したJu 88 A-4。主翼前縁の塗り分け線がよくわかる。翼端、エンジンナセル下部、胴体の識別帯は黄色。ユモ・エンジンの環状冷却器の前縁もRLM 04 ゲルブだ。（ミヒャエル・ウルマン）

写真左：Ju 88 A-5の着色写真。奥の機の翼端と胴体識別帯はRLM 04 ゲルブ〔Gelb＝黄〕。手前の機の下面色RLM 65がとても薄く見える。スピナーと機体の色の比較から、RLM 70/71/65の標準迷彩で塗装してあることがわかる。（ミヒャエル・ウルマン）

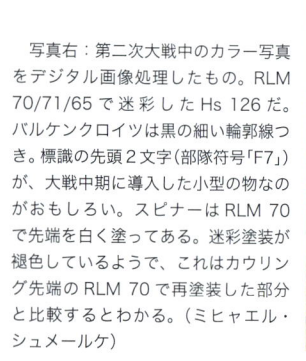

写真右：第二次大戦中のカラー写真をデジタル画像処理したもの。RLM 70/71/65で迷彩したHs 126だ。バルケンクロイツは黒の細い輪郭線つき。標識の先頭2文字（部隊符号「F7」）が、大戦中期に導入した小型の物なのがおもしろい。スピナーはRLM 70で先端を白く塗ってある。迷彩塗装が褪色しているようで、これはカウリング先端のRLM 70で再塗装した部分と比較するとわかる。（ミヒャエル・シュメールケ）

おなじく大戦中のカラー写真を画像処理したもので、DFS 230 滑空機が写っている。後方の Hs 126 は、主翼が RLM 70/71 の迷彩パターンなのがわかる。DFS-230 は、Hs 126 と同じ部隊符号「F7」をつけている。それはともかく、DFS-230 の迷彩の目的はいったい何だろう。使用色を判別できないのだ。濃い方の緑は RLM 71 かもしれない。くっきりと見える境界線は RLM 70 だろうか。しかし、オリーブ系の緑は謎だ。ひょっとして RLM 02 と RLM 70 を混ぜたものだろうか。この DFS-230 は、ありえない事だらけだ。尾翼にハーケンクロイツが見当たらない。方向舵に暗い部分があるだけだ。主翼にはバルケンクロイツがなく、胴体のバルケンクロイツもごく小さいものだ。(ミヒャエル・シュメールケ)

生産中の Do 17Z。全機、胴体が塗装ずみで、戦前型のバルケンクロイツをつけている。主翼は下塗りだけなのにバルケンクロイツを塗装してあるのがおもしろい。(ミヒャエル・ウルマン)

生産中の Do 217 A 型または C 型。RLM 70/71/65 の迷彩がよくわかる。バルケンクロイツとハーケンクロイツは黒の輪郭線つき。（ドルニエ社史料室）

RLM 02 で塗装した Fw 58。迷彩効果を高めるため、部隊で RLM 71 の大柄な模様を吹付けてある。プロペラは全体が黒で、スピナー先端は RLM 23 ロート〔Rot ＝赤〕のようだ。（ミヒャエル・ウルマン）

クレム Kl 35。手前の機は上面を RLM 70 単色で塗ってあるが、下面が RLM 01 ジルバーのまま（脚カバーに注目）なのがおもしろい。奥の機は RLM 02 の塗装。(ミヒャエル・シュメールケ)

スキーを装備した He 45。全体を RLM 01 ジルバーで塗装してある。バルケンクロイツとハーケンクロイツは黒の細い輪郭線つきで、胴体の識別帯は RLM 04 ゲルプだ。(ミヒャエル・ウルマン)

　ポーランド戦役の戦訓を得て、迷彩塗装が変わっていく。戦場の制空権が欠かせないことが明白になった。制空権があれば、爆撃機、急降下爆撃機、地上攻撃機は、戦場上空で敵機に邪魔されることなく威力を発揮できる。制空権の確保には Bf 109 戦闘機を使用し、爆撃機編隊の直掩には Bf 110 駆逐機［双発重戦闘機］が随伴した。直掩には Bf 109 の航続距離がまったく足りなかったためだ。
　Bf 109 の緑色系塗装が空中戦には不適なことが判明した。空を背景にすると暗緑色がはっきりと視認でき、敵機に簡単に見つかった。(⇒ 7.4.：1941年版 L.Dv. 521/1 の「昼間迷彩上の恒久夜間迷彩塗装による飛行機の再迷彩およびその逆」)。迷彩塗装をもっと明るくする必要があった。
　1940年初頭に、Bf 109 と Bf 110 用の迷彩塗装に関して、一連の試験がはじまった。当初、Bf 109 の胴体側面（空中に接近してくる敵機から通常みえる部分）を RLM 65 で塗装し、胴体面積の約4分の1［背面］だけに、RLM 70 と 71 を塗装した。これと同時に、緑のどちらか一方（RLM 70 または 71）のかわりに RLM 02 を使用して明度を高めることも試みている。下面と胴体側面は RLM 65 のままだった。このため、Bf 109 と Bf 110 に用いた迷彩塗装には変種がある。

RLM 02（RLMグラウ）　RLM 70（シュヴァルツグリュン）
　　　　　　　　　　　RLM 65（ヘルブラウ）
RLM 02（RLMグラウ）　RLM 71（ドゥンケルグリュン）
　　　　　　　　　　　RLM 65（ヘルブラウ）

　この灰色と緑色の塗装変種にくわえて、このときはじめて、ドイツ機の特徴となる胴体側面の斑点迷彩（RLM 02、70、または 71）を導入した。

55

1940年9月にフランスで撮影したBf 109 E-4。RLM 02/71/65で迷彩している。胴体側面にRLM 71の斜め格子線を吹付けてあるのがおもしろい。（ヨーゼフ・シュヴァルツエッカー）

1940年にフランスで撮影したBf 109 E-4の新造機で、RLM 65（1941年色調）の上にRLM 70/71の迷彩。主翼前縁、主脚、主脚カバ 内側をRLM 65で塗装してあるのがわかる。プロペラブレードとスピナーはRLM 70で、ブレード付根は30 mm幅で無塗装だ。主翼の機銃は銃口に蓋をかぶせてある。（ヨーゼフ・シュヴァルツエッカー）

この塗装とならんで、上面をRLM 70（シュヴァルツグリュン）またはRLM 71（ドゥンケルグリュン）の単色で迷彩塗装したBf 109も出現したようだ。これにも変種があり、胴体側面がRLM 65（ヘルブラウ）のものと、単一の上面色と同じものとがあった。

しかし、この多種多様な迷彩パターンと迷彩色の試験は、最適な戦闘機塗装を模索する過渡期にすぎない。1940年前半に西部戦線の電撃戦が成功したのち、次の目標は英本土だった。英仏海峡と英本土上空の航空戦［英軍呼称は「バトル・オブ・ブリテン」］で、ほどなく問題が露呈する。戦闘機に最適な迷彩塗装がまだ確立できていなかったのだ。

あらたな戦闘機塗装を模索するなかで、下面のRLM 65 ヘルブラウも見直した。1941年のRLM 65の色調は1938年のRLM 65の色調と比較してはっきりと変化している。新色調は、青味が強い旧RLM 65よりも、新色RLM 76にずっと近かった。色調変更の理由として考えられるのは、新RLM 65のほうがやや暗めの旧RLM 65よりも中部ヨーロッパの天空になじむということだ。

英本土上空で戦ったBf 109の塗装には、青色調、灰色調、

または両方で迷彩した変種がいろいろあった。これは試験中と実証用の原型で、1940年の夏ごろに、ここから戦闘機と駆逐機の標準迷彩塗装が生まれた。この迷彩には以下の色を用いた。

RLM 74　ドゥンケルグラウ〔Dunkelgrau＝暗灰〕
RLM 75　ミッテルグラウ〔Mittelgrau＝中間明度の灰〕
RLM 76　リヒトブラウ〔Lichtblau＝淡青〕

胴体側面には、RLM 02/70/75の斑点を吹付けた。この塗装は、その後の数年間、戦闘機と駆逐機の標準迷彩となる。現代の制空迷彩の先駆と言ってもいいだろう。その他の機種（夜間戦闘機、熱帯作戦機、水上機をのぞく）はすべて、1938年導入のRLM 70/71/65による迷彩を数年にわたり継続した。

上面をRLM 70/71で迷彩したBf 109 E-4。下面はRLM 65の後期変種かもしれない。空気取入口の前部だけ色が暗いのは、たぶんRLM 65（1938年以来の色調）で塗装した交換部品だろう。機体の迷彩は工場で塗装したもので、まずRLM 65を塗ってからRLM 70/71を吹付けてあるのが、境界線のハミ出しでわかる。熊ん蜂のマークは、胴がRLM 22 シュヴァルツ（Schwarz＝黒）、羽根と矢がRLM 25 ヘルグリュン（Hellgrün＝明緑）だ。（ヨーゼフ・シュヴァルツエッカー）

Bf 109 Fが2機、ステンシルを用いて塗装したらしい「葉状」の迷彩をまとっている。おもしろいことに両機とも主翼前縁はRLM 70で、プロペラ、スピナー、主輪ハブは艶ありの黒で塗ってあるようにも見える。主翼表面に光沢があることもわかる。（ミヒャエル・ウルマン）

ドイツEADS社の「伝統機」で、塗装は大戦中期のRLM 74/75/76迷彩の典型を再現したもの。(ダミアン・ギュットナー)

初期のRLM 74/75/76迷彩をしたBf 109 E。この写真を見れば、なぜメッサーシュミットがRLM 75を「グラウヴィオレット」(Grauviolett＝灰紫)と呼んでいたか明白だ。RLM 75の赤みがかった色合いがよくわかる。(ドイツEADS社史料室)

RLM 74/75/76 迷彩の見本のような塗装をした Bf 109 F。胴体側面には RLM 74 と 75 で雲状の斑点を施してある。エンジンカウリング下部は RLM 04 ゲルプの塗装。（ミヒャエル・ウルマン）

Bf 109 E の操縦席にいるのはアドルフ・ガランド。機の状態がほぼ完全なのがわかる。エンジンカバーとスピナー全体は RLM 04 ゲルプの塗装。主脚柱と主脚カバーは RLM 76、プロペラブレードは RLM 70 で、各ブレード付根が 30 mm 幅で無塗装なのも見てとれる。（ミヒャエル・ウルマン）

アドルフ・ガランドと乗機の Bf 109E。RLM 74/75/76 で迷彩してある。ステンシル類が克明なのは大戦初期の機の特徴で、仕上げの質が高い。迷彩の光沢は、規程に違反して塗装にワックスをかけたせいかもしれない。小さいキャップの周囲の凹部が汚れのために黒ずんでいる。コクピットは全体が RLM 66 の塗装。（ミヒャエル・ウルマン）

右ページ写真中：偵察機型の Fw 190 A4/U4。胴体下面に写真機のカバーがはっきり見える。機番号「10」は RLM 23 ロート、方向舵と機首下部は RLM 04 ゲルプの塗装。迷彩は RLM 74/75/76 で、胴体側面に RLM 75 の斑点を施してある。胴体のバルケンクロイツは黒の輪郭線つき。主輪と主脚カバー内側を暗色で塗装してあるのがおもしろい。これは RLM 66 か、単に排気管から煤が漏れただけなのか、あるいは耐熱防火塗装の可能性もある。（ミヒャエル・ウルマン）

写真下：Fw 190 の先行生産機で武装を搭載していない。航空省の規程どおりに全体を RLM 02 で塗装してある。主翼下面のバルケンクロイツは黒の輪郭線つき。（ミヒャエル・ウルマン）

初期のFw 190は、カウリングが短く、主輪は独特の形状で、主輪カバーを折り畳んでいるのが識別点だ。なんと胴体には洗滌除去可能な黒で夜間迷彩を施してある。胴体のバルケンクロイツと尾翼のハーケンクロイツの周囲は、細くRLM 76の地色を残してあるのがわかる。エンジンまわりの塗装は剥げている。スピナーとプロペラブレードはRLM 70で、スピナーに単純な白の横線を入れている。下面はRLM 76のようだが、夜間迷彩を除去したのか、あるいはもともと塗装しなかったのか不明だ。このFw 190Aも主輪と脚カバーの内側が暗色だ。RLM 66か、煤か、それとも耐火塗装だろうか。（ミヒャエル・シュメールケ）

写真下：武装がないFw 190の先行生産機。一番手前と三番目の機はRLM 02で塗装してある。二番目はRLM 74/75/76の迷彩で、カウリングにはおもしろい形状の線をRLM 75で塗装してある。（ミヒャエル・ウルマン）

写真左：RLM 74/75/76 で迷彩した Fw 190 A。主翼前縁の境界線が波うっているのが変わっている。迷彩パターンの完璧な見本だ。胴体側面には RLM 75 で雲形斑点を上吹きしてある。プロペラブレードとスピナーは RLM 70 だ。主翼のバルケンクロイツは白の角線だけで、胴体のバルケンクロイツは中心部が黒、ハーケンクロイツは黒だけの単純なものだ。どこにも機番号が見当たらないのが妙だ。（ミヒャエル・シュメールケ）

胴体下部に ETC 50 VIId 爆弾架を装備した Bf 109 G-1 で、RLM 74/75/76 の標準迷彩。胴体には RLM 74 の斑点を濃密に施してあり、エンジンカウリングには RLM 76 の斑点を追加塗装してある。エンジンカウリングと翼端下部は RLM 04。主翼下面のバルケンクロイツには黒の輪郭線がないが、胴体のバルケンクロイツには輪郭線があるようで、このような組合せは異例だ。主脚扉と主脚柱は RLM 76 の塗装。主輪は黒か RLM 66 で塗ってあるのだろうか。スピナーと方向舵全体は RLM 21 ヴァイス（Weiß＝白）、プロペラブレードとスピナー底板は RLM 70 の塗装。（ミヒャエル・シュメールケ）

RLM 74/75/76 の塗料の色合いの違いがわかる、とても興味深い写真。メッサーシュミットの RLM 75 は、Fw 190 の色合いよりも明るく見える。胴体の斑点迷彩もフォッケウルフよりも多いのがわかるだろうか。胴体のバルケンクロイツは、Fw 190 が黒の輪郭線つきで、Bf 109 には輪郭線がない。(ヨーゼフ・ヴァハター)

WGR 21 ロケット発射筒を懸吊した Fw 190 A-8。迷彩色がとても明るく見える。ひょっとすると胴体は RLM 75 の単色塗装かもしれず、より暗い RLM 74 は主翼上だけに見える。胴体のバルケンクロイツの中心部は RLM 75 で塗りつぶしてある。フラップ内側は、無塗装のアルミニウムのようだ。(ヨーゼフ・ヴァハター)

上と同じ Fw 190 A-8。カウリングの下部は RLM 23 ロートの塗装。(ヨーゼフ・ヴァハター)

練習部隊の Bf 109 G-6 で、RLM 74/75/76 で迷彩し、機首に白で「14」の機番号をつけている。胴体と主翼とバルケンクロイツは白だけの簡略型で、6.5. 節の『飛行機塗装工 1944』の 4.b) の規定どおりだ。プロペラブレード裏側の塗装が摩耗していて、胴体側面の救急箱のアクセスパネルが替わっている（バルケンクロイツの中心部を黒で塗装していた機体からとったもの）ことから、使い古した飛行機だということがわかる。（ヨーゼフ・ヴァハター）

ドイツ空軍のマーキングをしたフランスの Bloch 155。RLM 74/75/76 の迷彩で、胴体側面には RLM 74 と 75 の大きな斑点をつけている。スピナーは RLM 21 ヴァイスの地色に黒の螺旋、尾部は全体を RLM 04 ゲルプで塗装してある。白地に黒のハーケンクロイツがおもしろい。（ミヒャエル・シュメールケ）

Bf 109 E が Ju 52 に突っ込んだのだろうか（Bf 109 のキャノピーが外れていることと、シートベルトとプロペラの状態に注意）。それよりも重要なのは Bf 109 の迷彩で、RLM 74/75/76 迷彩の胴体の分割線の位置が妙に高いのだ。機首と方向舵は RLM 04 ゲルプ。機番号「7」と角棒は RLM 23 ロートで白の輪郭つき。Ju 52 は RLM 70 の単色迷彩のようで、バルケンクロイツとハーケンクロイツは白一色の簡略型。一方、Bf 109 のバルケンクロイツとハーケンクロイツは戦前式で黒の細い輪郭線がついている。事故の時期を判別しづらい。Ju 52 からわかるのは 1943 年以降で終戦までの期間ということだが、Bf 109 はもっと早い時期の塗装なのだ。（ミヒャエル・ウルマン）

ヴィーナー・ノイシュタットで 1944 年に撮影した Bf 109 G-12。Bf 109 G-2 から改造したもので、スポーク式の小型主輪に注意。迷彩はとても暗い。大部分を RLM 74、または RLM 70/71、あるいは RLM 81 で塗装してあったのかもしれない。主翼前縁の境界線が波形になっている。下面の RLM 76 は、ひどく汚れているか、あるいは暗色で再塗装したかのように見える。スピナーは RLM 04 ゲルプの塗装。（ヨーゼフ・ヴァハター）

1944年の中頃、空軍機用にあらたな迷彩色を導入した。

RLM 81　ブラウンヴィオレット〔Braunviolett＝茶紫〕
RLM 82　ヘルグリュン〔Hellgrün＝明緑〕
RLM 83　ドゥンケルグリュン〔Dunkelgrün＝暗緑〕

RLM 76の変種　　原料不足によるもので、明灰緑または明灰青の色調だった。

新色導入の背景には、ふたつの理由があったようだ。第一に戦争遂行に必要な原料を節約するため、第二に作戦教義が本土防空〔Reichsluftverteidigung〕に転換したためだ。連合軍の航空優勢で攻勢から守勢に追い込まれたわけだ。

大戦末期には、それまで飛行機の迷彩に使用してきたRLM色調すべてにかえて、この新色を用いるようになった。終戦の数カ月まえに新色は急速に広まり、新造機か現用機かにかかわらず、空軍が使用する全機に使用するようになった。

新規導入した色調は多様な組合せで使用し、「旧色」の残余在庫と併用することもあった。このため、多数の迷彩塗装の使用例が見られた。迷彩の変種につき、色調の使用部位の概要を下表にまとめてみた。表には主要迷彩色だけを示し、胴体側面の斑点に用いる色は省略してある。

上面	上面	下面	使用対象
RLM 83	RLM 75	RLM 76	Bf 109、Fw 190
RLM 81	RLM 82	RLM 76	Me 262、Fw 190、Do 335、He 111
RLM 76	RLM 83 + RLM 82	RLM 76	夜間戦闘機

4.4.2. RLM 81/82/83という色調

この色調は、今日でも空軍の塗装史の大きな謎だ。1944年7月1日付の空軍一括通達1号には以下の一節がある：

Bf 109 G-10の復元機で、RLM 75/83/76の迷彩を再現してある。胴体背面の迷彩色は側面に及び、胴体のバルケンクロイツは白の角線〔L字形の線〕だけで、中央の十字はRLM 83の地色のままだ。（ミヒャエル・ウルマン）

色調81および82の適用。

文書GL/C-E 10 第10585/43（IVE）、文書符号82 b 10、1943年8月21日付により、迷彩色調81および82を70および71に代えて将来導入することを告知した。

当該色調の導入につき、今般、以下の通り決定した：

1) 新たな飛行機型式で、その使用目的により従来であれば色調70および71で塗装したであろうものは、色調81および82を適用する。

2) 現行の量産にあっては、なるべく早期に色調70および71から色調81および82へ転換するものとする。70および71の手持ち塗料残余は自明のことながら消化すべし。

その際は、両方の色調を同時に消化することはなかろうと想定されるので、70または71のうち余量が少ない方の追加発注を回避するため、残余を以下の組合せで消化することを許可する：

色調70（残余）＋ 色調82
色調71（残余）＋ 色調81

しかしながら一方の色調の残余が過多で、このため規程どおりの迷彩への移行期間が過長になるような際には、かかる余量を協力工場、関連企業工場、あるいは他の飛行機工場と交換することを試みよ。

3) これら新色調の塗装法（区画型図）に変更はない。

4) 飛行機工場は、変更したOSリストにより色調変更の完了をGL/C-E 10 IV宛に報告せよ。

〔訳注：GL/CはGeneralluftzeugmeister/C-Amtの略で、GLすなわち航空装備総監〔Generalluftzeugmeister〕の指揮下にあり、開発を担当した。技術局（Technisches Amt）ともいう。このなかのAmtsgruppe Flieger-Entwicklung/Abteilung E-2（開発2部）が航空機の開発を、E-3（開発3部）がエンジンの開発を、それぞれ担当した。〕

すでに1943年8月の時点で、新色調81/82の導入を告知していたことがわかる。告知準備もまた、さらに早い時期から進んでいたはずだ。いまや認識を改めて、この重大な変更の導入時期を再検証すべきだ。新色調導入にむけての準備は、従来の認識よりもずっと早期に始まっていた可能性が高い。飛行機塗装に対する最初の合理化施策（陸上機の表面保護の簡素化 ⇒5.8.節）がすでに1942年に始まっていたということは、原料基礎需要の軽減も同時に検討していた可能性が高く、その一環として色調も標準化して原料基礎需要を再構築したのではないだろうか。

1942年1月5日の空軍官報第1号は、深刻なクロム不足を報じ、国防軍全体に対して、したがって空軍に対しても、クロムを極限まで節約して使用するよう命じている。しかし酸化クロムと酸化クロム緑は塗料の重要な原料だった。酸化クロム緑は今日でも緑色塗料の主要顔料だ。1944年8月15日の一括通達2号は、以下の色調の廃止を告知している。

この新決定の進捗により、今後は以下のRLM色調を廃止する：65、70、71、および74。色調70は、プロペラ用に限って指定を存続させる。

廃止する色調の大半は、緑色成分を多量に含有していた。RLM 65は標準化の観点から廃止するもので、RLM 76で代替した。これは、1944年8月15日の一括通達2号の、以下の部分にあるとおりだ。

再迷彩色飛行材料7126.76の導入による飛行材料7125.65の代替（L.Dv. 521/1のG.S. 41/43節参照）。

飛行材料7125.65に代えて、再迷彩色飛行材料7126.76を導入する。

使用目的と適用範囲。

青色の再迷彩色は、恒久夜間迷彩塗装から昼間迷彩への飛行機の再塗装に使用する。

戦争の終局でわずかに残った爆撃機は、このように下面を色調76で塗装してあった。ところが1944年7月1日の一括通達1号が混乱のもとになっている。通達には以下の決定がある：

色調81および82の適用。

文書GL/C-E 10 第10585/43（IVE）、文書符号82 b 10、1943年8月21日付により、迷彩色調81および82を70および71に代えて将来導入することを告知した。

当該色調の導入につき、今般、以下の通り決定した：

1) 新たな飛行機型式で、その使用目的により従来であれば色調70および71で塗装したであろうものは、色調81および82を適用する。

たしかに1941年版L.Dv. 521/1にしたがって70/71/65で爆撃機を塗装していた（⇒ 7.4.節：「C. 塗料および塗料系の使用」d)）。通達には70/71のかわりに80/81を適用すると書いてあるが、色調65にかわる76の使用許可はどこにも見当たらない。この相反矛盾する命令から、大戦の最終局面における首脳部の混迷がわかる。いくらドイツの工業が全力で操業していても、首脳部が統制を欠いていたので、敗戦は不可避だった。

この情況は、以下のJu 188用変更手順〔Änderungsstufe〕10/44の補遺からもわかる。原則となるような、色調廃止に関する決定を、大戦末期にはほとんど無視していた：

E-F断面
Schnitt E-F

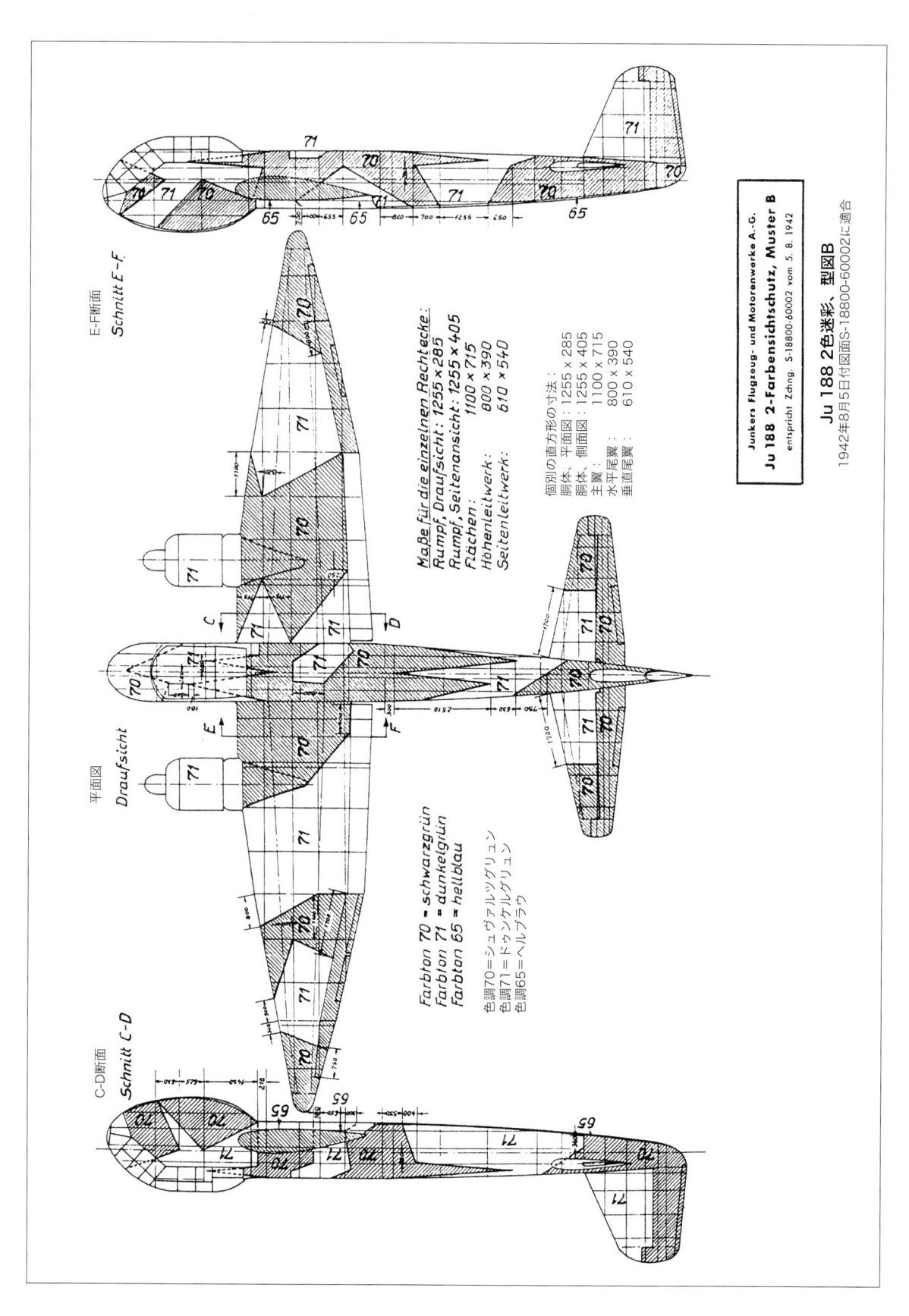

平面図
Draufsicht

C-D断面
Schnitt C-D

Maße für die einzelnen Rechtecke:
Rumpf, Draufsicht: 1255 × 285
Rumpf, Seitenansicht: 1255 × 405
Flächen: 1100 × 715
Höhenleitwerk: 800 × 390
Seitenleitwerk: 610 × 540

個別の直方形の寸法:
胴体、平面図: 1255 × 285
胴体、側面図: 1255 × 405
主翼: 1100 × 715
水平尾翼: 800 × 390
垂直尾翼: 610 × 540

Farbton 70 = schwarzgrün
Farbton 71 = dunkelgrün
Farbton 65 = hellblau

色調70＝シュヴァルツグリュン
色調71＝ドゥンケルグリュン
色調65＝ヘルブラウ

Junkers Flugzeug- und Motorenwerke A.-G.
Ju 188 2-Farbensichtschutz, Muster B
entspricht Zchng. S-18800-60002 vom 5. 8. 1942

Ju 188 2色迷彩、型図B
1942年8月5日付図面S-18800-60002に適合

Ju 188用変更手順10/44の第8点で引用したJu 188 D-2飛行機の迷彩は、新方式に転換できない。これは大量の塗料在庫が旧色調（70および71）で手元にあるためである。トラーヴェミュンデ実験場の決定に従い、まず第一に在庫を消化することとする。

　OKL Chef TLR Fl.B2/H.のリーツ飛行幕僚技官との44年10月9日の電話相談に関連し、本書をもって、上述の引用点を変更手順10/44から抹消する。当該変更を貴下の表に実施されたし。

　Ju 188 D-2は45年1月に終了するので、手元にある塗料在庫の見地から、迷彩塗装の転換を一切実施しない。

　　特別委員会議長
〔訳注：OKLはOberkommnado der Luftwaffe＝空軍総司令部、Chef TLRはChef der Technischen Luftrüstung＝技術航空兵器長官の略で、いずれも1944年夏の組織改編以降のもの。〕

　さて、原料不足と、その影響について筆者の見解を述べたので、ここですこし脇道にそれて、筆者の推論が的確か検討してみよう。当時、いったいどのようにして航空装備用の塗料を製造していたのだろうか。どんな原料を使っていたのだろうか。

　ハンス・ハーデルトの染料・塗料産業むけ処方書の1943年版、第16章「飛行機用塗料」に、羽布塗料の記述と処方がある。羽布用の処方なのであまり傍証にはならないが、当時の塗料製造法を理解する参考になるだろう。ここに重要な手がかりがあるのだ。

酢酸セルロースを原料とする飛行機用塗料

　酢酸セルロース塗料は熱および太陽光線に対してきわめて高い耐性を有しており、そのうえ普通の硝酸セルロース塗料に比べて可燃性が低い。このため当該塗料を電気業界で絶縁塗料として使用しており、また近年は飛行機にも用いるようになった。翼面防水に適した塗料は、Chem.

このJu 188は戦地の要求に合わせて部隊が塗装を変更した見本だ。RLM 70/71/65 の基本迷彩の上から、RLM 76 の波線を追加してある（波線がRLM 65 よりも明るいことに注意）。主脚はRLM 02、プロペラブレードとスピナーはRLM 70 の塗装。（レオ・シュミット）

Trade Journal誌2588号（1936年）535ページに掲載のP. Staudingerによる報告では以下の成分からなる：

低粘度酢酸セルロース	73 kg
アセトン	443 kg
アルコール	216 kg
ベンゼン	234 kg
ベンジルアルコール	23 kg
リン酸トリフェニル	11 kg

この塗料による被膜に顔料を加えてもよく、顔料は酸化鉄またはアルミニウム粉末の使用が望ましい。

あるいは

ベンジルセルロース飛行機保護塗料

ベンゼン	40 ccm
エチルアルコール	10 ccm
トルエン	20 ccm
キシレン	10 ccm
アセトン	20 ccm
ベンジルアルコール	1 g
中粘度ベンジルセルロース	10 g

溶液の品質保持期間は1年である。この保護塗料には何らかの軟化剤を添加し、また顔料（カーボンブラック、酸化鉄、アルミニウム青銅）で着色するのが有効である。

処方の特徴：

1. ふたつの処方は、成分の配合にまったく異なる計量単位を用いている。一方は質量単位（kg）、他方は体積単位（cc）に基づいている。塗料を大量生産する際に、もしも換算を間違えたら、どんな結果になってしまうのか見当がつかない。そのうえ、成分の欠除や代用でどんな影響がでるのかも不明だ。

2. 塗料は顔料を含まず無色だった。顔料として、カーボンブラック、酸化鉄、またはアルミニウム青銅をあげている。1938年版L.Dv. 521/1の飛行塗料系20、21、22との比較で類似点がわかる。飛行塗料系20の下塗り塗料は、たとえば以下のように表記してある：飛行塗料7130.ー（ツェレスタ＝ニトロ飛行機下塗り塗料 赤1603 C）。赤色なのは顔料に酸化鉄を用いていたからだ。

顔料の欠除で塗料の色調がどんな影響をうけたかは、1944年8月15日の一括通達2号のなかの、以下の通達からわかる：

飛行塗料7114（不燃性の飛行塗料系05用の中塗り塗料）

飛行塗料7114.01は、アルミニウム青銅の配給量減少のため、飛行材料7114.99に変更を余儀なくされた。色調は、アルミ成分が少ないため、淡灰でしかない。

今後、中塗り塗料7114は飛行材料7114.99としてのみ発注すること。

適用と施工は飛行材料7114.01と同様。

アルミニウム青銅顔料は羽布塗料の処方にも書いてあって、銀色塗装に使用していた。上記のように、不燃性飛行機塗装の中塗り塗料（下地）にも用いていた。当時の塗料技術の足跡がL.Dv. 521/1にはっきりと残っていることがわかり、原料という漠然とした問題を実例から把握できる。

さて、本論のRLM 81/82/83に戻ろう。この新色調は、上記の検証が示すように、飛行機塗装の原料節約の結果として開発したものだ。標準化と合理化による生産量の極大化が目的だった。筆者が調査を進めるうちに、RLM迷彩色（建造物および地上迷彩）の適用および施工規程（1941年版）で付録色票がついたものを発見した。色票には以下の色調があった：

シュヴァルツ	〔Schwarz＝黒〕
ドゥンケルブラウン	〔Dunkelbraun＝暗茶〕
ドゥンケルグリュン	〔Dunkelgrün＝暗緑〕
オリーフグリュン	〔Olivgrün＝オリーブ緑〕
ツィーゲルロート	〔Ziegelrot＝煉瓦赤〕
エルトゲルプ	〔Erdgelb＝黄土〕
グラウ	〔Grau＝灰〕

ドゥンケルブラウン、ドゥンケルグリュン、オリーフグリュンの色調は、RLM色調81/82/83の現存する塗料残片と酷似している。この点について、筆者は色調の類似性から推論して、建造物・地上用の迷彩色で飛行機を塗装したのではないかという仮説を以前の著作で発表した。

その後、RLM迷彩色（建造物・地上迷彩）と現存の塗料残片とを比較する機会があって、筆者はカナダ、オーストラリア、ドイツで検証結果を確認したので明言できる。RLM色調81/82/83は、RLM迷彩色（建造物・地上迷彩）と同一の色調なのだ。

根拠になる資料がなかったため、前著では飛行機をRLM迷彩色（建造物・地上迷彩）で塗装したと推論した。今となっては、これがやや不正確だったことを認める。以下は、ヘアビヒ＝ハーハウス社からハルトヴィヒ社への書状で、ザラマンダー計画（ハインケルHe 162）の一環としての主翼製造に関するものだ：

ヘアビヒ＝ハーハウス株式会社、塗料工業、

エルクナー工場、1945年1月29日
ザラマンダー計画　8-162
ローベルト・ハルトヴィヒ社、ゾンネベルク　御中

　取締役カルカート氏とのエルフルトにおける話し合いに従って、弊社は、貴社が上記の機の製造会社であると承知いたしました。弊社は今後、受託により、表面保護のために貴社がご注文の飛行塗料を、ただちにお届けいたします。貴社のお手元にある、Go 242計画に由来する残余の飛行塗料を顧慮し、以下の数量を製品としてただちに発送できます：

吹付用パテ	7216.99	100 kg
刷毛塗り用パテ	7216.99	20 kg
飛行塗料	7139.99	120 kg
飛行塗料	7115.76	60 kg
飛行塗料	7115.81	30 kg
飛行塗料	7115.82	30 kg
稀釈剤	7233.00	500 kg
稀釈剤	7213.00	400 kg
稀釈剤	7215.00	50 kg

　同じ数量について、本年2月初旬の納品を計画しておりますが、吹付用パテ7216.99を200 kgと刷毛塗り用パテ7216.99を40 kg納入する点が異なっております。上記数量で、貴社の1月および2月の生産数量に必要な飛行塗料の需要を満たすことができます。貴社の3月、4月、5月、6月の需要を適時にお知らせいただければ、納期までにお届けすることが可能です。もしもまだ貴社のお手元に8-162保護の仮規程がないようでしたら、ただちにエルンスト・ハインケル株式会社ウィーン工場から入手されるよう、お願いいたします。すでにお伝えいたしましたとおり上記数量は数日中に発送可能ですが、全面交通遮断のため、いまだに発送できずにおります。交通遮断は数日中に解消されることと思いますので、その際にはPanzerblitzfrachtbriefを用いてただちに発送するよう努力いたします。
　それでは失礼いたします。敬具。
　　ヘアビヒ＝ハーハウス株式会社、塗料工業、
　　　　　　　　　　　　　　　　　エルクナー工場

〔訳注：8-162はHe 162のRLM正式呼称で接頭の8は飛行機をしめす符号、エルクナーはベルリンの中心部から東南東約20 kmにある周辺都市、エルフルトはドイツ南東部の都市。Panzerblitzfrachtbriefがなにをしめすのか不明だが、著者によると急送便の一種のようだ。〕

　色調76/81/82として表にある飛行塗料7115は不燃性の上塗り塗料で、飛行塗料系05、22、33に使っていた。この点からはっきりとわかるように、空軍の建造物・地上迷彩用塗料で飛行機を塗っていたわけではない。ただし、両方の塗料の顔料が同一だったことは間違いないだろう。（そうでなければ、塗料は同一色にならない。）
　この論拠として、以下に1942年2月23日付の空軍官報第8号から抜萃した通達をあげておく。「本土および占領地域むけ迷彩色中央機関の創設」に関して通達したものだ：

　　増加の一途をたどる建造物および地上迷彩用の迷彩色消費と、迷彩色製造用の原料の生産能力の制約のため、もはや総需要を満たせなくなった。令達に定めた数量の迷彩色を火急の目的に最優先で投入すべく、迷彩色中央機関を国家航空大臣兼空軍最高司令官（L.In. 13）の名のもとに創設した。その任務は、本土地域、保護領、総督領、および占領地域における建造物および地上迷彩用の迷彩色の製造と総消費を計画に沿って統制することにある。
　　〔訳注：L.In. 13はInspektion des Luftschutzes〔防空監部〕をしめす組織符号で、戦前に民間防空を統轄していたLuftwaffeninspektion 13〔第13空軍監部〕の略号に由来する。総督領とはポーランド占領地総督が統治する旧ポーランド領〔Generalgouvernement für die besetzten polnischen Gebiete〕をさす。〕

　この塗料標準化の対象は国防軍全体に及んだ。こうして初めて、全生産力の結集が意義あるものになる。現時点で判明しているRLM 81/82/83にまつわる事実と、陸軍の三色迷彩の出現とに、密接な関係を見ることができる：

－　後期の飛行機上面迷彩色3種の出現時期を、1944年夏に特定できる。
－　陸軍通達1943年第181で、ドゥンケルゲルプ〔Dunkelgelb＝暗黄〕の地上塗装に対して（建造物・地上迷彩用）RLM色票に準拠した色調のオリーフグリュンRAL 6003〔Olivgrün＝オリーブ緑〕とロートブラウンRAL 8017〔Rotbraun＝赤茶〕による迷彩を命じている。
－　陸軍総司令部が1944年8月19日に、オリーフグリュンRAL 6003とロートブラウンRAL 8017の色調による追加迷彩を全装甲車両に対して命じている。

　RLM 81/82/83の起源については、もうひとつ仮説がある。ひょっとしたら戦前の色調61/62/64の生まれ変わりかもしれないというものだ。RLM 81/82/83の断片を、現存するRLM色票のRLM 61/62/64と比較すると、ほとんど同一なことがわかる。偶然というには、あまりにも近す

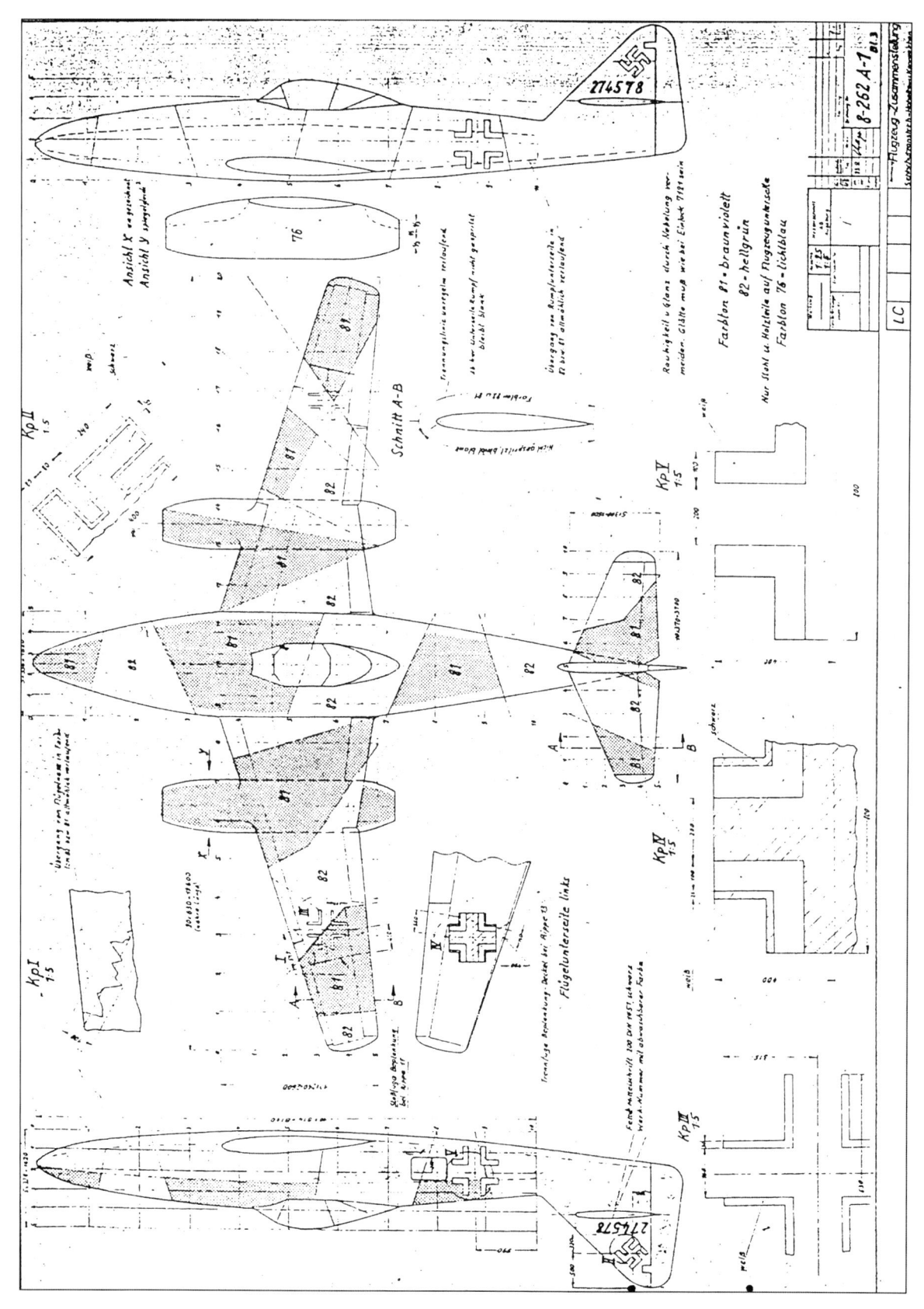

Me 262迷彩塗装、1944年8月

ぎる。初期のRLM色がRAL色ときわめて近いか、あるいは同一だったことを忘れてはならない。RAL色は、ドイツ国産原料の使用が必須条件だった。これが、戦前の色調を再導入した理由だとは、考えられないだろうか。そうだとして、ではなぜ再導入した色調に81/82/83の番号をつけたのだろう。これはドイツ人の行動様式として、廃止した旧式の物品を再導入するとき、新しい呼称または番号をつけて退蔵品と新品とを分別するのが普通なのだ。残念ながら、筆者の仮説を裏付ける資料は見つかっていない。

今日、RLM 81/82に関する当時の資料は、ごくわずかだが見つかっている。この資料に関してきわめて重要な点は、一括通達1号と2号の影響がはっきりと見てとれることだ。筆者が知るかぎり最古の資料は1944年7月20日付の議事録で、ハンブルクのブローム・ウント・フォス社施設で1944年7月18日と19日におこなったMe 262 B-1の耐空性領収検査だ。技術上の意見交換にまぎれて、本書にとって重要なメッセージが隠れている。迷彩は、上面を81/82（平滑表面）で、下面を65で施すことになっていたのだ。この資料の日付は、一括通達1号（1944年7月10日付）と同2号（1944年8月15日付）の発行日のちょうどあいだになっている。Do 335のOSリスト［表面保護表］との関連も実に興味深い。同機の迷彩も、81/82と65を指定してあるのだ。

81/82に関する資料はもう一点あって、これもブローム・ウント・フォス社のものだ。以下の社内通達は1944年9月13日付のもので、BV 155の組立との関連でRLM81/82の使用を述べている（つまり、色調81/82を任意使用できるようブローム・ウント・フォス社が保持していたはずだ）：

主題：BV 155の視認防護迷彩
トラーヴェミュンデ実験場から当社に以下の指示があった：

BV 155は、上面を81オリーフブラウンと82ヘルグリュンの2色で塗装する。区画分割は、同封のBV 109迷彩型図に従う。胴体側面、垂直尾翼および主翼と尾翼前縁は、色調76を吹付け、この後に、主翼と尾翼前縁以外は色調81と82を雲状に上吹きする。さらなる簡素化を見込めることが期待でき、これは当社に追って通知がある。その後に、上述の型式で昼間作戦用のものに関しては、下面の迷彩塗装が廃止になる。

同封の区画型図において、迷彩塗装と無塗装板金との境界線は破線で表示してある。塗装は境界がにじむように施すものとする。

目止め処理をする際には、パテ（飛行パテ7290.99）を無塗装板金の上に塗布し、「塗装ー無塗装板金」境界線をまたぐ部分を従来と同様に研磨し、その後には迷彩塗装を施さない。下面の塗装は、節約のために廃止となる。

Me 262 の現存部品で、まだ元来の塗装をとどめている。ミュンヘンにあるドイツ博物館所蔵の物。比較のため、筆者が自作した大型カラーチップを並べてある。RLM 81 のブラウンヴィオレット変種、RLM 82 のヘルグリュン変種、RLM 76 の1944年色調で、元来の塗装とほぼ完璧に一致している。（ミヒャエル・ウルマン）

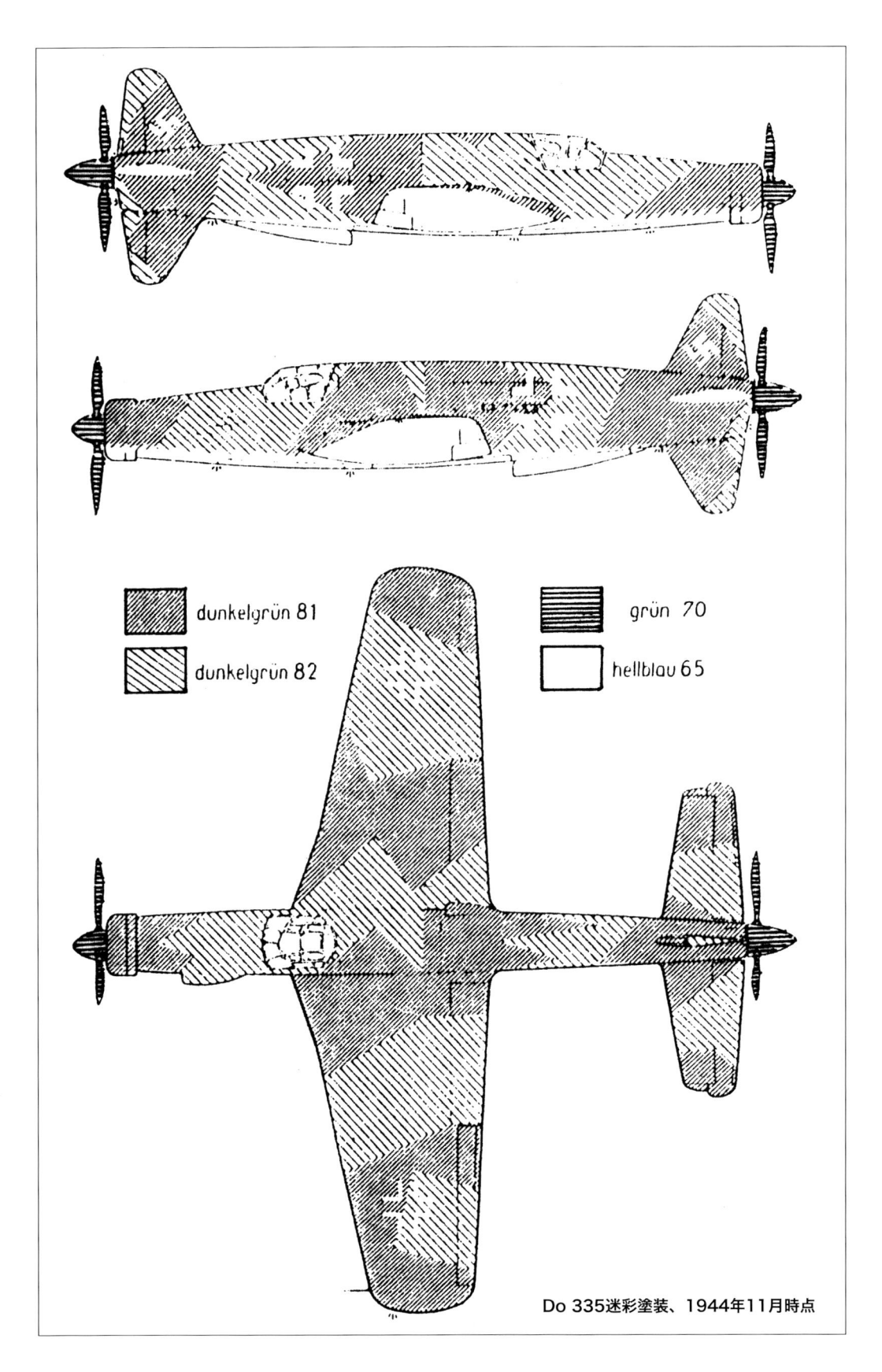

dunkelgrün 81
dunkelgrün 82
grün 70
hellblau 65

Do 335迷彩塗装、1944年11月時点

この資料は、また別の観点からも注目に値する。下面の大部分は、節約のため無塗装と書いてあるのだ。これは「塗料の極度な節約」をつきつめた最終段階だ。関連事項と、アルミニウム材料に表面保護が不要だった理由は、4.4.4.項に説明してある。

　まだ問題が残っている。RLM 81/82/83に使用していた、まったく異なる色呼称だ。たとえばRLM 81について、メッサーシュミットはブラウンヴィオレット〔Braunviolett＝茶紫〕、ブローム・ウント・フォスはオリーフブラウン〔Olivbraun＝オリーブ茶〕、ドルニエはドゥンケルグリュン〔Dunkelgrün＝暗緑〕と呼んでいた。現存する写真からも、それぞれ異なる色調を見てとれる。なぜ、このように多様な呼称と色調になったのだろうか。（⇒ 4.5.2.項）答えは簡単で、1941年版のL.Dv. 521/1にある：

　　　塗料は元祖の製造会社の処方に従い、複数の主要塗料
　　　会社がライセンス生産している。

　航空機メーカー各社には固有の塗料メーカーが疎開地にあり、その塗料会社もまたそれぞれ、固有の製造法式による色調を、要求元の飛行機工場に納入していた。この不統一は戦局によるものだ。以下にRAL協会の見解を引用する：

　　　「さまざまな塗料納入業者がお互いに異なった色調を
　　　納入しており、色調整の精度は大戦期間を通じてきわめて
　　　不正確だった。」
〔訳注：RAL協会はRAL Deutsches Institut für Gütersicherung und Kennzeichnung e.V.＝登録協会RALドイツ商品安全・表示協会の略称〕

　ひらたく言うと、各塗料メーカーは得意先の飛行機工場に、そのつど納入可能だった色を納入していたということだ。この問題は、空軍省がRLM 81とRLM 82の標準色票を配布できなかったため、さらに深刻になった（⇒ 7.7.節：一括通達1号）。

4.4.3. RLM 76の変種

　RLM 81/82の変種とともに、RLM 76の変種についても書いておこう。RLM 76の色が変化していったのは、RLM 81と82と同様の事情にもよるが、さらに重要な理由があっ

ドルニエのオーバープファッフェンホーヘン工場で1976年に復元したDo 335の写真。塗装はRLM 81/82/65による当時の迷彩を再現したものだ。（ドルニエ社史料室）

た。このことは、今日まだ余所には書いていない。実は合成樹脂系のRLM塗料の開発が進んでいたことが背景にあるのだ。

アルミニウム表面用の単層RLM塗料の開発初期、塗料産業は究極のアルミ表面保護剤であるクロム酸亜鉛を明色塗料に配合できなかった。このため、たとえば色調65や76の塗料はクロム酸亜鉛を含有していない。またこの開発初期には、多量の顔料も明色塗料に配合できなかった。その結果、被覆力つまりアルミ表面を覆う能力は、合格点には達していたが満点ではなかった。

RLM塗料のたゆまぬ開発の結果、大戦後期にはクロム酸亜鉛と多量の顔料を明色のRLM塗料に配合できるようになった。こうして、RLM65や76などの明色塗料には、大戦後期に完璧な表面保護力とアルミ表面被覆力がそなわった。原料不足は決して解消することがなかった。したがって、1944年夏にはRLM塗料の顔料成分を減らす命令が出ていたはずなのだが、まだ見つかっていない。明色のRLM塗料で顔料の量が減ると、クロム酸亜鉛の強い色を隠せなくなった。このため、明灰緑色の「あたらしい」RLM76が生まれた。この謎の色は、「RLM 84」と誤認されることが多いが、「RLM 84」という色調は存在しなかった。

読者のみなさんには、もうわかっていただけたことと思う。慢性の原料不足のため、RLM塗料の標準色調を保証できず、塗料の色調のさまざまな変種が生まれてしまったわけだ。塗料メーカーは、下面用の明青色や灰色の色調よりも応需を優先し、正規の手順として「適当に混ぜ合わせて作る」ことを原料不足のために余儀なくされた。要するに、これは原料不足によって生じた、RLM76の変種にすぎないのだ。

塗料調達の問題が早期からあったことは、1941年10月27日付の空軍官報第45号の規定からわかる。これは戦役中のフランスにおける塗料調達に関する要綱を公布したものだ。

要綱において、飛行塗料は補給路を通じて入手し、一方で普通の塗料(たとえば宿舎や建築用)はフランスの塗料工場から入手するという規定があった。つまりフランスの塗料産業が占領後も健在で応需能力があったわけだ。飛行塗料の補給路に障害が生じた際には、部隊は地元フランスの産業も動員できたはずだ。フランス航空産業の大部分が健在で、ドイツ空軍むけに飛行機(たとえばフィゼラーFi 156シュトルヒやFw 190)をライセンス生産していたのだから。

[訳注:クロム酸亜鉛($ZnCrO_4$)はジンククロメートともいい、表面保護のほか黄色顔料としても使用する。]

4.4.4. 表面保護の簡素化

原料の状況悪化とともに、表面保護をさらに簡素化する必要が生じた。以下に引用した航空省とフォッケウルフ社との往復書状は、このとりくみの一例だ。この資料から、1944年中頃以降に生産した飛行機はすべて、程度の差はあっても一部未塗装の状態で納入していたと推論できるだろう。

テレックス　航空省技術局開発2部III課　第10355
　　　　　　　　　　　　　　　　　　1944年6月30日
　宛先:フォッケウルフ飛行機製作所有限会社、
　　　　　　　　　　　　バート・アイルゼン
　　　フォッケウルフ飛行機製作所有限会社、ブレーメン
　　　レヒリン実験場開発2部
　件名:Fw 190 − 飛行機下面の迷彩塗装の廃止、
　　　　　　　　　　50機の大規模試験

　戦闘機本部〔Jägerstab〕および技術局調達2部の了解を得て、本日、以下の如く決定した:
　労働力と原料を節約するため、今後、飛行機下面の迷彩塗装を廃止する計画である。
　大規模試験として、まず50機に無塗装板金の下地処理のみの新塗装方式を実施することとする。
　実施工場には、ゾーラウ工場を予定する。詳細は、トラーヴェミュンデ実験場の派遣代表が、現場で決定する。
　飛行機の製造番号を引渡しまでに技術局調達2部および開発2部に報告し、機歴記録には迷彩塗装廃止と特記することとする。同じく、迷彩塗装廃止から生じた不具合はただちに技術局隊技術部〔TT=Truppentechnik〕および調達2部に報告するよう、注記しておくべし。万一、予期に反して飛行試験中に不具合が発生した際には、即座に技術局調達2部および開発2部に通報せよ。

テレックス　航空省技術局開発2部III課　第3173
　　　　　　　　　　　　　　　　　　1944年7月14日
　宛先:フォッケウルフ飛行機製作所有限会社、
　　　　　　　　　　　　バート・アイルゼン
　　　フォッケウルフ飛行機製作所有限会社、ブレーメン
　件名:Fw 190 − 飛行機下面の迷彩塗装の廃止、
　　　　　　　　　　50機の大規模試験
　既信:航空省技術局開発2部III課　第10355、
　　　　　　　　　　　　　　　　1944年6月30日

　既信にて指定した方式の初号機がいつ引渡しに達するのか、およびどの程度の労働時間と材料を一機あたりで本施策に

よって節約できるのか、報告されたし。

通知

件名：Fw190 － 飛行機下面の迷彩塗装の廃止、
　　　　　　　　　　　　　　　50機の大規模試験
既信：航空省技術局開発2部III課　第10355、
　　　1944年6月30日および第3173、1944年7月14日

標記の既信にて航空省から当社あてに通達があり、戦闘機本部および技術局調達2部の了解のもと、飛行機下面の塗装を廃止するものとなっています。大規模試験としてまずゾーラウ工場で50機を、無塗装板金に下地処理のみで製造します。機歴記録には迷彩塗装の廃止を特記します（品質管理責任者に通知）。

ゾーラウ工場経営室は、以下につきただちに報告すること。

1．指定した方式の初号機がいつ引渡しに達するか。
2．どの程度の労働時間と材料が一機あたりで節約できるか。
3．当該機の製造番号。

本施策のために何らかの不具合が生じた際、あるいは飛行試験中に不具合が生じた際には、ただちに当方に報告してください。

バート・アイゼルンのフォッケウルフから派遣する当方の使者クープに、上記の点についての回答を託してください。

技術渉外部、バート・アイゼルン、1944年7月15日

配布先：　ポーゼン、シュネーベル氏　1通
　　　　　ポーゼン工場品質管理課、ハル氏　1通
　　　　　ポーゼン工場品質管理課、コルデス氏　1通
　　　　　ゾーラウ工場L管理班、ベッカー氏　1通
　　　　　ポーゼン工場塗装作業場　1通
　　　　　ゾーラウ工場塗装作業場　1通
　　　　　ゾマーフェルト工場資材統制課、オラッツ氏　1通
　　　　　ゾーラウ工場作業研究室　1通
　　　　　ポーゼン工場経営室　1通
　　　　　ゾマーフェルト工場経営室　1通
　　　　　デトモルト、クレム氏　1通
　　　　　記録用　2通

通知

件名：　迷彩塗装の廃止

1944年7月11日付の材料検査部覚書（Gr/Schg）に関し、本日、トラーヴェミュンデ実験場と合意に達し、緊張塗料で保護した尾翼部品、ならびに緊張塗料で保護した胴体および主翼下面の木製部品については、当初指定の銀塗装によらず、代わりに従来の迷彩塗装によって色調76で保護することになりました。従って、すでに指定ずみのヴァルネッケ・ウント・ベーム社のパテ119D以外には、特殊塗料を本大規模試験用に調達する必要がありません。

本件の簡素化を緊急に導入すること、および配布先部署に開始をただちに通知することにつき、あらためて注意喚起します。

ゾーラウ、1944年7月24日
Gr/Schg/-
材料検査部

テレックス　フォッケウルフ　バート・アイルゼン　第1139
　　　　　　　　　　　　　　　　　　　　1944年7月24日

宛先：航空省技術局調達2部
　　　航空省技術局開発2部
件名：Fw190 － 飛行機下面の迷彩塗装の廃止
既信：航空省技術局開発2部III課　第10355、
　　　1944年6月30日および第3173、1944年7月14日

既信につき国家航空省に回答いたします。Fw190を50機使用した大規模試験を弊社ゾーラウ外部工場にて開始しました。

まず飛行機の組立にむけて、部品を弊社ポーゼン工場からゾーラウに配送した後、かつ、まず塗料とパテの調達障害を克服した後、国家航空省あてに飛行機の製造番号ならびに1機あたりの労働時間および材料の節減量を報告いたします。

フォッケウルフ、バート・アイルゼン
技術渉外部

デトモルト、クレム氏　1通

宛先
空軍実験場
開発2部課
フィッシャー殿机下

トラーヴェミュンデ
　　　　　　　　　　　　　　　1944年7月24日

件名：　Fw190、飛行機下面の迷彩塗装の廃止

1944年7月4日付貴信および1944年7月2日付テレックスを拝受しました。大規模試験を貴官の要綱にそって遅滞なく実施することを確認いたします。本日、電話にてご連絡くださったとおり、ルート社は数日前に貴官からご指示をうけ、当方にパテ100 kgを発送することになっております。パテは、本日まだゾーラウに納品されておりません。パテは、受領後ただちに急送便で弊社ポーゼン工場に届け、そこで大規模試験を実施いたします。

　無塗装板金の下地処理には、ルート社のパテとともにヴァルネッケ・ウント・ベーム社のパテ119 Dも使用する予定で、1944年7月16日にテレックスにて発注ずみです。

　本日、電話にて申し合わせたとおり、赤色緊張塗料で保護した尾翼部品、ならびにワニスで保護した胴体および主翼下面の木製部品は、色調76で追加迷彩いたします。貴官にポーゼンでの試験の開始をテレックスでおしらせいたします。また貴官のご指示どおり、以下の如くいたします。

　1. 簡素化保護機の製造番号を、引渡しまでに技術局調達2部および技術局開発2部に報告いたします。

　2. 機歴記録には、迷彩塗装の廃止を特記するとともに、いかなる不具合も技術局調達2部および部隊技術部に通報するよう注記します。

　3. 不具合で、製造中または飛行試験中に生じたものも、同じく技術局調達2部および技術局開発2部に通報いたします。

　4. 試験完了後に弊社の運用結果、特に本件の簡素化がもたらした労働時間および材料の節減に関して詳細な報告書を提出いたします。

フォッケウルフ飛行機製作所有限会社

　この往復書状が無塗装の飛行機下面の証拠だ。無塗装の下面は実在したのだ。残念ながら写真による立証はきわめて困難で、これは当時のほとんどの写真で下面が露光不足で写っているからだ。わずかに現存する写真で無塗装らしき下面が写っているものは、混乱の原因になっている。上記の往復書状やBv 155とMe 262に関する現存資料（⇒4.4.2.項）から推察すると、1944年夏には簡素化表面保護（つまり内部塗装なし）と無塗装下面の飛行機が、例外というよりも、あたりまえになっていたのだろう。

ドイツ博物館所蔵のMe 262外板。内面が無塗装なことがわかる。製造会社の「VDM」と材料等級3116.5 Cu30を示すスタンプが押してある。この材料等級は航空省要綱によるとアルミニウム亜鉛合金だ。数字「5」は硬化・規正加工ずみを示す。内面に材料等級のスタンプを押すのも航空省規程に沿っている。（ミヒャエル・ウルマン）

終戦直後、ドルニエ社のオーバープファッフェンホーフェン工場の生産ラインに並ぶDo 335。さまざまな組立段階にある。機体構成品の一部が塗装ずみなのがわかる。垂直尾翼全体が、プロペラと同じRLM 70の単色で塗装してある。機内は空軍規程に従って無塗装だ。（ドルニエ社史料室）

4.5. 航空省制式色

本節には、筆者が知る限りの航空省制式色調すべてと、その正式な色呼称を記載する。

4.5.1. 『塗装事業所便覧（1944）』による規格化塗装一覧

区分	RAL色調	特記事項	RAL規格 840 R番号
国防軍：			
陸軍：	ロートブラウン（Rotbraun＝赤茶）13/840 B 2	艶消	8013
	ヘルグラウ(Hellgrau＝明灰) 2/840 B 2	艶消	7009
	ゲルプ（Gelb＝黄）23/840 B 2	艶消	1006
	フェルトグラウ（Feldgrau）/840 B 2	艶消	6006
	ドゥンケルグラウ（Dunkelgrau＝暗灰）46/840 B 2	艶消	7021
	エルトゲルプ（Erdgelb＝黄土）17/840 B 2	艶消	8002
	グリュン（Grün＝緑）28/840 B 2	艶消	6007
	ブラウン（Braun＝茶）18/840 B 2	艶消	8010
	ドゥンケルブラウン（Dunkelbraun＝暗茶）45/840 B 2	艶消	7017
	ロート（Rot＝赤）7/840 B 2	艶消	3000
	エルフェンバイン（Elfenbein＝象牙）20 m/840 B 2	艶消	1001
	ブラウ（Blau＝青）32/840 B 2	艶消	5001
	フリーガーブラウグラウ（Fliegerblaugrau）4/840 B 2	艶消	7016
	ゲルプロート（Gelbrot＝橙）25/840 B 2	艶消	2001
	ゲルプロート 2006	艶消	2006
	ベージュ（Beige）15 h/840 B 2	艶消	1002
	グラウグリュン（Graugrün＝灰緑）7027	艶消	7027
	ゲルプブラウン（Gelbbraun＝黄茶）8020	艶消	8020
	ヴァイス（Weiß＝白）1/840 B 2	艶消	9002
	シュヴァルツ（Schwarz＝黒）5/840 B 2	艶消	9005
空軍：			
飛行機 ………	ヘルグラウ（Hellgrau＝明灰）1 r/840 B 2	色調は個別の	7003
	ドゥンケルブラウン（Dunkelbraun＝暗茶）61	空軍色票	8019
	グリュン（Grün＝緑）62	(L. Dv. 521/1)	6002
	ヘルグラウ（Hellgrau＝明灰）63	に準拠	7004
	ヘルブラウ（Hellblau＝明青）65		
	シュヴァルツグラウ（Schwarzgrau＝黒灰）66		7019
	シュヴァルツグリュン（Schwarzgrün＝黒緑）70		
	ドゥンケルグリュン（Dunkelgrün＝暗緑）71		
	グリュン（Grün＝緑）72		
	グリュン（Grün＝緑）73		
	ドゥンケルグラウ・グリュンリッヒ（Dunkelgrau grünlich＝緑味の暗灰）74		
	ミッテルグラウ（Mittelgrau＝灰）75		

4.5.1. 『塗装事業所便覧（1944）』による規格化塗装一覧（前ページよりのつづき）

区分	RAL色調	特記事項	RAL規格 840 R番号
その他	リヒトブラウ〔Lichtblau＝淡青〕76		
	ヴァッサーヘル〔Wasserhell＝透明〕00		9000
	ジルバー〔Silber＝銀〕01		9006
	RLMグラウ〔RLM-Grau＝RLM灰〕02		7003
	ゲルプ〔Gelb＝黄〕04		9004
	ヴァイス〔Weiß＝白〕21		9001
	シュヴァルツ〔Schwarz＝黒〕22		9004
	ロート〔Rot＝赤〕23		3001
	ドゥンケルブラウ〔Dunkelblau＝暗青〕24		5000
	ヘルグリュン〔Hellgrün＝明緑〕25		6000
	ブラウン〔Braun＝茶〕26		8004
	ゲルプ〔Gelb＝黄〕27		1003
	ヴァインロート〔Weinrot＝ワインレッド〕28		3008
海軍： 艦船 車両	ドゥンケルグラウ〔Dunkelgrau＝暗灰〕1		7016
	ドゥンケルグラウ 2		7024
	ドゥンケルグラウ 3		7000
	ヘルグラウ〔Hellgrau＝明灰〕4		7001
	ロートブラウン〔Rotbraun＝赤茶〕5		
	（カイザーロート〔Kaiserrot＝皇帝赤〕II）		8013
	カイザーロート I 6		3002
	ルクスロート〔Luxrot〕7		－
	シュヴァルツ〔Schwarz＝黒〕8		9005
	ブラウ〔Blau＝青〕9		5004
	ブラウン〔Braun＝茶〕10		8011
	グリュン〔Grün＝緑〕11（クロームグリーン）		6005
	オッカーゲルプ〔Ockergelb＝黄土〕12		1011
	ゲルプ〔Gelb＝黄〕13		1003
	ヴァイス〔Weiß＝白〕14		9002
	エルフェンバイン〔Elfenbein＝象牙〕15		9003
	アルミニウムブロンゼ〔Aluminiumbronze〕16		9006

　表（右ページのもの）は『塗装事業所便覧（1944）』から抜萃してそのまま記載した。誤記が多数あり、RLM 04ゲルプのRAL番号は9004（これは黒のもの）ではなく1004が正しく、RLM 62グリュンは6002ではなく6003だ。

〔訳注：RAL色の大分類は、1が黄、2が橙、3が赤、4が紫、5が青、6が緑、7が灰、8が茶、9が白・黒・銀で、4桁の色番の千の位の数字に相当する。上表のRAL色番は1944年当時のもので、現在のRAL 840 HR色票（たとえばRAL Classic K5色票）では欠番になっていたり、別の色調に変わっていたりすることがあるので注意を要する。〕

Gruppe	RAL-Ton	Besonderes	Nr. im RAL Reg. 840 R
Wehrmacht:			
Heer:	Rotbraun 13/840 B 2	matt	8013
	Hellgrau 2/840 B 2	,,	7009
	Gelb 23/840 B 2	,,	1006
	Feldgrau 3/840 B 2	,,	6006
	Dunkelgrau 46/840 B2	,,	7021
	Erdgelb 17/840 B 2	,,	8002
	Grün 28/840 B 2	,,	6007
	Braun 18/840 B 2	,,	8010
	Dunkelbraun 45/840B2	,,	7017
	Rot 7/840 B 2	,,	3000
	Elfenbein 20 m/840 B 2	,,	1001
	Blau 32/840 B 2	,,	5001
	Fliegerblaugrau 4/840 B 2	,,	7016
	Gelbrot 25/840 B 2	,,	2001
	Gelbrot 2006	,,	2006
	Beige 15 h/840 B 2	,,	1002
	Graugrün 7027	,,	7027
	Gelbbraun 8020		8020
	Weiß 1/840 B 2	,,	9002
	Schwarz 5/840 B 2	,,	9005
Luftwaffe:			
Flugzeuge	Hellgrau 1 r/840 B 2	Farbtöne nach	7003
	Dunkelbraun 61	eigener Farben-	8019
	Grün 62	karte der Luft-	6002
	Hellgrau 63	waffe (LDv 521/1)	7004
	Hellblau 65		
	Schwarzgrau 66		7019
	Schwarzgrün 70		
	Dunkelgrün 71		
	Grün 72		
	Grün 73		
	Dunkelgrau grünlich 74		
	Mittelgrau 75		
	Lichtblau 76		
Sonstiges	Wasserhell 00		9000
	Silber 01		9006
	RLM-Grau 02		7003
	Gelb 04		9004
	Weiß 21		9001
	Schwarz 22		9004
	Rot 23		3001
	Dunkelblau 24		5000
	Hellgrün 25		6000
	Braun 26		8004
	Gelb 27		1003
	Weinrot 28		3008
Kriegsmarine:			
Schiffe und Fahrzeuge	Dunkelgrau 1		7016
	Dunkelgrau 2		7024
	Dunkelgrau 3		7000
	Hellgrau 4		7001
	Rotbraun 5 (Kaiserrot II)		8013
	Kaiserrot I 6		3002
	Luxrot 7		—
	Schwarz 8		9005
	Blau 9		5004
	Braun 10		8011
	Grün (Chromgrün) 11		6005
	Ockergelb 12		1011
	Gelb 13		1003
	Weiß 14		9002
	Elfenbein 15		9003
	Aluminiumbronze 16		9006

4.5.2. RLM色と呼称の一覧

RLM番号	呼称	［よみ＝意味］	出所
00	Wasserhell	ヴァッサーヘル＝透明	L.Dv.
01	Silber	ジルバー＝銀	L.Dv.
02	RLM-Grau	RLMグラウ＝航空省灰	L.Dv.
04	Gelb	ゲルプ＝黄	L.Dv.
05	Elfenbein	エルフェンバイン＝象牙	L.Dv.
11	Grau	グラウ＝灰	L.Dv.
21	Weiß	ヴァイス＝白	L.Dv.
22	Schwarz	シュヴァルツ＝黒	L.Dv.
23	Rot	ロート＝赤	L.Dv.
24	Dunkelblau	ドゥンケルブラウ＝暗青	L.Dv.
25	Hellgrün	ヘルグリュン＝明緑	L.Dv.
26	Braun	ブラウン＝茶	L.Dv.
27	Gelb	ゲルプ＝黄	L.Dv.
28	Weinrot	ヴァインロート＝葡萄酒の赤	L.Dv.
61	Dunkelbraun	ドゥンケルブラウン＝暗茶	L.Dv.
61	Braun	ブラウン＝茶	ドルニエ、ヘンシェル
62	Grün	グリュン＝緑	L.Dv.
62	Grün	グリュン＝緑	ドルニエ、ヘンシェル
63	Hellgrau	ヘルグラウ＝明灰	L.Dv.
63	Grau	グラウ＝灰	ドルニエ、ヘンシェル
64	Dunkelgrün	ドゥンケルグリュン＝暗緑	L.Dv.
65	Hellblau	ヘルブラウ＝明青	L.Dv.
66	Schwarzgrau	シュヴァルツグラウ＝黒灰	L.Dv.
67	Weiß	ヴァイス＝白	L.Dv.
68	Schwarzgrün	シュヴァルツグリュン＝黒緑	L.Dv.
69	Dunkelgrün	ドゥンケルグリュン＝暗緑	L.Dv.
70	Schwarzgrün	シュヴァルツグリュン＝黒緑	L.Dv.
70	Dunkelgrün	ドゥンケルグリュン＝暗緑	メッサーシュミット
71	Dunkelgrün	ドゥンケルグリュン＝暗緑	L.Dv.
72	Grün	グリュン＝緑	L.Dv.
72	Mittelgrün	ミッテルグリュン＝中間明度の緑	ドルニエ、ヘンシェル
73	Grün	グリュン＝緑	L.Dv.
73	Dunkelgrün	ドゥンケルグリュン＝暗緑	ドルニエ
74	Dunkelgrau grünlich	ドゥンケルグラウ・グリュンリッヒ＝緑味の暗灰	塗装事業所便覧1944
74	Graugrün	グラウグリュン＝灰緑	メッサーシュミット
75	Mittelgrau	ミッテルグラウ＝中間明度の灰	塗装事業所便覧1944
75	Grauviolett	グラウヴィオレット＝灰紫	メッサーシュミット
76	Lichtblau	リヒトブラウ＝淡青	塗装事業所便覧1944
76	Lichtblau	リヒトブラウ＝淡青	メッサーシュミット
77	Hellgrau	ヘルグラウ＝明灰	
77	Grau	グラウ＝灰	一括通達2号
78	Hellblau	ヘルブラウ＝明青	飛行機塗装工1944

79	Sandgelb	ザントゲルプ＝砂黄	飛行機塗装工1944
80	Olivgrün	オリーフグリュン＝オリーブ緑	飛行機塗装工1944
81	Braunviolett	ブラウンヴィオレット＝茶紫	メッサーシュミット
81	Olivbraun	オリーフブラウン＝オリーブ茶	ブローム・ウント・フォス
81	Dunkelgrün	ドゥンケルグリュン＝暗緑	ドルニエ
82	Hellgrün	ヘルグリュン＝明緑	メッサーシュミット
82	Hellgrün	ヘルグリュン＝明緑	ブローム・ウント・フォス
82	Dunkelgrün	ドゥンケルグリュン＝暗緑	ドルニエ
83	Dunkelgrün	ドゥンケルグリュン＝暗緑	
91	Duralgrau	ドゥラルグラウ＝ジュラルミン灰	ルフトハンザ
	Dunkelgrau	ドゥンケルグラウ＝暗灰	
99	99という数字は、実際の色調あるいはその正確さが重要でないことを意味する。		L.Dv.

注：
1. 筆者の手元にある資料の大半は、つねに色調を番号だけで示していて、呼称も用いている例はごく少数にとどまっている。これは、常用語として呼称をOSリストに記入することがあったものの、航空省は色調呼称ではなく番号を使用していたからだろう。

2. 色調77と83については、色呼称ヘルグラウとドゥンケルグリュンを確認できる原資料が筆者の手元にない。関連書が使っている呼称を用いている。

3. 色調84は実在しなかった。これは、あらたな薄い下面色をRLM76と区別するために研究者がつくりだした番号だ。

4.5.3. RLM番号順の色調表

01 Silber　02 RLM-Grau　04 Gelb　05 Elfenbein

11 Grau　21 Weiß　22 Schwarz　23 Rot

24 Dunkelblau　25 Hellgrün　26 Braun　27 Gelb

28 Weinrot　41 Grau　42 Grau　61 Dunkelbraun

4.5.3. RLM番号順の色調表（続き）

62 Grün	L 40/52 Hellgrau oder Avionorm 7375 Graumatt	63 Hellgrau	64 Dunkelgrün
65 Farbton 1938 Hellblau	65 Farbton 1941 Hellblau	66 Schwarzgrau	67 Weiß
68 Schwarzgrün	69 Dunkelgrün	70 Schwarzgrün	71 Dunkelgrün
72 Grün	73 Grün	74 Dunkelgrau, grünlich o. Graugrün	75 Mittelgrau oder Grauviolett
76 Farbton 1941 Lichtblau	76 Farbton 1944 Lichtblau	76 Variation Graugrün	76 Variation Graublau
77 Hellgrau	78 Hellblau	79 Sandgelb	80 Olivgrün
81 Braunviolett	81 Variation Braunviolett	81 Variation Dunkelgrün oder Olivgrün	82 Hellgrün
82 Variation Hellgrün	83 Dunkelgrün	83 Variation Dunkelgrün	

※印刷のため実際のカラーチップの色とは異なります

4.5.4. RLM番号とRAL番号・注文番号との対照表

あらためてことわっておくと、現時点で調色できる色調としての対照表は、筆者個人の色覚と、筆者が目視確認したRLM色票原本にもとづいて作成したものだ。これは当時の人の目にみえた実物の色調に合致するものではない。

モデラーのみなさんに対照表の意味を理解していただけるよう、筆者が用いた方法について説明しておこう。指定したRAL色には一般に市販していないものが多いため、特注で混色する必要がある。混色にはジッケンス自動調色機をつかった。調色機にはマッチポイント3.1というソフトウェアが備えてあった。

こう書いたのは、他社の機器を使用しても筆者と同じ結果にならないからだ。個別の色は、さまざまな顔料を混ぜてつくれる、つまり同一結果に至るのに多くの方法がある。またジッケンス以外のメーカーの機器を用いて、異なった混合比で顔料を混ぜると、筆者が得たのと違う結果になることもある。塗料メーカーの説明書にはすべて、色調偏差がおきるかもしれないとう注意書きがあるのだ。

顔料混合：赤、青、黄、白、黒。

顔料は、純粋な赤、青、あるいは黄ではない。青の顔料、たとえばウルトラマリンには赤の成分が混じっている。したがって、この青を緑系の混合に用いるには制約がある。RAL 6018ゲルプグリュン〔Gelbgrün＝黄緑〕の調色にウルトラマリンは使えないが、暗緑系の調色にはまず問題ないだろう。その反面、ウルトラマリンの耐光性はすぐれている。青の顔料であるフタロシアニンはそれほど耐光性がよくないが、RAL 6018の調色には適している。ミロリブルー［紺青］は黄成分を含んでいるので緑系の調色には適しているが、紫系には向かない。

深刻な問題ではないが、再現した色調の一部は、RAL色票の複製ではない。これはRALが色体系を再編した際に旧色を削除したためだ。さいわいにも、最新技術でこの色調を再現する手だてがある。

ジッケンス社の自動調色機をつかって任意の色調を再現できる。色調は数列（たとえばF6.30.70）で識別する。この数列は、RAL番号の欄に示してあり、これを使って色調を注文できる。

RLM番号	呼称	RAL番号
− または 99	4桁の塗料数字の後の点に続いて、色調数字のかわりにハイフンまたは数字99があるときは、色調の正確さが重要ではないことを意味する	
00	ヴァッサーヘル	シンナーや透明塗料等 無色の資材
01	ジルバー	9006
02	RLMグラウ	7003
04	ゲルプ	1004
05	エルフェンバイン	F6.30.70
11	グラウ	G0.05.35
21	ヴァイス	9001
22	シュヴァルツ	9004
23	ロート	3020
24	ドゥンケルブラウ	5000
25	ヘルグリュン	6000
26	ブラウン	8004
27	ゲルプ	1021
28	ヴァインロート	C0.20.12
41	グラウ	7011
42	グラウ	7012
61	ドゥンケルブラウン	8019
62	グリュン	6003

L 40/52	ヘルグラウ	P0.03.60
Avionorm 7375	グラウマット	P0.03.60
63	ヘルグラウ	7033
64	ドゥンケルグリュン	G8.10.25
65 (1938)	ヘルブラウ	S0.15.65
65 (1941)	ヘルブラウ	P0.05.55
66	シュヴァルツグラウ	7021
67	ヴァイス	0N.00.81
68	シュヴァルツグリュン	0N.10.30
69	ドゥンケルグリュン	0N.10.40
70	シュヴァルツグリュン	RAL-Design 130 20 10
71	ドゥンケルグリュン	RAL-Design 130 30 10
72	グリュン	RAL-Design 140 20 05
73	グリュン	RAL-Design 130 30 05
74	ドゥンケルグラウ・グリュンリッヒ	L0.05.25
75	ミッテルグラウ	SN.02.47
76 (1941)	リヒトブラウ	P0.05.65
76 (1944-45)	リヒトブラウ	Herbol カラーサービス Basislack 1 1.0リットル用 処方入力 6.6 B 0.9 D 4.7 E 4.5 N
76 変種	グラウグリュン	K2.10.60
76 変種	グラウブラウ	Q0.05.65
77	ヘルグラウ	7035
78	ヘルブラウ	R0.20.50
79	ザントゲルプ	E4.40.40
80	オリーフグリュン	10.20.30
81	ブラウンヴィオレット	Herbol カラーサービス Basislack 3 0.5リットル用 処方入力 46.3 B 9.5 C 4.6 D 4.2 E 9.1 K
81 変種	オリーフブラウン	E8.10.30
81 変種	ドゥンケルグリュン、オリーフブラウン	F6.10.20
82	ヘルグリュン	6003
82 変種	ヘルグリュン	Herbol カラーサービス Basislack 3 1.0リットル用 処方入力 42.6 B 5.4 C

83	ドゥンケルグリュン			64.9 D 12.0 F 6006
83 変種	ドゥンケルグリュン			Herbol カラーサービス Basislack 3 1.0リットル用 処方入力 82.9 B 74.5 D 2.6 K

［訳注：上表のRAL色番は現在のRAL色票のもので、4ケタの数字は旧体系（たとえばRAL Classic K5色票）、RAL-Designとあるものは新体系の色調をしめす。いずれも戦時中のRAL色番（4.5.1.の表）とはことなることがあるので注意。］

4.5.5. 模型用塗料との対照表

注意：ここに記載した各色は、メーカーの製品情報から見つけたものだ。本節にあげた原資料と再現色調との一致を検証したわけではない。したがって、必ずしも実物の色調と一致するとは限らない。

RLM番号	色呼称	ハンブロール	タミヤ	GSIクレオス	エクストラカラー
00*	ヴァッサーヘル	35	X22		
01	ジルバー				
02	RLMグラウ	92	XF22	C60	X201
04	ゲルプ				X213
05	エルフェンバイン				
11	グラウ				
21	ヴァイス				
22	シュヴァルツ				
23	ロート				X217
24	ドゥンケルブラウ				X218
25	ヘルグリュン				
26	ブラウン				
27	ゲルプ				
28	ヴァインロート				
41	グラウ				
42	グラウ				
61	ドゥンケルブラウン				X219
62	グリュン				X220
L 40/52*	ヘルグラウ				X221
63*	ヘルグラウ				
65	ヘルブラウ	65	XF23	C115	X202
66*	シュヴァルツグラウ			C116	X203
70	シュヴァルツグリュン	91	XF27	C18	X204
71	ドゥンケルグリュン	30	XF26	C17	X205
72	グリュン				X222
73	グリュン				X223

RLM番号	色呼称	ハンブロール	タミヤ	GSIクレオス	エクストラカラー
74	ドゥンケルグラウ・グリュンリッヒ	27	AS3	C36	X206
75	ミッテルグラウ		AS4	C37	X207
76	リヒトブラウ	175	AS5	C117	X208
76 変種	グラウグリュン				
76 変種	グラウブラウ				
77	ヘルグラウ				
78	ヘルブラウ		XF23	C118	X214
79	ザントゲルプ	62		C119	X209
80	オリーフグリュン			C120	X215
81	ブラウンヴィオレット		XF62	C121	X210
82	ヘルグリュン			C122	X211
83	ドゥンケルグリュン	117		C123	X212

4.5.6. スケールエフェクト

　模型は実機よりも小さいので反射する光の量もずっと少ない。このため模型に実機の色をそのまま塗っても暗すぎるように見えてしまう。このスケールエフェクトの対策として、模型の縮尺に応じて白を多少くわえる必要がある。配合比をどのぐらいにするかについて、筆者は簡単な式を用いている。

　　縮尺÷2 ＝ 元の色に対する白の配合比%
　　例：
　　縮尺 1/72　　⇒　　72/2 ＝ 36%の白
　　縮尺 1/32　　⇒　　32/2 ＝ 16%の白

　ただし縮尺が大きいとき（たとえば1/4）や小さいとき（たとえば1/7000）には、この式は使えない。勘でスケールエフェクトの調整をする必要がある。

5. 空軍の塗装　Anstrich der Luftwaffe

これまで、特定の作戦用途の空軍機については、時系列での取扱いをくずさないよう、あえてふれずに話をすすめてきた。用途・地域別の塗装については、本章で詳しく説明したい。

5.1. 熱帯戦域の飛行機

北アフリカと地中海地域の作戦で、まったく新しい要求が空軍機の迷彩に生じた。当初、この戦域の作戦機には、ヨーロッパ用の灰色系または緑色系の迷彩塗装を施していた。ほどなく、この彩色が砂漠の環境にまったく不適なことが露呈する。この初期障害を早急に克服するため、同盟国イタリアが使用していた塗料に頼ることになった。

残念ながら、イタリア空軍は多様な色調からなる一大系列の塗料を使用していた。イタリアが提供した塗料を用いて、前線でドイツ空軍機を再塗装したため、個別の使用色を正確に特定できない。下表は、イタリア軍が使用していた色調の概略だ：

色調	イタリア軍の呼称
黄	Giallo Mimetico 1〔迷彩黄〕
	Giallo Mimetico 2
	Giallo Mimetico 3
	Giallo Mimetico 4
	Nocciola Chiaro 4〔明ヘーゼルナッツ〕
緑	Verde Mimetico 1〔迷彩緑〕
	Verde Mimetico 2
	Verde Mimetico 3
	Verde Mimetico 53192
	Verde Olivia Scuro 2〔暗オリーブ緑〕

飛行機の下面は、この再塗装をしたあとも色調65または76のままだった。

熱帯戦域迷彩の不備に対処するため、以下の色調を導入した：

RLM 78	ヒンメルブラウ〔Himmelblau＝天空青〕
RLM 79	ザントゲルプ〔Sandgelb＝黄砂〕
RLM 80	オリーフグリュン〔Olivgrün＝オリーブ緑〕

原則として、この色調の塗料は、部隊に配備した飛行機を再塗装するのに使用した。熱帯戦域を明確に想定した飛行機は、製造会社が砂漠装備を艤装し、厳重な腐蝕対策（水上機と同様）を講じ、さらには上記の色調で砂漠迷彩を塗装してあった。

ドイツ空軍のマーキングをしたマッキMc 202。イタリア空軍の迷彩色のままだ。砂色の地色は「Nocciola Chiaro 4」、緑の斑点は「Verde Olivia Scuro 2」だ。エンジンカウリングの下部はRLM 04ゲルプ、スピナーと方向舵はRLM 21ヴァイスの塗装。スピナー底板は迷彩色のままだ。（ミヒャエル・シュメールケ）

これもMc 202。黒の「13」の機番号と、迷彩の様子がよくわかる。胴体のバルケンクロイツは黒の輪郭線がなく、やや小さい。（ミヒャエル・シュメールケ）

着色したモノクロ写真でBf 110の2機編隊が写っている。上面の砂色はRLM 79よりも明るく黄色みが強く見える。イタリア軍の迷彩色だろうか。両機ともエンジンカウリング前方下部と翼端を黄色で塗ってある。バルカン戦役に使用したものを再塗装したことがわかる。この写真は検閲ずみで、本来なら白帯上に赤で「K」の文字があるはずなのだが、修正して消してある。（ドイツEADS社史料室）

左下写真と同一機を後日撮影したもの。増槽を懸吊し、エンジンカウリングの汚れがひどくなっている。この写真は修正していないので、赤字の「K」や翼端とエンジンカウリング下部の黄色塗装がわかる。（ミヒャエル・ウルマン）

着色したモノクロ写真。砂色の上面は、RLM 79よりも明るく黄色みが強いように見える。当時RLM 79は無かったので、イタリア軍の迷彩色かもしれない。尾翼のハーケンクロイツの周囲は別の青色になっている。もともとRLM 74/75/76で迷彩してあった機を、標識類をマスキングしてイタリアの塗料で再迷彩したようだ。白色帯は南方戦域を示すもの。エンジンカウリングと方向舵の下部はRLM 04ゲルプの塗装。（ドイツEADS社史料室）

地中海上空を移送飛行中の偵察機。Bf 109 F-4/Rだろうか。胴体下面にカメラの窓がある。RLM 79/80の迷彩で、バルケンクロイツとハーケンクロイツには黒の輪郭線がない。機首下面はRLM 04ゲルプの塗装。移送標識は洗滌除去可能塗料で書いてあり、胴体の白帯上の文字が剥げているのがわかる。（レオ・シュミット）

完全に赤く変色してしまった大戦時のカラースライドをデジタル画像処理したもの。Ju 52は、胴体に白帯を巻き、RLM 71の単色塗装のようだ。迷彩の分割線が見当たらない。バルケンクロイツには黒の輪郭線がない。（ミヒャエル・シュメールケ）

5.2. 水上機（および洋上作戦に投入する陸上機）

1933年以降、水上機は、銀色 RLM 01ジルバーと同様で全面を塗装していた。

1935年に、陸上機に類似したDKH（ドクトル・クルト・ハーバーツ）L 40/52　グラウまたはアヴィオノーム・ニトロ上塗り塗料7375　グラウマットあるいはRLM 02　RLMグラウの全面塗装を導入した。フロートと、飛行艇の水中部は、RLM 01（ジルバー）の塗装のままだった。理由は明白で、銀色塗料が顔料として含有しているアルミニウム青銅には腐蝕防止力があったが、塗料がきわめて高価になったので、水上に明灰色、水中に銀色を用いたのだ。

1938年版のL.Dv. 521/1の草案では、主翼上面（複葉機は上翼の上面）、金属製浮舟、飛行艇の艇体の塗装として

RLM 04　　　　　　　ゲルプ〔Gelb＝黄〕

による最終塗装を特別に指定していた。この特例措置は、1941年版のL.Dv. 521/1からも確認できる。

色調04による水上機の視認塗装は廃止する。

アラドAr 196水上機の迷彩規程には、以下の塗装を指定してある。

迷彩。
色調04による視認塗装の実施は、トラーヴェミュンデ実験場による図面および1937年5月24日付航空省通達

上面がRLM 02、下面がRLM 01ジルバーの戦前式塗装をしたDo 18 D。残念なことに、この塗装の特徴である主翼上面のRLM 04ゲルプがほとんどわからない。エンジンの灰色と比較して、主翼上面がわずかに暗いのが判読できるだろうか。（ドルニエ社史料室）

手前の2機はHe 60、一番奥はHe 59で、すべてヘルグラウL 40/52の全面塗装と銀のフロートで、飛行塗料系03に従ったもの。標識類は戦前の様式だ。（ミヒャエル・ウルマン）

ヘルグラウL 40/52塗装のHe 60の写真で、デジタルで画像処理したもの。フロートはRLM 01ジルバーで塗ってある。標識類は戦前の航空省規程に沿ったものだ。(ミヒャエル・シュメールケ)

ノルウェーのベルゲン港に係留中の2./SAGr. 131 [第131海洋偵察飛行隊第2中隊] のAr 196A-3。1943年秋から1944年春までの期間に撮影したものをデジタル画像処理してある。迷彩はRLM 72/73/65で、バルケンクロイツとハーケンクロイツはすべて、航空省規程に従って簡素化した白一色のものだ。(ミヒャエル・シュメールケ)

おなじく大戦中のカラー写真をデジタル画像処理したもので、RLM 72/73/65で迷彩したAr 196が写っている。バルケンクロイツとハーケンクロイツは、航空省規程に従って黒の輪郭線を省略している。(ミヒャエル・シュメールケ)

RLM 72/73/65で迷彩したDo 18 G。戦前式の小型のバルケンクロイツに加えて、開戦当初に使用した巨大なバルケンクロイツを主翼につけている。(ドルニエ社史料室)

LC2第2890/39(VI)秘　文書符号70 kにもとづく。

以下を使用する：

　布（胴体）：飛行塗料7115.04（筆者注：7.2.節の飛行塗料系22参照）

　浮舟：飛行塗料7108.04（筆者注：7.2.節の飛行塗料系02参照）

1939年、全水上機に以下の分割迷彩塗装を導入した。

RLM 72	グリュン〔Grün＝緑〕
RLM 73	グリュン
RLM 65	ヘルブラウ〔Hellblau＝明青〕

この塗装は、終戦まで残った。

戦局の推移とともに、連合軍の制空権下での洋上作戦の危険が増し、夜間作戦へと移行した。このため、夜間対艦作戦用機の下面をRLM 22 シュヴァルツ〔Schwarz＝黒〕で塗装するようになった。恒久塗装、またはL.Dv. 521/1準拠の除去可能塗装を施している。

以下の図は、Do 24 T用の工場用迷彩塗装型図で1942年6月時点のものだ。

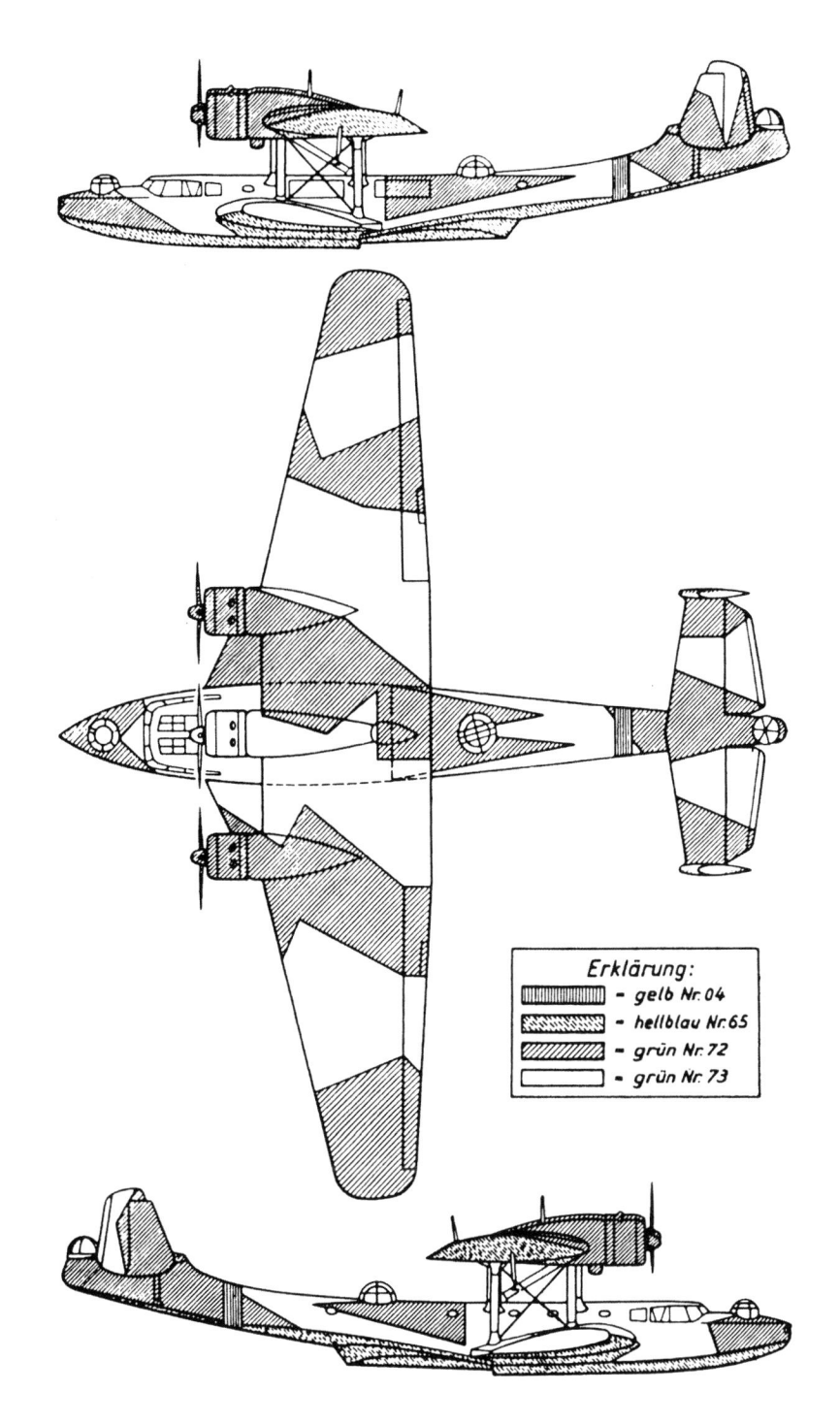

Erklärung:
- gelb Nr. 04
- hellblau Nr. 65
- grün Nr. 72
- grün Nr. 73

RLM 72/73/65で塗装したDo 24で、迷彩の形状が異なっている。奥の機のパターンが逆になっているのがわかるだろうか。手前の機は胴体にRLM 04ゲルプの帯を追加塗装してあり、奥の機は幅広の帯を巻いている。（ミヒャエル・ウルマン）

初期の試験飛行中のDo 26飛行艇。原型機は初期の試験飛行期間中は無塗装のままなのが通例だった。飛行機の表面を改修する際に、表面保護を除去する面倒がないという利点があった（ミヒャエル・ウルマン）

RLM 72/73/65で迷彩したDo 26。主翼上面の白線の目的は不明だ。バルケンクロイツは中心部が黒いが、黒の輪郭線がない。（ミヒャエル・ウルマン）

フランスのコニャックで1942年5月に撮影したKG 400のFw 200爆撃機。RLM 72/73/65の迷彩がわかる。機首下面に2箇所、大きな修理跡があり、稀釈剤を含ませた布片でRLM 72の塗料を落としたようだ。パネルラインは緑色の下塗り塗料7102.99で塞いである。7102.99は2層式の飛行塗料系01の第1層で、この上からRLM 65を塗る。（ヨーゼフ・シュヴァルツェッカー）

RLM 72/73/65で迷彩したDo 217 E。おもしろいことに迷彩パターンが工場用迷彩図と一致せず、RLM 72とRLM 73の部分が逆になっている。バルケンクロイツとハーケンクロイツは黒の輪郭線つき。（ミヒャエル・ウルマン）

下図は工場用のDo 217E迷彩図で、1942年3月時点のものだ。

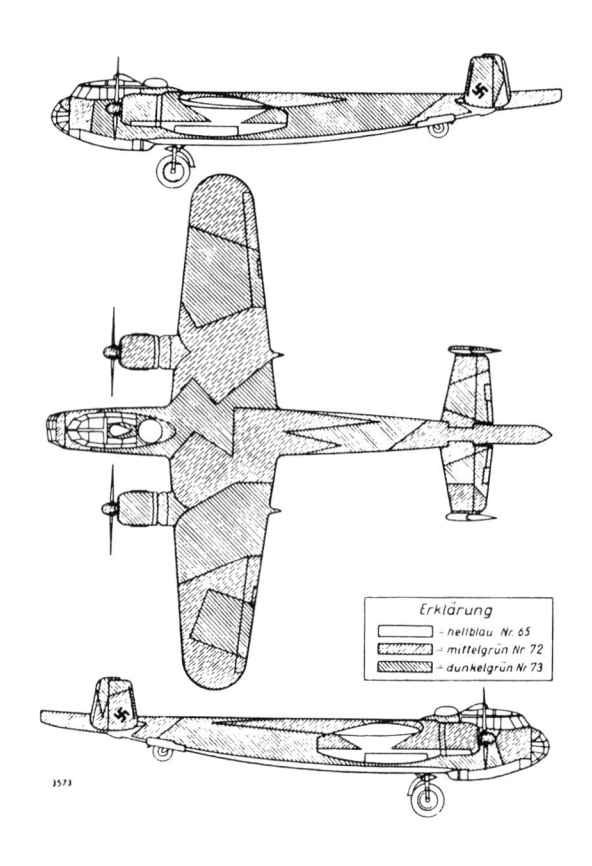

RLM 72/73/65の迷彩をしたFi 167。胴体の迷彩の分割線が高い位置にあるのがこの型式の特徴だ。スピナーはRLM 04ゲルプ、プロペラブレードはRLM 70の塗装。プロペラと比較すると、RLM 72の暗さがよくわかる。（ミヒャエル・ウルマン）

フリードリヒスハーフェン＝レーヴェンタールのドルニエ社工場飛行場でコンパス規正中のDo 217 E。完全な迷彩のパターンで塗装していない。RLM 72で塗っただけのようで、RLM 73の区画が見えないのだ。エンジンカウリングは下塗りのままか、あるいはRLM 02塗装だろうか。胴体のバルケンクロイツと尾翼のハーケンクロイツだけ塗装ずみだ。（ミヒャエル・ウルマン）

5.3. 冬季迷彩塗装

戦争の継続とともに、空軍は降雪地帯用の迷彩も必要になった。1943年6月21日版の空軍官報27号に、以下の特例措置がある。

飛行機の雪上迷彩色
昨冬の作戦で成功を収めた、飛行機の雪上迷彩用のイカリン迷彩色A2515.21は、今後、
飛行塗料7126.21
という呼称のみを用いて発注するものとする。TAGL (Technische Anweisung General Luftzeugmeister＝航空装備総監部技術指示書) および使用説明書は、GL/C-TTから入手可能である。
［訳注：TTはTruppentechnik＝部隊技術部の略］

1943年10月4日版の空軍官報第43号に、さらにくわしい指定がある。

飛行機と装備の冬期迷彩用塗料
1. 飛行機
冬期迷彩（白色迷彩）として、飛行機および飛行機用装備で飛行機に装着したものあるいは飛行機から突出するもの（例えば搭載兵器）には、TAGL I Q 2e第1、連番437/43に従い：
白色迷彩塗料、飛行塗料7126.21を用いるものとする
2. 保護覆
氷結防止覆（主翼および尾翼用の霜雪除ケ）および飛行機用覆も飛行塗料7126.21を用いるものとする（TAGL I Q 2e第4、連番549/43）。
3. 装備
自動車、地上機材、その他の装備（銃砲、台車等）には：
TL 6355に準拠した白色の再迷彩ペーストを用いるものとする

上記の空軍官報2通からわかるのは、1942～43年の冬は、1941～42年の冬の戦訓にもとづき、飛行機と装備の迷彩用に自由裁量で使用できる製品を用意していたことだ。その後、イカリン迷彩塗料を標準化して飛行塗料番号を付与し、航空省の調達と部隊の発注の簡略化かっている。さらには、飛行機だけでなくカバーまでも飛行塗料で塗装するよう指示していることに注目されたい。

この塗料を用いて、恒久塗装を施した（⇒ 5.4.節、7.7.節、7.8.節の夜間迷彩用の飛行塗料番号）。塗装には刷毛、ブ

RLM 74/75/76の初期標準迷彩をしたBf 109E。白の冬期迷彩を上から塗ってある。スピナーとエンジンカウリング全体が黄で、胴体にも黄帯を巻いている。翼端も黄色かどうかは確認できない。ハーケンクロイツをマスキングして冬期迷彩を施したことがわかる。プロペラブレードとスピナー底板はRLM 70のままだ。（ドイツEADS社史料室）

ラシ、ホウキ、またはスプレーガンを使用できた。作業の実施は部隊自身の義務で、各個の権限で必要に応じて行った。書籍『飛行機塗装工〔Der Flugzeugmaler〕』の1944年版に、冬期迷彩塗装について以下の記述がある：

　　　雪上迷彩は冬期に限定して施し、飛行塗料7126.21を使用する。迷彩色の塗布には刷毛を用いるのが最適である。機体上面のみを迷彩し、機体下面のヘルブラウ塗装との境界までの胴体側面も含む。飛行機の上面と胴体側面の標識は、視認可能な状態を保つべし。

　この迷彩塗装は1941年11月のL.Dv. 521/1に記載がない。冬期迷彩塗装が確定していなかったため、実施部隊ごとに多種多様な変種が存在し、上面全体を恒久塗装したものから、雲形模様、はては除去可能な塗料で蛇行曲線を吹付けたものまであった。

　冬期に生産、修理、またはオーバーホールした飛行機は、工場または重整備場で白色恒久塗装をして東部戦線の部隊に引渡した。この恒久塗装の上から、部隊の要求に応じて、任意の迷彩塗装を施した。

洗滌除去可能な冬期迷彩を吹付けたHs 126。標識類をすべてマスキングしてから冬期迷彩を施したことがわかる。（ミヒャエル・ウルマン）

RLM 70/71/65の標準迷彩でRLM 04ゲルプの胴体帯を巻いたフィゼラーFi 156。刷毛塗りした冬期迷彩が剥げていて、筆づかいがわかる。胴体のバルケンクロイツは黒の細い輪郭線つき。（ミヒャエル・シュメールケ）

1941/42年の冬に撮影したDo 17 Zで、洗滌除去可能な冬期迷彩を刷毛塗りしている。主翼前縁に見えるのはRLM 70/71/65の標準迷彩。（ミヒャエル・ウルマン）

冬期迷彩を吹付けたJu 52。パターンをつけて迷彩効果を高めようと工夫したのがわかる。（ミヒャエル・ウルマン）

5.4. 夜間迷彩塗装

英本土上空の敵邀撃戦闘機によって爆撃機は極度の危険にさらされ、(これは有用な護衛戦闘機がなかったためで)、ドイツ空軍は早くも1940年なかばにして作戦行動を夜間に移行することを余儀なくされた。これに応じて

RLM 22　　　　　　　シュヴァルツ〔Schwarz＝黒〕

による夜間迷彩塗装を導入した。

1940年7月16日付で、空軍参謀本部は夜間迷彩塗装の適用を命じている。

　　参謀本部第6部（IIIB）第7797/40　秘
　探照燈に対して高水準な隠蔽を夜間迷彩塗装によって確保するため、飛行機の主翼下面、胴体下面および側面、ならびに尾翼下面および側面は、全標識類を含め、上記塗料で覆塗すべし。唯一の例外は、主翼上面の国章たるバルケンクロイツとする。覆塗したバルケンクロイツは、迷彩塗装の洗滌除去により容易に原状回復可能ならしむを要す。
　夜間作戦用機でいまだ上述のごとく迷彩せざるものは、直ちに迷彩すべし。また、迷彩塗装部分は、事前に遮断塗料の被膜1層を塗布すべき点につき、関係各位において留意せられたし。

この夜間迷彩塗装の変種は、1941年版のL.Dv. 521/1（⇒ 7.4.）にきわめて厳密に規定してある。迷彩は恒久部分と除去可能部分からなり、昼間作戦への転換にともなう再迷彩が容易になっていた。

夜間作戦用機の標識に関する規程もまた細部にわたっていた。夜間迷彩の標識用として、1941年11月のL.Dv. 521/1で、あらたな色調を導入している：

RLM 77　　　　　　　ヘルグラウ〔Hellgrau＝明灰〕

この一部が恒久、一部が再除去可能な夜間迷彩塗装は1943年なかばまで使用していた。昼間の爆撃機の出撃がますます危険になってきたため、おおむねこの時点で恒久の夜間迷彩塗装を導入した。恒久迷彩は、空気抵抗がすくなく、そのうえ再除去可能塗装よりも耐摩耗性にすぐれているという長所があり、保守費が減少した。

1944年8月15日付の一括通達2号は、この恒久夜間迷彩塗装を詳細に定めている。1941年版のL.Dv. 521/1との共通点に注意されたい。以下に示す部分を訂正差替としてL.Dv. 521/1に内挿できるようになっていた。実際には、この一括通達でL.Dv. 521/1を改訂することはなく、あたかも未収録の訂正のように宙に浮いたままになった。

1.）　<u>夜間迷彩塗装用飛行材料7126.22の導入</u>　　　　　　　　　　　　　　　　　　　　　　　　　　　文書符号 82b 3
　　　従来の夜間迷彩塗装用飛行材料7123.99および飛行材料7124.22（L. Dv. 521/1の20/21ページおよび42ページに基づく恒久夜間迷彩塗装）に代えて、恒久夜間迷彩塗装

　　　　　　　　　　　　　　飛行材料7126.22

を導入する。
　　　<u>使用目的と適用範囲。</u>
　　　　　飛行材料7126.22は恒久夜間迷彩塗装で単層工程により、既存塗装（例えば飛行材料7121）の上から、迷彩図で定める範囲に塗る。
　　　<u>作業要領：</u>
　　　　　濃縮塗料として配給する飛行材料7126.22を、飛行稀釈剤7205.00にて2対1の比率で稀釈し、粘度が4mmØDIN規格ビーカーで約13.5秒になるようにする。3気圧にて2乃至3mmのノズル径で、既存塗装の上から均一に拡散しつつ霧煙なく吹付ける。量産時は、飛行材料7121の塗布後1/2乃至1時間で飛行材料7126.22を吹付けてよい。飛塵乾燥まで40分で乾燥し、輸送乾燥まで2時間で乾燥する。
　　　　　経年機にあっては、既存塗装を、夜間迷彩の塗布前に、所定のアルカリ性洗滌剤（本件に有機洗滌剤は禁止）で洗滌し、水ですすぎ洗いして乾燥させること。
　　　　　注意！塗料は絶対によく撹拌し、迷彩効果を生む顔料を均一に拡散させること！
　　　<u>標識。</u>
　　　　　夜間作戦機の標識に関し、L.Dv. 521/1の18ページV項を継続適用する。
　　　製造会社：ドクトル・フリッツ・ヴェルナー　　　　ベルリン＝オーバーシェーンヴァイデ、フースト通
　　　　　　　　　　　　　　　　　　　　　電話：633282　　　　　　　1-25

手元に残存する飛行材料7124.22は、なるべく消化すること。

2.)　再迷彩色飛行材料7126.76の導入による飛行材料7125.65の代替
　　　（L.Dv. 521/1のG.S. 41/43節参照）。

文書符号 82 b 30

飛行材料7125.65に代えて、再迷彩色

飛行材料7126.76

を導入する。

使用目的と適用範囲。
　　　　青色の再迷彩色は、恒久夜間迷彩塗装から昼間迷彩への飛行機の再塗装に使用する。

作業要領。
　　　　飛行機は、所定のアルカリ性洗滌剤（本件に有機洗滌剤は禁止）で洗滌する。乾燥後、塗布可能な状態で供給配給した飛行材料7126.76を、飛行方向に上塗りしつつ既存迷彩の上から所定の範囲に塗る。この際、国章は避けること。避けるためにマスキングテープ等で被覆する必要はなく、これは刷毛で塗布するからである。塗装は、飛塵乾燥まで40分で乾燥し、輸送乾燥まで2時間で乾燥する。
　　　　製造会社：ドクトル・フリッツ・ヴェルナー、ベルリン＝オーバーシェーネヴァイデ、

フースト街1-25
電話：633282

注：飛行材料7126.76は主として部隊での使用に支給する。

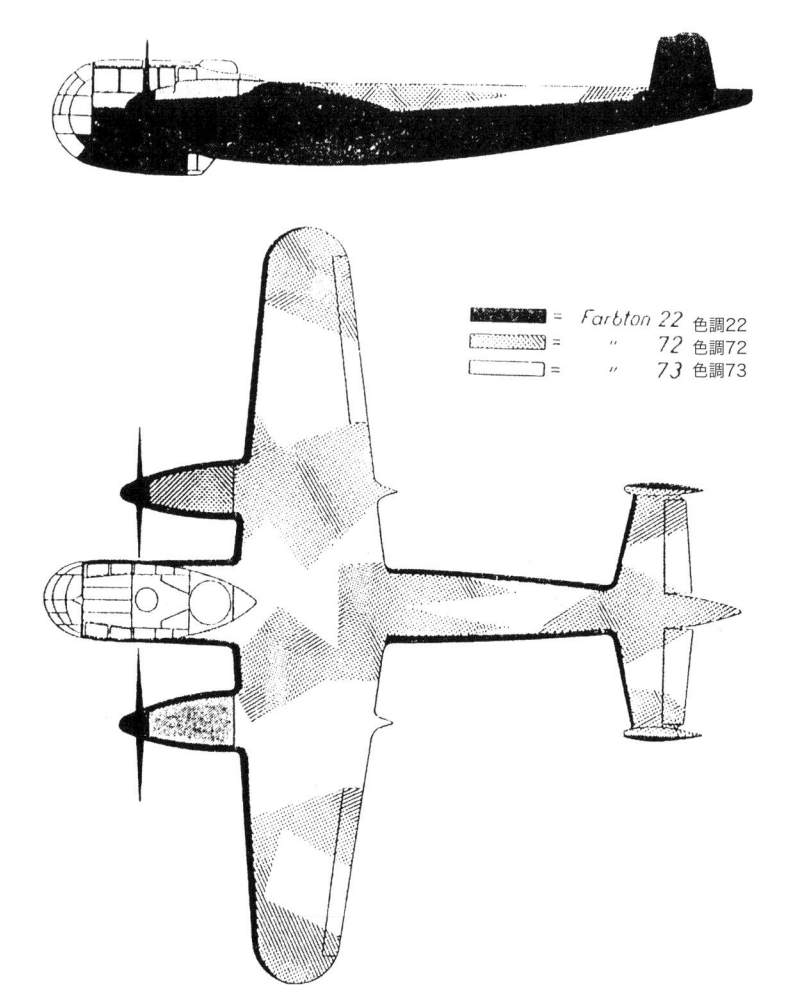

上記の文を、1941年版のL.Dv. 521/1（⇒ 7.4.）の対応部分と比較されたい。同一表現が多数あることがわかるだろう。

大戦後期に量産した爆撃機は恒久夜間迷彩を塗装して部隊に引渡していた。以下のDo 217 Mの1943年8月時点の図が示すとおりだ。ここで使用している塗料のうち飛行材料番号7122は、単層工程による機体内外部塗装の標準塗料に相当する。

［訳注：バルケンクロイツの角形〔Winkel〕とは十字の周囲のL字形のことをいう。］

右ページ写真上：フランスのトゥル（Toul）近くに不時着したDo 217 M。下面はRLM 21、上面はRLM 76にRLM 21の波線だ。波線の黒の暗さが下面と異なっているのが奇妙だ。ハーケンクロイツとバルケンクロイツは白一色の簡略型。（ヨーゼフ・シュヴァルツエッカー）

右ページ写真中：不時着したDo 217 M。プロペラブレードとスピナーはRLM 70の塗装。（ヨーゼフ・ヴァハター）

右ページ写真下：Do 217のN型（夜間戦闘機）とM型（爆撃機）で、戦後、集積処で撮影したもの（プロペラとレーダーアンテナを取外してある）か、あるいは離陸直前でプロペラ回転中に撮影したものだろう。いずれにしても、迷彩がおもしろい。手前の機は、RLM 72/73/65の標準迷彩の上から通常の波形洋上迷彩を施してある。他の2機の迷彩がとても変わっていて、明色がRLM 76、中間色がRLM 75、暗色がRLM 74だと筆者は推定している。パターンは標準と同様のものだ。（ドルニエ社史料室）

105

写真上：RLM 72/73/21の標準迷彩をしたDo 217 M。バルケンクロイツとハーケンクロイツは白一色の単純なもの。RLM 77の標識がくすんだ色なのがおもしろい。消炎管は排気の熱で灼けている。(ドルニエ社史料室)

写真下：L.Dv. 521/1に従って恒久夜間迷彩と洗滌除去可能夜間迷彩で塗装したHe 111。側面の迷彩はRLM 71単色のようだ。バルケンクロイツとハーケンクロイツは白一色の簡略型。(ミヒャエル・ウルマン)

写真下：下面に洗滌除去可能な夜間迷彩を施したHe 111。摩耗の激しい部分は、夜間迷彩が剥げて地色のRLM 65が見えている。これは規程違反で、摩耗の激しい部分は補修し、必要に応じて再塗装することになっていた。(ミヒャエル・シュメールケ)

5.5. 夜間戦闘機

第二次大戦劈頭、夜間戦闘機の迷彩塗装は、昼間戦闘機と同一だった。

RLM 70　　シュヴァルツグリュン〔Schwarzgrün＝黒緑〕
RLM 71　　ドゥンケルグリュン〔Dunkelgrün＝暗緑〕
RLM 65　　ヘルブラウ〔Hellblau＝明青〕

昼間戦闘機とは異なり、夜間戦闘機はバルケンクロイツの左側に「N」〔Nacht＝夜間の略〕の文字を標記した。
1941年以降、夜間戦闘機として投入する飛行機の上面は

RLM 22　　シュヴァルツ〔Schwarz＝黒〕

で塗装した。下面は以前のままだった。

RLM 65　　ヘルブラウ〔Hellblau＝明青〕

必要に応じ、下面はL.Dv. 521/1に準拠して除去可能な夜間迷彩塗装（⇒ 7.4.）を施した。
わずか数カ月後の1941年春、以下の全面塗装に変わった。

RLM 22　　シュヴァルツ〔Schwarz＝黒〕

同時に、「N」の標識にかわって、空軍の標準標識をRLM 77ヘルグラウ〔Hellgrau＝明灰〕で表示するようになった。

以下の一節はDo 217Jに関する空軍要務令の1942年時点のものから抜萃してあり、RLM 22による全面塗装を確認できる。

a) 迷彩塗装
　飛行機は、全体に夜間迷彩塗装を施し、すなわち、窓と標識以外の外面をすべて黒色とする。
　無塗装金属面、陽極酸化処理した面、あるいは残存塗装の上から吹付ける：
　飛行塗料7122を色調72（または同種塗料の他色調で在庫のあるもの）で1回
　飛行塗料7123を1回
　飛行塗料7124を色調22で1回

1941年11月に出た新版のL.Dv. 521/1には夜間戦闘機の塗装規定がない。このため、以後もRLM 22による全面塗装が標準として残った。
1942年末から1943年初にかけて、新塗装の夜間戦闘機がはじめて出現した。これは全面を

RLM 76　　ヘルグラウ〔Hellgrau＝明灰〕

で塗装した上から

RLM 75　　ミッテルグラウ〔Mittelgrau＝中間明度の灰〕

の斑点を塗っていた。この塗装が、夜間戦闘機の標準塗装として終戦まで残った。

以下の図は、Do 217 Nの工場用の迷彩塗装で1943年2月時点のものだ。

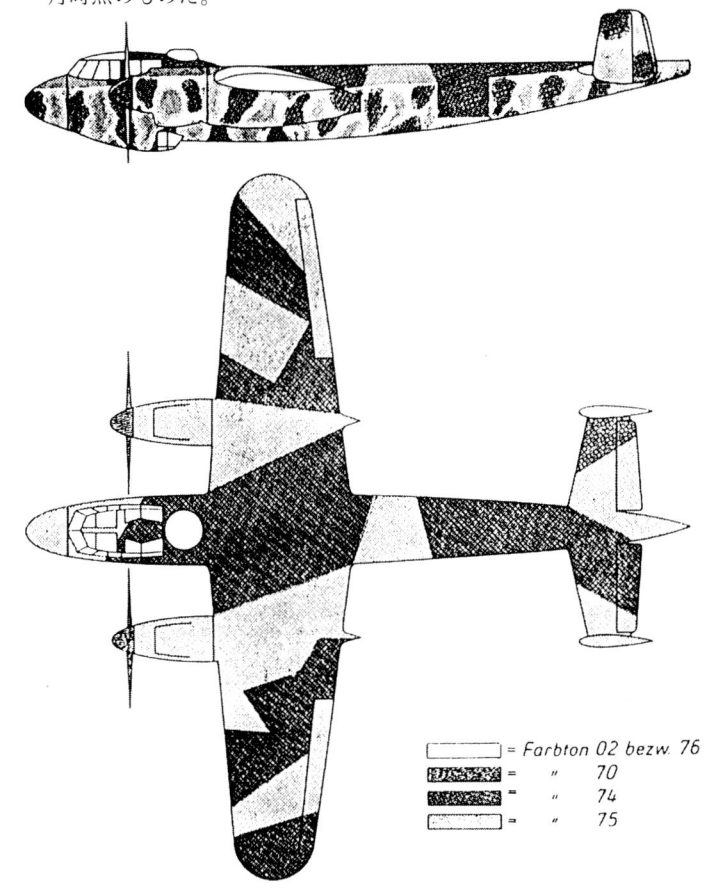

　　　　　　　　＝ Farbton 02 bezw. 76
　　　　　　　　＝　　〃　　70
　　　　　　　　＝　　〃　　74
　　　　　　　　＝　　〃　　75

RLM 76上にRLM 75の雲形斑点の迷彩には変種が多数あった。たとえば、下面全体または片方の主翼（通常は右翼）の下面をRLM 22（黒）で塗装した例があった（前節の夜間迷彩塗装と比較されたい）。これは、一種の戦術標識で、1944年初頭からしばらく、一部の夜間戦闘機で使用したようだ。

1944年末以降、夜間戦闘機に対して新色

RLM 81　　ブラウンヴィオレット〔Braunviolett＝茶紫〕
RLM 82　　ヘルグリュン〔Hellgrün＝明緑〕
RLM 83　　ドゥンケルグリュン〔Dunkelgrün＝暗緑〕

を上面の迷彩用に指定した。単色で、あるいは組合せて、

全面を夜間迷彩したDo 217 E。バルケンクロイツなど標識類もすべて、塗覆禁止だったハーケンクロイツまで、黒で塗りつぶしている。(ミヒャエル・ウルマン)

斑点、雲形模様、または波形模様の迷彩をRLM 76の上面に重ねて施した。

5.6. ロシアにおけるJG 54の迷彩

「暗く」迷彩したJG 54［第54戦闘航空団］使用機の塗料は、いまでも論議の的になっている。

戦闘機の標準迷彩はRLM 74/75/76だった。この明るい迷彩は、中高度と高高度の戦闘作戦にあわせて最適化したものだ。これは、現代の戦闘機の「制空迷彩」の先駆だったといえるだろう。

1941年から1943年当時、JG 54はロシア北部の森林地帯で作戦中だった。JG 54の「暗い」迷彩は、実施部隊が迷彩を使用環境に応じて変更した典型だ。このため、今でも資料がまったく見つかっていない。ロシアでの空中戦は、低高度で行なうのが通常だった。中高度や高高度での空中戦は、ごく稀にしかない。この理由は単純で、ソ連空軍は地上兵力の支援に追われていたからだ。

ドイツ空軍の部隊には、隊内に塗装班（表面保護・整備班）があった。通常、班の塗装工は熟練していて経験豊富だった。

さて、事実関係はここまでにして、想像の世界に入ろう。とはいっても、筆者の仮説は事実にもとづいたもので、現実からかけ離れていないはずだ。

JG 54が戦域に展開してまもなく、RLM 74/75/76による明るい迷彩は、暗緑の森林が覆うロシア上空の低高度に不適なことが判明した。これを知ったJG 54の操縦士は、塗装工に「俺の機を緑に塗ってくれ」と命じた。きっと多くの操縦士が、RLM 70/71による戦前の戦闘機迷彩を覚えていたのだろう。

塗装班には、所要塗料の在庫があった。迷彩用と標識用の塗料だ。しかし戦闘機部隊の塗装班なので緑色の迷彩塗料の在庫がない。緑色の迷彩塗料［RLM 70と71］は、爆撃機か輸送機部隊の塗装班にあった。ロシアでは、ひとつの飛行場を複数の部隊が共用したり、近隣の飛行場に爆撃機部隊がいたりするのは、ごく普通のことだった。だから、きっとRLM 70と71をJG 54の戦闘機に使ったことと思う。

では、あの茶色がかった色は何だったのだろう。当時のカラー写真には、暗緑がかった茶色から黄土色まで、いろいろな色調が写っている。この塗料はソ連軍から得た戦利品だという説、砂漠迷彩用のRLM 79だという説、あるいは初期のRLM 83だという説など、いろいろある。全否定はできないが、RLM 83は違うと思う。これは1943年までのことで、RLM 83が最初に出現したのは1944年夏だったからだ。それはさておき、戦利品のソ連製塗料という説を吟味してみよう。Fw 190の茶色迷彩部分を塗るのに、1機あたり約10 kgの塗料が必要だ。つまり10機を塗るのに100 kg、もっと塗るならもっと必要なわけだ。ドイツ軍が使用可能な物品を、ソ連軍が多量に遺棄するとは、とても思えない。銃や戦車など、他のソ連製戦利品をドイツ軍が使用できたという話を聞いたことがない。燃料、食料、塗料/どれも実例がないのだ。

砂漠では砂漠用塗料を使った。この塗料をロシア北部で調達するのに、最短距離の供給源はドイツ本土だ。JG 54に送る物品はすべて、船舶、列車、トラック、そして輸送機で運ばなければならず、長時間を要した。ドイツからロシア北部のJG 54までの輸送に要する時間は想像を絶する。数週間、あるいは数カ月かかったかもしれない。これは時間との戦いだ。明るい色で迷彩した機の弱点を克服するため、迷彩変更を即座に行なう必要があった。発注した塗料がJG 54に届くのを待つ暇はない。それに塗料よりも、食料や燃料など他の物資のほうがずっと重要だったはずだ。輸送手段に余裕があったら、塗料缶ではなく燃料缶を積んでいただろう。では、どうすればいいのか。

各部隊に塗装班があったことは、すでに書いたとおりだ。班には熟練した塗装工がいて、塗料の貯えがあった。標識用の塗料であるRLM 04ゲルプ〔黄〕、RLM 23ロート〔赤〕、

RLM 24 ブラウ〔青〕、そしてRLM 25 グリュン〔緑〕も持っていたのだ。RLM 23 ロートとRLM 25 緑とを混ぜると茶色になる。これにRLM 04 ゲルプを加えると、黄土色になる。RLM 23 とRLM 70 シュヴァルツグリュン〔黒緑〕とを混ぜると、茶色がかった暗緑色ができる。これが、筆者が考えた解決法だ。塗装班は標識用RLM塗料を混ぜて必要な色調をつくりだしたのだ。

- 標識用RLM塗料は、多量をすぐに入手できた。
- 標識用RLM塗料は、飛行機の恒久塗装に悪影響を及ぼさない。（ソ連製塗料の影響は、まったく不明。）
- 塗装工は熟練していて、標識用塗料の経験が豊かだった。

それでは緑色系迷彩のパターンはどうしたのだろう。写真も説明書も残っていないので、これは不明だ。きっと、一機ごとに個性ゆたかなパターンだったのだろう。塗装班が灰色系迷彩のパターンを流用したかもしれないが、これも確証がない。

5.7. 滑翔機と滑降機

航空省所轄の各飛行機材と同様に、第一の目的は、使用している製造材料を環境の影響から保護し、できるだけ耐用命数をのばして価値の保全を図ることだった。今日の消費（無駄づかい）社会では、労働時間のために材料の整備保守のほうが経費がかさみ、使用で損耗した物品を廃棄して新品を買った方が安いので、当時の思考過程を理解しづらいかもしれない。

〔訳注：日本語ではグライダと滑空機が同義だが、ドイツ航空省はGleitflugzeugとSegelflugzeugを区別して定義している。やむをえずGleitflugzeugに「滑降機」の語をあて、Segelflugzeugを滑翔機と訳した。曳航または曳航からの離脱後、Gleitflugzeugはもっぱら降下するのに対して、Segelflugzeugは上昇気流にのってさらに上昇して滞空するという差に着目した訳だ。なお滑翔機と滑降機との総称には滑空機の語をもちいた。〕

1943年のL.Dv. 521/2に、以下の塗装を指定してある。

滑空機の製造材料は、主として木材と布からなる。天候の影響から保護するために、すべての構造部材の内部と外部を入念に塗装せねばならない。実施する塗装作業の決定のために、滑空機を以下の如く分類する：

滑降機〔Gleitflugzeug〕	初等教育用（Bgr. 1）
滑翔機〔Segelflugzeug〕	練習飛行および高等競技飛行用（Bgr. 2）
	曲技飛行用（Bgr. 3および必要に応じBgr. 4）

この定義に従い

| 滑降機は | 無彩色 |
| 滑翔機は | 有彩色（例外あり！）* |

で塗装する。これにより生じる作業は、以下の如く、資材ならびに内部および外部塗装ごとに整理して記述する。BVSの施行条例を顧慮すべきものについては、本文中の注釈で示す。

ここでいう有彩色とは、色調05エルフェンバイン〔Elfenbein＝象牙〕の塗装を示している。これ以上の細目については、本書7.5.節にL.Dv. 521/2の全文を収録しているので、そちらをご覧ねがいたい。

滑翔機と滑降機の塗装は、大戦初期、L.Dv. 521/2にしたがって施していた。しかし戦局の推移とともに、ドイツ本土上空は連合軍機の侵入をうけ、つねに危険になった。滑空飛行を使用して次世代の操縦士を養成していることを、連合軍は熟知していた。このことは、L.Dv. 521/2にも表れている：

軍事教練および次世代飛行士の養成の一環としての滑空機の重要性に鑑み、航空省は必要な訓練機材の開発および調達を担当することとした。かかる機材の製造および保守は、使用する材料および作業法を標準化してはじめて可能となる。これに関して、航空省は滑空機用の塗料体系を決定し、使用許可を供与した。必要な資材は、複数の会社から同一の呼称で入手可能である。

連合軍の緊急の課題は、この養成を阻害することだった。所在が判明している養成センター〔Ausbildungszentrum〕が爆撃目標になった。護衛戦闘機は、主要任務完了後の臨機目標として、動く物すべてを攻撃するようになる。滑空機は格好の餌食だ。飛行中は無防備で、地上でも障害物のない平地を要したため楽な目標だった。ドイツ軍はこの対策として、滑空機に迷彩して敵による発見を困難にするという措置を講じた。1944年7月1日付の一括通達1号に、詳細な指示がある。

滑空機（輸送用被曳航機にあらず）の迷彩。

戦争期間中は滑翔機および滑降機にただちに迷彩塗装し、その際には上方および側方から可視の部分をすべて、飛行塗料7174.81あるいは82を用いL. Dv. 521/2に定める最終工程で、追って解除通知があるまで、迷彩するものとする。

飛行機上面および胴体側面への迷彩色調の塗布は、動力飛行機の区画型図に準じる。区画型図が未配布の場合は、N.S.F.K.ヴォルムス・アム・ライン空港補給処に請求されたし。
　L. Dv. 521/2第13ページの第ⅡD節に続けて、以下の新たな項を追加する：
　（切りとって、貼りこむこと）

E. 迷彩塗装。
　解除通知があるまで、すべての滑翔機および滑降機に迷彩塗装を施す。
　A.、B.、C.の塗装の完全乾燥後（最終塗装から約16時間後）に、
　飛行塗料7174.81または7174.82
を用い区画型図に従って迷彩塗装を施す。
　塗料は、迷彩効果に絶対必要なだけの厚さに塗ること。
　飛行塗料は即時塗布可能な状態で供給する。必要に応じ、特に吹付けの際には、
　飛行塗料稀釈剤7211.00
で稀釈すること。
　乾燥時間：　1－2時間で飛塵乾燥、
　　　　　　　一晩で完全硬化。

　本規程発効までの応急措置として、現用の滑空機に対する再吹付けをすでに実施ずみ、あるいは実施中である。この移行期間中、飛行機を手持ちの飛行塗料7135の色調70および71で再吹付けすることを認めており、これは上述塗料の新色調を期限までに製造および配給するのが不可能であったためである。
　上述の塗料を再吹付けすることにより、重量および重心変化が生じることがある点に注意せよ！

　RLM色調81および82の標準色票の配布は、目下のところ不可能である。塗料の色調に関する領収検査は、このため実施していない。
　上述の補遺の他に、L.Dv. 521/2に以下の変更を手書きで実施するものとする：
　12ページ：ⅡC1項：
　　飛行塗料7102.99を「飛行塗料7101.99」に変更。
　14ページ：ⅢBa）1項：
　　飛行剥離剤7210.99を「飛行剥離剤7202.99」に変更。
　16ページ：ⅢC 1.2.）項：
　　飛行塗料7102.99を「飛行塗料7101.99」に変更。
　16ページ：ⅢC 2.1.）項：
　　飛行剥離剤7210.99を「飛行剥離剤7202.99」に変更。
　16ページ：ⅢC 2.3.）項：
　　飛行塗料7102.99を「飛行塗料7101.99」に変更。
　飛行材料7102.99および飛行材料7210.99の手持ち在庫は消化すること。なお新規発注は、上記の変更に従う場合に限って可能である。
［訳注：N.S.F.K.は、国家社会主義飛行団〔Nationalsozialistisches Fliegerkorps〕の略。］

　上の引用には、注目すべき点が多数ある：

1. 飛行塗料7174.81または7174.82。この一括通達は、色調81と82に言及した公式文書として最初期のものだ。飛行塗料番号7174をあげている点が注目に値する。この飛行塗料は、L.Dv. 521/2によると、木材内外部専用の有色塗料で、色調は02と05があった。つまり、わざわざ滑空機迷彩用に色調81と82の飛行塗料を製造したことがわかる。

RLM 05 エルフェンバインで塗装したグルナウ・ベビー滑空機。戦前式のハーケンクロイツと登録記号をつけている。（ミヒャエル・ウルマン）

SG-38滑空機。L.Dv. 521/2に従って無彩色で塗装してある。布面を透明塗料で保護してあるのがわかるだろうか。（ミヒャエル・ウルマン）

別の滑空機。無彩色の塗装がよくわかる。布は光が透けている。（ミヒャエル・ウルマン）

2. 訂正差替〔Deckblatt〕ではなく手書きによるL.Dv. 521/2の変更。訂正差替を作成していないことは注目に値し、L.Dv. 521系列の変更に関する3.4.節の筆者の仮説の裏付けになる。これはまた、滑空機の迷彩導入を急いだことを示している。訂正差替の原稿を書き、印刷し、配布するには、あきらかに数カ月を要したはずだからだ。

3. 色調70と71の飛行塗料7135。残念ながら日付は不明だが、滑空機を色調70と71で塗装する旨の指示が、一括通達以前にあったことが、本文からはっきりとわかる。使用している飛行塗料7135は、L.Dv. 521/1（⇒ 7.2.：飛行塗料系20）によると、飛行機の羽布用のものだ。この飛行塗料で塗装せよという指示は、正規の飛行塗料の迷彩色を自由に使えるようになるまでの経過措置だった。飛行塗料7174の迷彩色は、旧色調70と71ではなく、1943年から決まっていた新色調81と82を製造している。理にかなっている。

4. RLM色調81と82の色票。さらに注目すべきは、当面は色票を配布できず、所轄の工場監督が色調の領収検査をできないという一文だ。これは明らかに、当時の原料欠乏の結果で、本来の特性と色調の飛行塗料を均一な品質で生産することが、もはや不可能になったということだ。これはまた、多くの変種が色調81に見られることの説明にもなる。標準色票がなければ、拘束力のある指定ができないからだ。

5.8. 飛行機内部の塗装

飛行機内部の塗装も、航空省の規程が律していた。塗装の第一の目的は保存と防蝕だった。しかし、やがて明らかな変化が生じた。これは内部塗装で特に顕著で、本節で説明するとおりだ。

適切な飛行機塗料の開発要綱（⇒ 7.1.）が1936年末に出て、これが航空省による最初の決定となった。

飛行機の内部：
上塗り層の色調：グラウ02

型式の差異にかかわらず、原則として全型式が同一の扱いだった。1938年版のL.Dv. 521/1で、以下のように定めている。

　　a) 主翼、尾翼、操縦装置、および発動機以外の推進装置は、すべての金属上に飛行塗料系04。

　　銀塗装の飛行機は、すべての金属の外部を飛行塗料系03。

　　計器盤には、色調66すなわち飛行塗料7107.66を使用するものとする。

これはまた、内部塗装を色調01または02で施していたことも意味する。操縦席も02で塗り、計器板だけが防眩のために色調66だった。

1941年版のL.Dv. 521/1には、さらに以下の記述がある。

　　内部。
　　内部塗装は原則として色調02とする。色調01の内部塗装を禁止する。ガラス張りの操縦席および風防の内壁に

限り、色調66（RAL色調7021に相当）を用いて防眩を施すものとする。

1938年版との相違は明らかだ： 色調01の使用を廃止して簡素化をはかり、操縦席と風防の内部塗装に色調66を用いている。

ところで『塗装事業便覧』はRLM 66をRAL 7019に対応させているが、このL.Dv. 521/1はRAL 7021に対応させている。原資料によってRAL番号の対応が異なるのは、なぜだろうか。発行年の違いから簡単明瞭な説明がつく。L.Dv. 521/1の1941年版は1941年に書かれた。『塗装事業便覧』は1944年に出ている。この期間のどこかでRLM 66の仕様がRAL 7021からRAL 7019に変わったのではないだろうか。なおRAL 7019とRAL 7021は、とてもよく似ているので、現行のRAL色票では7019が削除されている。このため筆者は、模型用のRLM 66としてRAL 7021〔Schwarzgrau＝シュヴァルツグラウ〕の使用を推奨する。

さて、本題にもどろう。内部塗装の最大の変更は、1942年5月18日付のHM通達第7/42「陸上機の表面保護の簡素化」の公布によって生じた：

「飛行機製造会社は航空省と協議の結果、原料、エネルギー、労働時間および労働力を節約し、他の重要な作業を優先すべく、陸上機の表面保護の更なる簡素化に合意した。陸上機の表面保護の簡素化に関するHM通達第056を破棄し、代わって以下に列記する施策を講ずる。

表面保護の簡素化のため、型式Fw 190、He 177、およびAr 96に以下の規則を適用する。

1. 自由気流に露出していない部品で、Flw 3305（Hy 5）[※31]、Flw 3310（Hy 7）、Flw 3315（Hy 9）およびFlw 3116（Duralplat）[※32]からなる物には、個別の表面保護を施さない。

各作業所にあっては、上記の飛行材料を用いた完成部品から、切削屑、熔接箇所のフラックスを入念に除去して検査工程に送り、爾後、部隊への直接納入を実施可能ならしむよう顧慮すべし。

諸工場のBVは、灰色の指示票〔Laufkarten〕を適宜発行するものとする。すなわち、上記の飛行材料を用いた部品については、今後、「塗装」欄への記入を省くこと。材料識別は削除しない。

2. Flw 3000（アルミニウム）、Flw 3116（Duralplat）、Flw 3355（Pantal[※33]またはLegal[※34]）を用いた燃料タンクは、内外ともに保護を施さない。

ただし、タンクからすべての残留フラックスおよび切削屑等の金属製不純物を入念に除去するよう厳重に留意すべし。

3. Flw 3000およびFlw 3355を用いたラヂエーターは、内外ともに無保護とする。ただし、残留フラックスおよび金属製不純物を完全に除去するよう厳重に留意すべし。

4. 状態4および5のFlw 3126は無保護とするが、状態9は従来と同様に保護する。

5. 亜鉛鍍金した鋼製部品には塗装を施さないが、それ以外の鋼製部品はすべて従来と同様に処理する。

6. Flw 3115は、従来と同様に塗装を1回する。

7. エレクトロンは、従前どおり塗装を2回する。

8. 操縦席は、従来の2回塗装に代えて1回のみ色調66で塗装する。

9. 迷彩塗装は従来と同様に1層の塗膜によって施す。

上述の施策により広範な簡素化を達成でき、これは第1項で述べた構成部品を個別の保護なしに組立てるからである。組立に関して唯一注意すべき点は、鋼製およびエレクトロン製の部品を、十分に、より厳密には第5項および第7項に従って保護することである。鋼製リベットは後工程で塗装による保護をするものとするが、軽金属製リベットは無保護のまま残すことを可とする。

陸上機の表面保護につき許可した簡素化を最大限に実施できるよう、個別の構成品を完成した後に迷彩塗装を施すことを勧告する。

長期保存中、飛行材料3000、3116、3125、3305、

脚註
※31：Hy 5～Al（アルミニウム）–Mg（マグネシウム）系合金であるヒドロナリウム Hydronaliumの品番。基本配合比はMgが5～9％、Mn（マンガン）0.4％、残Al 。数値はマグネシウム含有比を表す。Hy 7、Hy 9と数値が大きいほどMg配合比が高くなる。
※32：Duralplat（デュラルプラット）～Duralumin（デュラルミン～ドイツで開発されたAl-Cu-Mg系の高張力アルミ合金）を耐食アルミ合金でサンドイッチした材料。剛性や強度を求めて作られた合金の耐食性を向上させる目的で、金属材を圧延する際に被覆材で挟み込み、機械的物理的に圧着、一枚の積層板材に仕上げる合板被覆という手段があるが、これはそのひとつ。一般にこのような被覆金属材を"クラッド材"という。アメリカには超々デュラルミンと同等の高張力アルミ合金を純アルミで被覆した"アルクラッド"という合板被覆材がある。
※33：Pantal～Al-Mg-Si（ケイ素）系の展伸用耐食性アルミニウム合金。パンタルの場合、Mnを含み、またTi（チタン）をわずかに含むものもある。
※34：Legal～Al-Mg-Si系の展伸用耐食性アルミニウム合金。

3315、および3355を用いた無保護の構成部品に腐蝕が発生することが判明している。飛行機も長期の飛行使用を経たものでは、表面浸蝕が無保護の構成部品に見込まれる。気象による通常の負荷の他、飛行機の胴体内に草および土が入ると、無保護の部材はさらに腐蝕性の負荷に曝される。しかしこれは許容でき、なんとなれば、発生した表面変化によって数年以内に特段の耐久性劣化がないことが実証できているためである。軽微な表面変化が生じた部材は、従って問題視してはならず、また補修もしてはならない。補修すると、企図した節約効果を減殺してしまう。

　従来、型式Ar 240およびAr 232に用いてきた表面保護は継続する。同様に、水上機の表面保護も簡素化を実施しない。これは許容できない腐蝕が生じるためである。」

上記の文章の意味するところは明白で、すでに1942年の時点で飛行機の内部塗装を廃止したのだ。つまり、たとえばFw 190の内部、脚庫、胴体等の点検蓋は、もはや塗装することなく、無塗装のアルミ色のままだった。

とはいえ、さらに合理化を追求する余地があった。これは以下の回書にあるとおりで、航空省技術局発、文書符号70 R 10.11 GL/C-E 10 第4135/44（IVE）、1944年3月10日付、金属製陸上機の機内塗装に関して、飛行機量産・改造・修理工場と各工場監督にあてたものだ。

　従来の規則においては、陸上機の内部部品で鋼製およびエレクトロン製の物は
　　飛行塗料7101.99で1回の後
　　飛行塗料7109.02（または66）で1回もしくは
　　飛行塗料7101.99で1回の後
　　飛行塗料7121.02（または66）旧7122で1回、もしくは
　　飛行塗料7121（旧7122）で2回
塗装することとなっている。単層塗料を指定している際には、飛行塗料7121.02または.66（旧7122）を使用する。

　今般、従来は原則として下地塗装のみに使用していた飛行塗料7101.99用の原料確保に成功したので、本塗料を一律に内部塗装として飛行塗料7121（旧7122）に代えて指定可能となった。よって、色調99の他に色調02および66も支給する。

　この措置は、同時に飛行塗料7121（平滑塗装）の原料に対する需要を大幅に軽減し、もって金属機の迷彩塗装の徹底に資するであろう。この効果は絶大で、これは判明しているとおり、飛行塗料7121（および7122）供給量の大半を、簡素化施策にもかかわらず、依然として内部塗装に使用しているためである。

　内部塗装を平滑塗装として施すことが不要なため、飛行塗料7101を7121に代えて使用することで、ひいては塗料産業における粉砕工程の大幅な時間節減をもたらし、さらには、飛行塗料7101は鋼製およびエレクトロン製部品の塗装に特に適している。

　かかる理由により、塗料産業に対し即時の効力をもって、飛行塗料7121（および7122）の色調02および66の製造禁止を命ずる。すでに発注済で未納の要求は、特段の手続なしに飛行塗料7102.02または66で納入するよう扱う。飛行機産業には、本回書により、当然のことながら手持ち在庫の消化後、飛行塗料7121.02および66、ならびに7122.02および66の使用禁止を命ずる。

　例外：ごく稀ではあるが、色調02を迷彩塗装に使用する際に限って、飛行塗料7121.02を、迷彩外部塗装としての使用目的を明示したうえで、塗料会社に発注できる。

　飛行塗料7101の色調02および66の施工は、飛行塗料7121と同様に扱うものとする。溶かした塗料7101と7121（または7122）とを混合してはならない。

　OSリストの変更は、内部運用の都合で合目的でなければ不要である。なおOSリストを再構成する際には、やはり上述の点に留意すべし。

　技術上の理由により、色調02の保持を常時には保証できない。本件が内部塗装に関して重大事ではないので、色調原票に完全に一致しなくとも、不合格の事由とはならない。

　金属製陸上機の内部塗装は、今後は以下の如く構成する。
　A）2層工程（鋼およびエレクトロン用）
　1．　飛行塗料7101.99で1回
　　　飛行塗料7109.02もしくは66で1回または
　2．　飛行塗料7101.99で1回
　　　飛行塗料7101.02もしくは66で1回または
　3．　飛行塗料7101.02もしくは66で2回。
　手法3にあっては、2層塗膜の保全に応じた管理対策を従来と同様に要す。
　B）単層塗装（簡素化表面保護に関する規程に準じる）
　　　飛行塗料7101.02もしくは66を1回

　注：塗料および稀釈剤を節約する必要性、および当該目的で既に発令した実施要領につき、あらためて注意を喚起する（塗料等節約委員）。

上に引用した文書には、実に興味深い文が多数ある：

「…この効果は絶大で、これは判明しているとおり、飛行

塗料7121（および7122）供給量の大半を、簡素化施策にもかかわらず、依然として内部塗装に使用しているためである。」

「…例外：ごく稀ではあるが、色調02を迷彩塗装に使用する際に限って、飛行塗料7121.02を、迷彩外部塗装としての使用目的を明示したうえで、塗料会社に発注できる。」

「…技術上の理由により、色調02の保持を常時には保証できない。本件が内部塗装に関して重大事ではないので、色調原票に完全に一致しなくとも、不合格の事由とはならない。」

色調を常には保証できないと、航空省の公式文書でくりかえし指摘してある。理由は明白で、原料の欠乏だ。他の全塗料の生産と色調にも及んでいた影響を想像してみよう。一様な色調は、もはや存在しなかった。ロットと製造会社ごとに、大なり小なりブレていたのだ。

本節では、空軍機の内部塗装の変遷を見てきた。当初の想定よりも戦争が長引き、飛行機の損失増加が明白になった時点で、増大の一途をたどる飛行機需要に応じるために合理化策を講じている。7.2.節のL.Dv. 521/1を見れば、所定塗装の耐用命数と、材料の消費量がわかる。戦局の影響でもはや飛行時間を長く積算しなくなったという現実により、最初の合理化策の一環として機内塗装を中止している。これはごく簡単なことで、飛行機の大半はいまや全金属製で、アルミニウムが主材料だったからだ。アルミニウムはもともと腐蝕に強い。鉄、鋼、マグネシウムの材料は、腐蝕の危険のため、ひきつづき表面保護を施した。

筆者は本書で、内部塗装に関して航空省が導入した合理化策を明らかにした。新造機の外観への影響につき、ここまで克明に書いた類書はなかった。ドイツの飛行機生産が1944年に頂点に達し、終戦まで完全に停止することがなかったという史実を見据えれば、空軍機の塗装について根本から再検討する必要があるだろう。

Do 26の操縦室。明灰色で塗装してある。計器板はRLM 66に類似した暗灰色かもしれない。（ミヒャエル・ウルマン）

Ju 87 Bの組立ライン。全機、未塗装で、内部をRLM 02で表面保護し、プロペラをRLM 70で塗ってあるだけだ。（ミヒャエル・ウルマン）

Do 24の操縦室をとらえた戦前の写真。操縦室全体が明灰色で、計器板が鈍い暗灰色なのがわかる。（ミヒャエル・ウルマン）

1937年に撮影したJu 52の写真。計器板はRLM 66のような暗灰色だ。計器板以外の操縦室内部は明灰色で塗ってある。(ミヒャエル・ウルマン)

アラド96のコクピット。L.Dv. 521/1に沿って内部全体（当時はコクピットのことを操縦室（Führerraum）と呼んでいた）をRLM 66で塗装してある。(ヨーゼフ・ヴァハター)

アラドAr 96のコクピット。全体をRLM 66で塗ってあり、大戦末期のとても暗い変種だ。戦前の写真と比較すれば、RLM 66の色調が2回も変わったことがわかる。(ヨーゼフ・ヴァハター)

Bf 109 Gのコクピットまわり。外から見える部分は、キャノピーの枠までRLM 66で塗ってある。(ミヒャエル・シュメールケ)

5.9. 飛行機塗装の保守

1936年末の『適切な飛行機塗料の開発要綱』は、以下の特例措置を塗装の保守〔訳注：Pflege＝手入れ、つまりワックスがけの意味〕として「塗装の耐用命数」の章で定めている：

> 単純な塗料保守剤の常用は許容する。（擦込みペーストまたは同等品。）1回の塗布で離陸100回または悪天候下の運用2カ月に十分な効果があること。

1938年版のL.Dv. 521/1は、「施工直後の飛行機塗膜の取扱」の章で、以下の処置を規定している。

> 航空省が特別に指定する保守剤を、運用部隊への配備に先立って、あるいは上塗り塗装後1カ月以内に、塗装後の飛行機に塗布するものとする。ただし、塗布に先立って、必ず長時間かけて塗膜を完全に乾燥させねばならなず、なるべく塗装後2週間以上おくこと。保守剤は厚塗りをしてはならず、乾燥した布で拭きあげて、なるべく艶消表面に所期の効果がでるよう、かつ埃が蓄積せぬようにすること。保守剤を塗布する際には、いかなる状態にあっても、塗膜が完全に乾燥していなければならない。

飛行塗料の保守の一例として、ドルニエDo 17Eの取扱説明書を引用しよう。

> 飛行機全体を、受領後にDKH防水保護剤5055番でワックスがけする。
> 飛行機は入念に埃を除去し、その後に防水保護剤を布片または薬剤噴霧器で薄く塗布すること。ごく薄く塗布するので、布片に防水保護剤を浸して塗装面を一、二回拭くのみで十分である。塗装は全面を均一にワックスがけすること。
> DKH防水保護剤は温暖な環境で保存すること。必要に応じ、加熱またはDKH洗滌液R 50/17での稀釈により適切な流動性にすること。

保守剤〔Pflegemittel〕は今日のカーワックスと同等の物だった。不適切に使用すると、艶消しの表面にどうしても光沢がつき、迷彩効果がなくなってしまう。1940年2月1日付の回書 文書符号89 (a-o) 19 第687/40で、迷彩した飛行機に対する塗装保守剤等の使用を原則として禁じているのは、これが理由だったに違いない。この回書では洗滌剤として飛行塗料洗滌剤7238.00を指定している。揮発油や灯油など他の洗滌剤は禁じていて、これは塗料を侵すからだった。

1940年4月22日付の空軍官報第4号もまた、この回書を参照している。この官報には、さらに以下の記述がある。

> 前線付近の全航空基地の視察に際していまだに何度も目撃したことは、迷彩塗装を保守しているとともに、飛行機の塗装を洗濯用ベンジンおよび他の薬剤で洗滌している事例である。かかる事態は今後、迷彩塗装の遺憾なき迷彩効果の見地、および原料節約の見地から絶対に阻止せねばならない。上級司令部は上述の回書を、技術将校、修理工場監督、および修理工場職長に即座に告知し、回書に示す規定の遵守を命ずべし。

飛行機塗装の保守の禁止は、1941年11月のL.Dv. 521/1にも見られる。L.Dv.の緒言で、以下のように規定している。

> 戦時は、飛行機の保守を禁止する。（例外は航空省の許可がある場合に限る。）塗装した飛行機の洗滌剤には、飛行塗料洗滌剤7238を使用するものとする。

1941年版のL.Dv. 521/1は、さらに以下のように規定している。

> 迷彩色調による外部塗装の完全艶消し表面と、これがもたらす低反射率を確保するため、塗装が完了した飛行機の、いわゆる「手入れ〔Pflegen〕」は、別途指示するまで禁止する。例外として、航空省技術局開発2部VII課の明確な許可がある場合に限り、極めて過酷な負荷状態に被曝される複合構造機に許容する。
> 一般に、飛行塗料洗滌剤7238.—のみを用い、以下の要領に従って汚れた外部塗装を洗滌することに限って許容する。

このような禁止にもかかわらず、ワックスがけをする可能性が残っていて、保守剤は在庫があって製造もしていた。空軍エース（たとえばヘルマン・グラーフ）の搭乗機の写真を見れば、どれほど奇麗かわかるだろう。絹のような光沢の飛行機もある。Me 163でも同様の状況だった。この理由は明白で、塗膜に透明塗料を塗布し、磨きあげて強い光沢にすることで、できるだけ「風の滑りをよくする」ためだった。

戦時中も飛行機にワックスがけをしていたと考えるべきだろう。どんな効果を飛行機の塗料の外観にもたらしたのか、残念ながらわからない。しかしワックスがけの影響について、従来の解釈を見直すべきだろう。

6. マーキングと標識　Markierungen und Kennzeichnungen

　これまで述べてきた迷彩塗装用以外に多くのRLM色調があって、内部塗装、マーキング、識別用に導入して使用していた。

RLM番号	呼称	用途
RLM 02	RLMグラウ〔RLM-Grau＝RLM灰〕	内部塗装、迷彩
RLM 04	ゲルプ〔Gelb＝黄〕	マーキング
RLM 21	ヴァイス〔Weiß＝白〕	マーキング、冬期迷彩
RLM 22	シュヴァルツ〔Schwarz＝黒〕	マーキング、夜間迷彩
RLM 23	ロート〔Rot＝赤〕	マーキング
RLM 24	ドゥンケルブラウ〔Dunkelblau＝暗青〕	マーキング
RLM 25	ヘルグリュン〔Hellgrün＝明緑〕	マーキング
RLM 26	ブラウン〔Braun＝茶〕	マーキング
RLM 27	ゲルプ〔Gelb＝黄〕	マーキング
RLM 28	ヴァインロート〔Weinrot＝ワインレッド〕	マーキング
RLM 66	シュヴァルツグラウ〔Schwarzgrau＝黒灰〕	内部塗装、迷彩
RLM 77	ヘルグラウ〔Hellgrau＝明灰〕	夜間迷彩時のマーキング

　上記の色調は、あらゆる種類のマーキングに使用した。すなわち文字標記、標識、警告指示、飛行機識別マーキング（所属する戦域を示すもので、たとえば黄は東部戦線、白は南部戦線）、あるいは各種部隊章、そのほか多数の適用範囲だ。

　ドイツ空軍機の全マーキングの実施について厳格な規程があった。全容を理解できるよう、以下にこの全文を収録する。

アルミニウム色で塗装したFw 56。この塗料はのちにRLM 01となった。全機、民間用の登録記号と国章を表示している。水平尾翼の下方に飛行機諸元の標記が見える。（ミヒャエル・ウルマン）

6.1. 航空機の識別に関する規程類

以下は1936年8月29日付の国家法律公報第78号から抜萃した。

国籍および登録記号、1936年時点

国籍記号として、ドイツの飛行機と飛行船は文字「D」を表示し、登録記号として4文字を続ける。飛行船に関しては、国家航空大臣が規格外の登録記号を許可することがある。

飛行機は国籍記号Dと登録記号を、胴体両側面で主翼と水平安定板との間、単葉機はさらに翼面両側、複葉機は上翼上面と下翼下面に表示する。

飛行船は記号を最大断面積の位置の外皮両側に表示して、側方および地上から視認できるようにし、さらに外皮上部で側面記号から等距離の位置に横向きに表示する。

識別記号は、暗色の角字〔Balkenschrift＝バルケンシュリフト〕で明色の背景上に、あるいは明色の角字で暗色の背景上に拭除できぬように描き、明確に視認できる状態に保つべし。

国籍記号Dは1文字幅のハイフンで登録記号と分離すること。記号は長方形の文字領域に収め、エンジンナセル、支柱、車輪、浮舟などの部分で隠れない限度内で最大に配置せねばならない。

飛行機にあっては、主翼上の文字領域の翼縁からの最短距離は、狭小な位置において文字高の6分の1を下回ってはならず、飛行船にあっては、外皮上の記号の高さは最大直径の12分の1とするが、2.5mを超えないものとする。

被曳航機〔Anhängerflugzeug〕で、登録免許したものは、国籍記号Dと登録記号を飛行機と同様に表示するが、連続した線分の下線を記号に施すものとする。

滑空機で、滑空領域外を飛行するものは、国籍記号Dを上記の動力飛行機と同様に表示する。

自由気球は、国籍記号Dと名称を、飛行船の記号実施規程に従って表示する。

ライヒ旗および国旗

飛行機および被曳航機はライヒ旗を垂直尾翼の右舷に、国旗を左舷に塗装で表示する。塗装は両面で同寸とし、垂直尾翼で昇降舵よりも上位の部分の最低でも半分の高さを占め、かつ両旗面のそれぞれの高さと幅との比率が約3:5となるように配置せねばならない。

塗装は以下の如く指定する：
赤帯の中に白円、その中に黒のハーケンクロイツを配し、辺を45度傾ける。赤帯、白円、およびハーケンクロイツの中心を

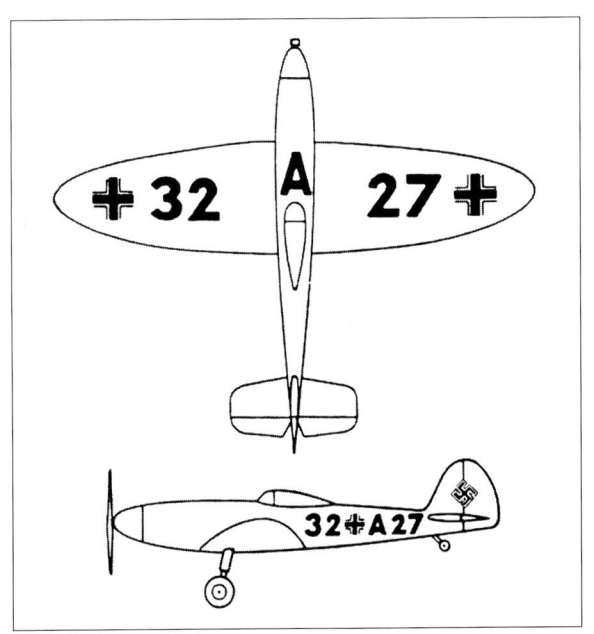

一致させる。ハーケンクロイツの角で垂直尾翼前縁に最も近いものを、上方に開く。白円の直径は、赤帯の高さの4分の3に等しい。ハーケンクロイツの主辺の長さは、赤帯の高さの半分に等しい。ハーケンクロイツの腕と角辺の幅および相互の間隔は、赤帯の高さの10分の1に等しい。

飛行船は、ライヒ旗を垂直安定板の右舷に、国旗を左舷に塗装で表示する。旗の大きさと塗装の寸度は、国家航空大臣がそのつど決定する！

滑空機は、ライヒ旗と国旗を上記の動力機と同様に表示する。

自由気球はハーケンクロイツ旗を掲示する。

航空機で、所定の様式による表示が構造またはその他の理由のために不適切なものは、国家航空大臣の決定に従って変更した標識を表示する。

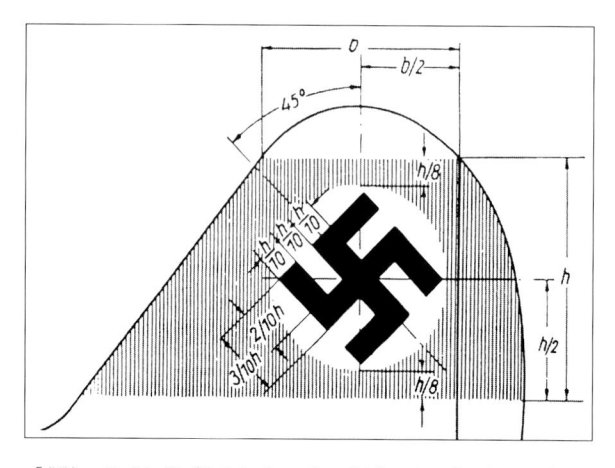

〔訳注：ライヒ旗〔Reichsflagge〕は旧来の赤・白・黒の三色旗、国旗〔Nationalflagge〕は赤地上の白円内に黒の鉤十字を配したハーケンクロイツ旗〔Hakenkreuzflagge〕をさす。ハーケンクロイツの角〔Winkel〕とはL字形の部分、主辺〔Hauptbalken〕とは十字に交差している線分、腕〔Arme〕とは主辺から直角に折れた先の部分をいう。角辺〔Winkelschenkel〕とは一般に角をはさむ両辺をいうが、ここでは主辺に相当する部分をさしている。〕

その他の文字標記

飛行機は、胴体、主翼、および主翼構成品の上に、よく見えるように、可能ならば頑丈な銘版を用いて、製造会社の名称と所在地、型式呼称、当該部分の製造番号と製造年を表示するものとする。さらには胴体左側の明色の下地に暗色で、最低25 mm高かつ4 mm線幅の文字で以下を表示するものとする：

a) 所有者の名称と所在地
a) 構造重量、荷重、および最大許容全備重量をkg単位で
a) 乗員を含む最大許容人員数
a) 前回および次回の検査時期

飛行船は、同等の標記をゴンドラ内の見やすい位置に取付けるものとする。

貨物室内の見やすい位置に、積載法を図様式で表示するものとする。

発動機は、金属銘版を用いて見やすい位置に以下を表示するものとする：

a) 製造会社の名称と所在地
a) 型式呼称、製造系列、製造番号および製造年
a) 最高出力および最大許容回転数

広告文字標記につき以下の例外を認める：

文字標記は以下の要領で複葉機に施す：

国籍記号Dおよび登録記号	広告文字標記
上翼上面（所定寸法）	下翼下面
上翼下面（所定寸法）	
胴体下面（所定寸法）	
胴体側面の後部3分の1（なるべく大きく明確に）	胴体側面の前部3分の1

光沢のあるヘルグラウL 40/52で塗装したHe 51。民間機の登録記号をつけ、尾翼の国章は国家社会主義政権以前のライヒ旗〔国旗〕だ。（ミヒャエル・ウルマン）

RLM 01ジルバーで塗装し、軍用標識をつけたHe 45。バルケンクロイツとハーケンクロイツは黒の輪郭線つき。垂直尾翼に諸元の標記が見える。（ミヒャエル・ウルマン）

単葉機は以下を適用する：
国籍記号Dおよび登録記号　　　広告文字標記
主翼上面（所定寸法）　　　　　主翼下面
胴体下面（所定寸法）
胴体側面の後部3分の1
　（なるべく大きく）
水平安定板または昇降舵の下面　胴体側面の前部3分の1
　（なるべく大きく）

複数の飛行機が同一の文字標記を同様に表示している場合は、なるべく明確な識別記号を、例えば数の様式（トランプI、トランプII...）で表示するものとする。飛行機で定期航空路輸送に使用しているものは、広告文字標記を有してはならない！広告文字標記をした飛行機の使用は国内に限定する。例外は航空局を通じて国家航空大臣に申請せねばならない。

飛行機または飛行船で、盲目飛行装置または自動操縦装置による試験飛行を実施するものは、識別記号として二重円を明黄色で胴体の周囲に巻くこと。

旗帯以外に、飛行機および飛行船への赤色の使用は許可しない！

航空機の航法灯と水上での特別標識

以下の規定は、日の出から日没までのすべての天候に適用する。この時間中、以下に説明する物と誤認の虞があるような他の灯火を点灯してはならない。

「可視／見える」という表現は、晴天の暗夜で見えることを意味する。

以下に述べる視角および「右」、「左」、「後」という呼称は、正常な姿勢で、一直線に水平飛行中あるいは地上もしくは水上にある航空機に関していう。

空中および空港においては、飛行機は以下の標識灯を表示せねばならない：

a) 右側（右舷）に緑色灯を、間断のない光が水平角115°にわたって照射するように配置し、照射角は飛行方向に対して垂直な2個の平面を境界とし、そのうち左側の平面を飛行機の前後軸と平行にする。緑色灯は、飛行方向の光度が、約8 kmの距離から見えるのに十分な強さでなければならない。上述の立体角の内部で、全方向への光度は、以下の数値を下回ってはならない：

↓飛行方向に対する角度

0°	10°	20°	30°	40°	60°	80°	115°
100%	94%	78%	59%	40%	21%	15%	19%

↑飛行方向の光度を基準にした光度%

光角が飛行方向と交差することは許容するが、飛行方向を越えて0°から10°までの角の内側で光度が100%から0値まで減少する場合に限る。

b) 左側には赤色灯を装備し、上記の指定に従って同様に115シの角を照明して、その角の右側の垂直面を前後軸と平行にする。

c) 尾部にはなるべく後方にむけて白色の標識灯を置いて、間断のない光を半球形の空間に放射し、その半球形の底面を飛行機の前後軸と垂直にする。白色灯は、半球の内側で最低4 kmの距離から見えねばならない。

水上にある飛行機は、以下の標識灯を表示せねばならない：

a) 飛行機で、自力で水上を航行できるもの（操縦機能のある飛

行機)は上記の標識灯を点灯せねばならない。これに加えて、白色灯を機首に表示し、間断のない225°の光角を照射せねばならない。角の中線は、飛行機の前後軸と一致せねばならない。光度は、暗夜に8 kmの距離から見えるのに十分な強さでなければならない。この光度は、航行状態にある飛行機の水平面の下方5°および上方20°の角の内側で保たねばならない。

b) 曳航された飛行機は、機首灯を除く通常の標識灯を点灯せねばならない。

c) 飛行機で、操縦機能のなくなったものは、赤色の標識灯2個を、上下垂直に最低1 mの間隔で、なるべく全方向から見えるような位置に表示せねばならない。

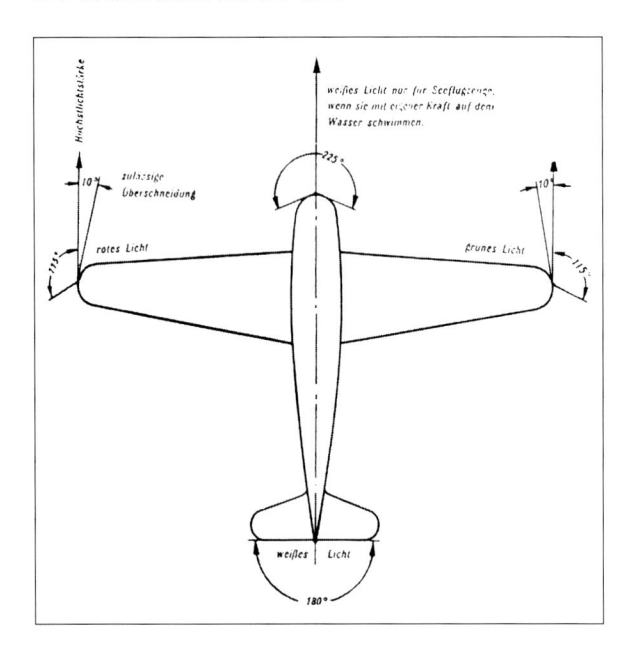

操縦機能のある、あるいは係留した飛行機の標識灯は、少なくとも2 kmの距離から見えねばならない。

飛行船に関しては、動力飛行機に対する上記の規定と同一の灯火設置の指定を適用する。

滑空機は、他の航空機の接近時に、発光信号で自機の存在を認知せしめねばならない。

自由気球は、夜間航行時に電気照空灯1基を携帯せねばならず、照空灯は少なくとも20ワットの電球を備えて、最低30°の照射角を持たねばならない。

他の航空機が気球に接近した際には、自由気球操縦者は各1秒間点灯と1秒間消灯の明滅信号を用い、交互に、気嚢を照射し、他の航空機の飛来方向に明滅信号を送らねばならない。

航空機で、構造のために上記様式の表示が不可能または著しく困難なものは、国家航空大臣が実施の方式を決定する。

6.2. 航空機の標識の変更・1939年

1939年1月30日付の空軍官報第5号で、空軍の国章の変更を以下のとおり命じている:

1939年1月1日をもって、空軍の飛行機(軍用飛行機)の標識について以下の変更が発効する:
1. ライヒ旗および国旗に代えて、空軍のあらゆる飛行機はハーケンクロイツを添付に従い表示する。
2. 現在適用している軍用標識(バルケンクロイツと番号)による標識は変更しない。
3. 軍用標識(2項参照)を表示していない、空軍の部隊、

戦前のFi 156で、RLM 02で塗装し、民間の登録記号と戦前式のハーケンクロイツを表示している。(ミヒャエル・ウルマン)

学校、他の機関に所属する飛行機は、「D」に代えて「WL」の文字を表示するが、他の文字列は変更せずに残す。

1. ハーケンクロイツは、従来の寸法で残す。
2. ハーケンクロイツを、主辺幅の6分の1の幅の白色外縁で囲む。
3. 白色外縁は、白色外縁幅の4分の1の幅の黒線で外側を区画する。
4. 従来の赤の地色上の国章の残余部分はすべて、2色迷彩にあっては迷彩色調70で、あるいは3色迷彩にあっては迷彩色調61で、上から吹付ける。
5. この目的のため、ハーケンクロイツは上述2.および3.の外縁を含めて、クレープ粘着テープを貼って覆う。元来の国章で覆っていない部分は、慎重に水研ぎして表面を粗くする。
6. 完全乾燥後に、このように処理した部分に色調70あるいは61を吹付ける。
7. 最後に、黒色外縁線（3.）を色調22で引く。

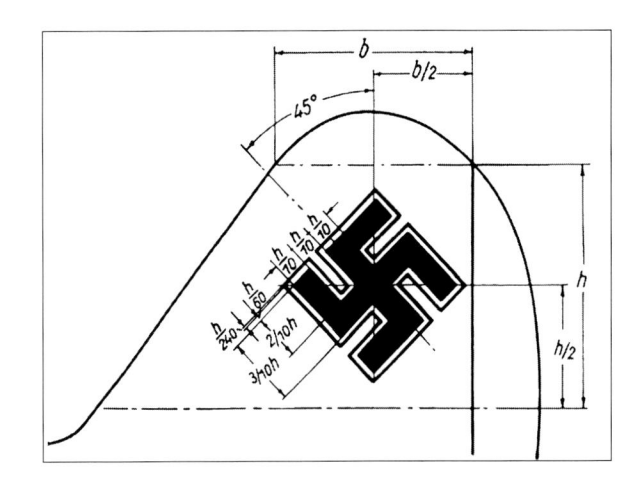

1939年9月にドイツはポーランドに侵攻し、これに応じた英国の対独宣戦布告で第二次世界大戦がはじまった。電撃戦でポーランドを占領した直後の9月末から10月にかけて、空軍はマーキング類の規程を戦時にあわせて以下のとおり改定している：

「レーンシュパーバー」滑空機で、RLM 05で塗装し、黒一色の「WL」民間登録とハーケンクロイツを表示している。（ミヒャエル・シュメールケ）

戦前のFi 156で、RLM 02で塗装し、民間の登録記号と戦前式のハーケンクロイツを表示している。（ミヒャエル・ウルマン）

6.3. 飛行機の識別記号－1939年9月

国家航空大臣　　　　　　　　　　　　　　　　　　　　　　　　　　　　　　ベルリン、1939年9月29日
兼
空軍最高司令官
参謀本部主計総監2部
第7257/39 g.Kdos. (III B)　　　　　　　　　　　　　　　　　　　　　　　250部作成

主題：飛行機の識別記号

　　　　　飛行機の識別記号に関し、1939年10月6日の発効をもって以下を命ずる：
1.)　　国防軍機（教育・訓練・急使・連絡用機を含む）および政府機（例外は3項参照）は、R.d.L.u.Ob.d.L. Genst., Gen.Qu.2.Abt.文書符号65/10第1600/39秘（II A）1939年7月4日付に準拠した標識を表示する。国章は添付にもとづく様式および適用に変更し、ただちに再塗装するものとする。
　　　　　飛行機で、製造会社から部隊に移送するものは、移送飛行に先立って国章を施す。
2.)　　その他の全機（産業用機および定期航空輸送用機）は、従来と同様に国旗を垂直尾翼に表示する。従来の識別記号（例えばD－EISO）は、そのまま存続する。
3.)　　下記の政府機
　　　　　　　D－AFAM
　　　　　　　D－AZIS
　　　　　　　D－AQIT
　　　　　　　D－ANAO
　　　　　　　D－AHIT
（手書きの追加：および国防軍総司令部急使中隊の飛行機）で外国への飛行に使用するものは、2項に準拠した識別記号を使用する。
　　　　　同様の識別記号を、外国に販売した飛行機の移送飛行中にも用いる。
4.)　　その他の一切の識別を飛行機に施すこと（識別色の塗装等）を禁止する。

〔訳注：R.d.L.u.Ob.d.L. Genst.はReichsminister der Luftfahrt und Oberbefehlshaber der Luftwaffe Generalstab〔国家航空大臣兼空軍最高司令官参謀本部〕、Gen.Qu.2.Abt.はGeneralquartiermeister 2 Abteilung〔主計総監2部〕の略〕

添付1
R.d.L.u.Ob.d.L. Genst., Gen.Qu.2.Abt.
第7257/39 g.Kdos (III B)

1.) Hoheitszeichen　1.) 国章

2.) Anbringen des Hoheitszeichens.
2.) 国章の表示

a) Rumpf　a) 胴体

Das Hoheitszeichen ist in der ganzen Höhe des Rumpfes anzubringen. Bei Flugzeugen mit rundem Rumpf entspricht die Höhe des Balkenkreuzes jeweils 1/4 des Rumpfumfanges.

国章は、胴体の全高にわたって表示するものとする。円形の胴体の飛行機にあっては、バルケンクロイツの高さを胴体外周長の1/4とする。

b) Tragflächen　b) 主翼

Das Hoheitszeichen ist in der ganzen Breite der Tragflächen anzubringen

国章は、主翼の全弦長にわたって表示するものとする。

6.4. 飛行機の国章と識別記号

国家航空大臣 ベルリン、1939年10月18日
兼空軍最高司令官
　　参謀本部 Gen.Qu.2.Abt.
文書符号65 a 10 10 第3500/39 秘 (IIA)

主題：飛行機の国章および識別記号。

I. 定義
　　以下の如く定義する：
　　1.) 作戦用機〔Kriegsflugzeug〕。
　　　　a) 前線飛行機〔Frontflugzeug〕（気象観測中隊を含む）
　　　　b) 教育・訓練・急使・移動・連絡用機
　　　　c) 定置の気象観測所の飛行機
　　　　d) 空軍実験場の飛行機
　　　　e) 製造会社の新造飛行機で国防軍機関向けのもの
　　2.) 特殊飛行機。
　　　　a) 政府機〔Regiefungsflugzeug〕
　　　　b) 衛生飛行機（海難捜索救助飛行機を含む）
　　3.) 民間飛行機。
　　　　a) ルフトハンザ ドイツ航空の飛行機
　　　　b) 製造会社および民間の研究試験施設の飛行機
　　　　c) 製造会社の新造飛行機で民間向けのもの
　　　　d) 民間企業および個人の飛行機
　　　　e) N.S.F.K.〔国家社会主義飛行団〕の飛行機

II. 国章。
　　1.) 作戦用機は、添付1に準拠する国章を表示する。

　　2.) 特殊飛行機および民間飛行機は、従来と同様にライヒ旗および国旗を垂直尾翼に表示し、衛生飛行機および海難捜索救助飛行機はこれに加えて白色塗装して赤十字を表示する。

III. 識別記号。
　　1.) 総則
　　　　すべての作戦用、特殊、および民間飛行機には、アルファベット4文字からなる識別記号があって、これは製造番号とともに機歴記録に記載し、かつ登録抹消するまで一貫して当該機に属する。
　　　　作戦用機の識別記号は常に子音（例えばKEBO）で始まり、民間飛行機の識別記号は従来と同様に母音（例えばABOF）で始まる。
　　　　作戦用機にあっては、等級区分（例えばA2、B1、C2）を顧慮しない。

　　2.) 識別記号の飛行機上の表示
　　　　a) 前線飛行機は、共通の識別記号を機歴記録のみに表示する。飛行機には従来の前線機用識別記号を添付3に従って表示する。
　　　　b) その他の作戦用機は、識別記号を胴体両側面および主翼下面に、添付2に従って表示する。

暗色の迷彩塗装をした飛行機にあっては、識別記号を主翼下面（胴体は不要）に白色で表示するものとする。

　　　　　c)　特殊および民間飛行機は、登録記号の先頭に国籍記号「D −」をつけて従来と同様に（例えばD − ABOF）表示する。

IV.　特殊航空機
　　a)　輸送用滑空機および自由飛行の標的用模型は、所有者に応じて軍用または民間機として、本令の定めに従って識別記号を表示する。
　　b)　その他の滑空機は、従来の識別記号を保持する。

V.　作戦用機による民間識別記号の使用
　　作戦用機に民間識別記号を表示する命令は参謀本部 Gen.Qu.2.Abt.が発する。戦前に交付した許可証を、再確認のために提出すること。

VI.　実施要領

　　1.)　共通識別記号の割当は、防空部長（L.B.2 III D）が行なう。

　　2.)　標記の技術上の事項に関する指示は、航空装備総監（L.C. 2）が行なう。

　　3.)　ただちに実施を開始するものとする。1939年12月1日までに完了せねばならない。

　　4.)　軍用飛行機〔militärischer Flugzeug〕の識別記号に関する従来の規程のうち、以下をひきつづき適用する：
　　　a) 滑空機の識別記号に関する該当項で、R.d.L.u.Ob.d.L., Genst.2.Abt.第2760/38秘（IIF）1938年8月17日付に基づくもの、
　　　b) 戦闘機部隊の識別記号に関する規程で、特別空軍規程第1号1938年1月3日付の第7項に基づくもの。
　　5.)　作戦用機の識別記号に関するその他の全命令は、旧ポーランド回廊の飛行に関する規程類を含めて、ただしR.d.L.u.Ob.d.L.参謀本部Gen.Qu.2.Abt.第1960/39 g.Kdos. (IIA)1939年7月6日付の命令を例外として、失効する。

配布先：　　　　　　　　　　　　　　　　　　　　　　　　　　　　代理
以下の部署。　　　　　　　　　　　　　　　　　　　　　　　　　　フォン・ザイデル署
　　　　　　　　　　　　　　　　　　　　　　　　　　　　　　　　校閲
　　　　　　　　　　　　　　　　　　　　　　　　　　　　　　　　〈　署名　〉
　　　　　　　　　　　　　　　　　　　　　　　　　　　　　　　　大尉

添付1
R.d.L.u.Ob.d.L. Genst.,
Gen.Qu.2.Abt.第3500/39 秘 II A

作戦用機の国章
Hoheitszeichen für Kriegsflugzeuge.

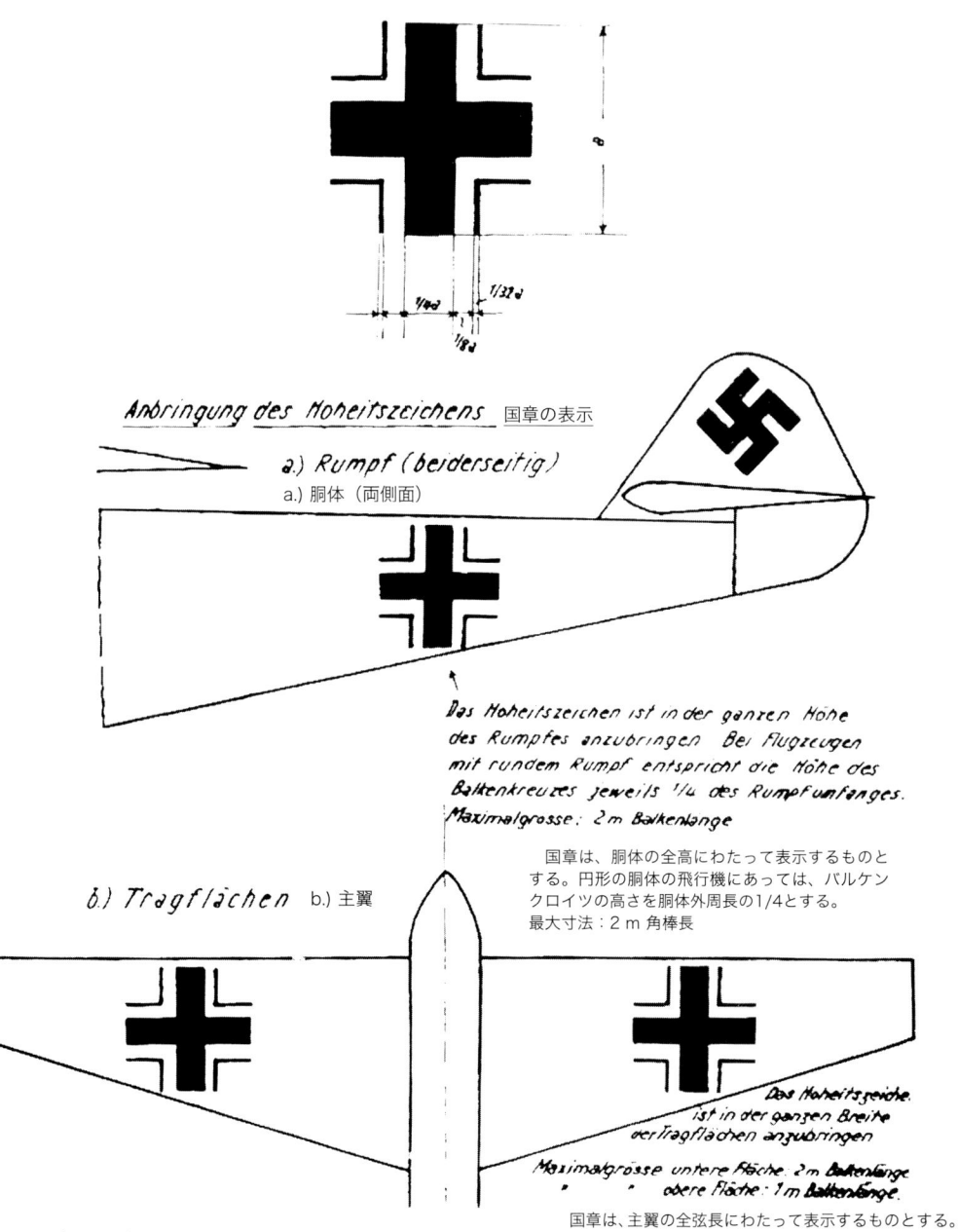

Anbringung des Hoheitszeichens 国章の表示

a.) Rumpf (beiderseitig.)　a.) 胴体（両側面）

Das Hoheitszeichen ist in der ganzen Höhe des Rumpfes anzubringen. Bei Flugzeugen mit rundem Rumpf entspricht die Höhe des Balkenkreuzes jeweils 1/4 des Rumpfumfanges. Maximalgrösse: 2m Balkenlänge

国章は、胴体の全高にわたって表示するものとする。円形の胴体の飛行機にあっては、バルケンクロイツの高さを胴体外周長の1/4とする。
最大寸法：2m 角棒長

b.) Tragflächen　b.) 主翼

*Das Hoheitszeichen ist in der ganzen Breite der Tragflächen anzubringen.
Maximalgrösse untere Fläche: 2m Balkenlänge
　　　　　　　obere Fläche: 1m Balkenlänge*

国章は、主翼の全弦長にわたって表示するものとする。
下面の最大寸法：2m 角棒長
上面の最大寸法：1m 角棒長

［訳注：角棒はバルケン〔Balken〕の訳。ドイツ語でバルケンは丸太、角材、梁のことで、ここでは十字を構成している太い棒を意味するが、中帯（盾形紋章の中央の線）の意味もある。バルケンクロイツ〔Balkenkreuz〕とは、角棒のようにまっすぐで太い線を重ねた十字のことで、「バルカン」クロイツはまちがい。］

添付2
R.d.L.u.Ob.d.L. Genst.,
Gen.Qu.2.Abt.第3500/39 秘 (IIA)

作戦用機の識別記号
ただし前線飛行機は例外

Kennzeichen der Kriegsflugzeuge mit Ausnahme d. Frontflugzeuge.

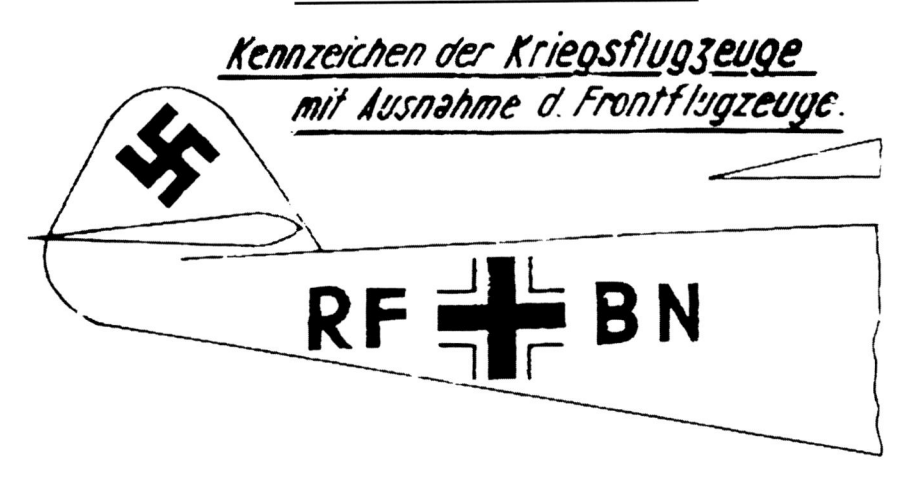

a.) *Rumpf* a.) 胴体

b.) *Tragflächen* b.) 主翼

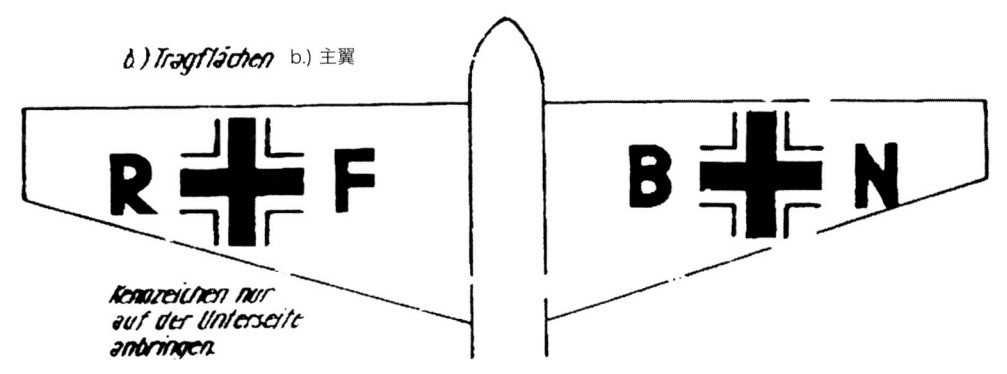

Kennzeichen nur auf der Unterseite anbringen.

識別記号は下面のみに表示する

添付3　D.R.d.L.u.Ob.d.L.
　　　Genst.Gen.Qu.2.Abt.（IIA)
　　　第3500/39 秘
　　　1939年10月18日付

作戦用および前線飛行機の識別記号

1.)　前線飛行機の識別記号は
　　（バルケンクロイツに向かって左から右に）：

　　　a)　上級本部、航空団、または独立飛行隊〔selbstständige Gruppe〕を示す部隊符号〔Verbands-kennzeichen〕で、アルファベット1文字と数字1桁からなるもの、
　　　b)　中隊内または本部内の識別文字〔Kennbuchstabe〕、
　　　c)　航空団内または独立飛行隊内の識別文字。

2.)　注釈：
　1 a)について：
　　　　部隊符号の割当は、R.d.L.u.Ob.d.L.参謀本部Gen.Qu.2.Abt.第1960/39 g.Kdos.(IIA)1939年7月6日付をもって行なう。（上級司令部のみに配布ずみ）。

　1 b)について：
　　　　本部または中隊の内部において、飛行機はアルファベットで識別する。中隊内の飛行機を示す文字は有彩色で表示する。中隊色は：
　　　　各飛行隊の第1中隊は白、
　　　　各飛行隊の第2中隊は赤、
　　　　各飛行隊の第3中隊は黄である。

添付3　2ページ

　1 c)について：航空団内において、中隊または本部は以下の如く識別する：

航空団本部および本部中隊	= 文字 A	（Anton〔アントン〕）
第I飛行隊本部	= 文字 B	（Berta〔ベルタ〕）
第II飛行隊本部	= 文字 C	（Cäsar〔ツェーザー〕）
第III飛行隊本部	= 文字 D	（Dora〔ドーラ〕）
第IV飛行隊本部	= 文字 F	（Friedrich〔フリードリヒ〕）
第V飛行隊本部	= 文字 G	（Gustav〔グスタフ〕）
第1中隊	= 文字 H	（Heinrich〔ハインリヒ〕）
第2中隊	= 文字 K	（Konrad〔コンラート〕）
第3中隊	= 文字 L	（Ludwig〔ルートヴィヒ〕）

第4中隊 = 文字 M	(Martha〔マルタ〕)
第5中隊 = 文字 N	(Nordpol〔ノルトポル〕)
第6中隊 = 文字 P	(Paura〔パウラ〕)
第7中隊 = 文字 R	(Richard〔リヒャルト〕)
第8中隊 = 文字 S	(Siegfried〔ジークフリート〕)
第9中隊 = 文字 T	(Theodor〔テオドア〕)
第10中隊 = 文字 U	(Ulrich〔ウルリヒ〕)
第11中隊 = 文字 V	(Viktor〔ヴィクトア〕)
第12中隊 = 文字 W	(Wilhelm〔ヴィルヘルム〕)
第13中隊 = 文字 X	(Xantipe〔クサンティーペ〕)
第14中隊 = 文字 Y	(Ypsilon〔イプシロン〕)
第15中隊 = 文字 Z	(Zeppelin〔ツェッペリン〕)
第16中隊 = 文字 Q	(Quelle〔クゥエレ〕)
第17中隊 = 文字 J	(Julius〔ユーリウス〕)
第18中隊 = 文字 O	(Otto〔オットー〕)
第19中隊 = 文字 E	(Emil〔エミール〕)
第20中隊 = 文字 I	(Ida〔イダ〕)

〔訳注：ツェーザーとユーリウスはカエサル／シーザーのこと。ノルトポルは北極。クサンティーペはソクラテスの妻の名。イプシロンはアルファベット「Y」のドイツ語よみ。ツェッペリンは飛行船を開発した伯爵、クゥエレは泉。その他は、ドイツに多い男女名。〕

3.) <u>一般形については付図参照。</u>

例：

a) B9 + DH ＝ 航空団の第1中隊の4番機
(想定 K.G.51)

b) 3T + AB ＝ 航空団の第I飛行隊本部の1番機
(想定 Z.G. 2)
ま　た　は

c) R2 + AA ＝ 爆撃航空団の本部の1番機
(想定 K.G. 26 本部中隊1番機)
ま　た　は

d) Q1 + MA ＝ 爆撃航空団の本部の13番機
(想定 K.G.53、輸送機)
ま　た　は

e) 2P + BA ＝ 飛行軍団の本部の2番機
(想定 Fl.Korps III)。

添付3　付図
R.d.L.u.Ob.d.L. Genst. Gen.Qu.2.Abt.
第3500/39 秘 (IIA)

前線飛行機の識別記号

Kennzeichen an Frontflugzeugen

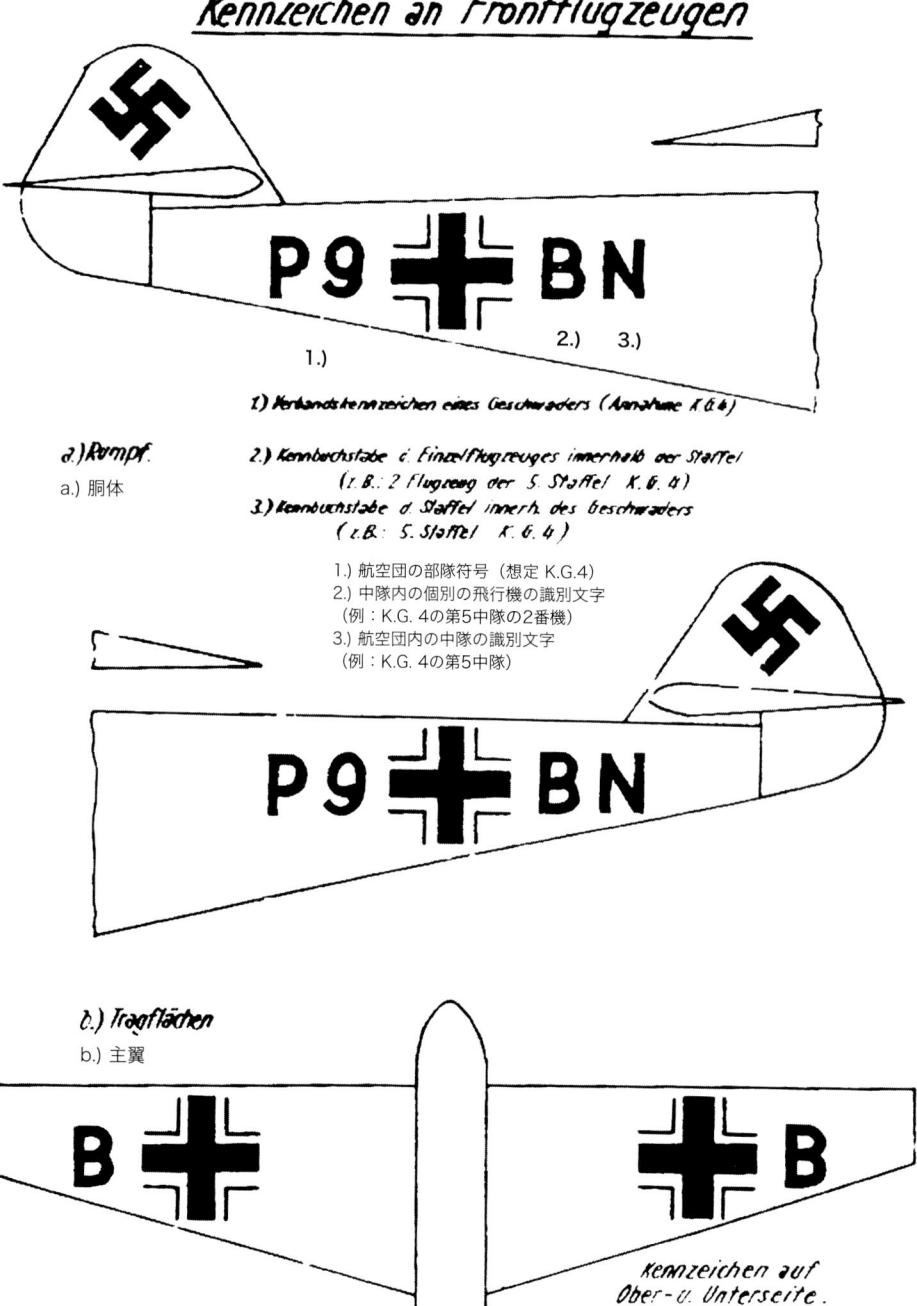

P9 ✛ BN
1.)   2.) 3.)

1) Verbandskennzeichen eines Geschwaders (Annahme K.G.4)
2) Kennbuchstabe d. Einzelflugzeuges innerhalb der Staffel
　(z.B.: 2 Flugzeug der 5. Staffel K.G.4)
3) Kennbuchstabe d. Staffel innerh. des Geschwaders
　(z.B.: 5. Staffel K.G.4)

a.) Rompf.
a.) 胴体

1.) 航空団の部隊符号（想定 K.G.4）
2.) 中隊内の個別の飛行機の識別文字
　（例：K.G. 4の第5中隊の2番機）
3.) 航空団内の中隊の識別文字
　（例：K.G. 4の第5中隊）

P9 ✛ BN

b.) Tragflächen
b.) 主翼

B ✛　　　✛ B

Kennzeichen auf Ober- u. Unterseite.
上面および下面に識別記号。

添付4　R.d.L.u.Ob.d.L. Genst., Gen.Qu.2.Abt.
　　　　　文書符号65 a 10-10 第3500/39 秘（ⅡA）1939年10月18日付
　　　　　第Ⅵ項、1.)に基づく

実施要領
飛行機の識別記号および登録
防空部長 L B 2 Ⅲ D発行

I.　　国防軍の飛行機　　　　　　　　　　白色の登録証明

　　　国防軍の飛行機は今後、識別記号（例：PM ＋ KO）を表示する。これは新造時に交付し、国防軍の使用期間を通じて不変である。文字列は登録証明に記載し、飛行機上には個別の規程に従って表示する。部隊標識が命じられた際には、これを登録証明に記載しない。
　　　概念：　国防軍の飛行機　＝　作戦用機。

　　　識別記号の交付および監督権限は
　　　　　　ベルリン＝アードラースホフの航空装備総監部航空機検査場〔G.L.Prüfstelle für Luftfahrzeuge〕が専任する。
　　　　　　この官署は、防空部長L.B.2 Ⅲ Dの呼称も用いる。
　　　市外局番　ベルリン63 8091、テレタイプ通信局　高等飛行技術学校、ベルリン＝アードラースホフ。

　　　識別記号の申請と登録：
　　　a)　　新造機および修理完了機は航空省の工場監督を通じて
　　　b)　　空軍で使用中の飛行機は、空軍の検査部〔Prüfgruppe〕を通じて。

　　　申請する際には、以下を提示すること：製造会社、型式、製造番号、所有者および従来のWL −またはD −識別記号。登録証明記載の識別記号の変更は、司令官または工場監督長に、公印および署名をもって確認を受けねばならない。

　　　所有者の変更：
　　　国防軍の飛行機が民間の所有者に移転した場合、あるいはその逆の場合には、所有者変更の登録証明および措置を航空機検査場に提出するものとする。登録証明は所有者が請求せず、また飛行機が全損または分解によって用途廃止となった場合には、航空兵器廠〔Luftzeugamt〕あるいは検査場航空集積処〔Luftpark der Prüfstelle〕に返還するものとする。

II.　　民間の飛行機　　　　　　　　　　青色の登録証明

　　　識別記号と登録に変更はなく、航空法に則る。

添付5　R.d.L.u.Ob.d.L. Genst., Gen.Qu.2.Abt.
文書符号65 a 10-10 第3500/39 秘（ⅡA）1939年10月18日付
第Ⅵ項、2.)に基づく

実施要領
参謀本部令第3500/39秘　第Ⅵ項2番に基づく
バルケンクロイツおよび
飛行機の識別記号の表示
GL LC 2 発行

A.　作戦用機
　Ⅰ.　バルケンクロイツの寸法の比率を図1に示す。

　Ⅱ.　主翼上面
　　　主翼上面におけるバルケンクロイツの位置は以下の如く決める：中心は、図2に従って決めた中線x上で、翼端から2000 mmの距離の位置におく。角棒長は1000 mmである。前線機の識別記号の中心は、中線x上で翼端から750 mmの距離の位置におく。

　Ⅲ.　主翼下面
　　1)　単発機
　　　塗装に使用可能な面を区画する：
　　　a)　主翼前縁またはスラットから10 cmの距離にある補助線cと、フラップまたはエルロンから10 cm前方にある補助線dとの間。
　　　b)　翼根の胴体境界と翼端との間。この領域で、中線xを記入する。バルケンクロイツの中心は、中線xの中点におく。識別記号（アルファベットまたは数字）の中心は、中線x上の1/4および3/4の位置におく。前線機にあっては、識別記号の中心を中線x上の1/4の位置におく。角棒長a（図1）は、補助線cおよびdとの間隔をとるようにするが、2 mを超えてはならない。アルファベットの高さは、角棒長の0.6とするが、1 mを超えてはならない。

　　2)　多発機
　　　塗装に使用可能な面を、翼弦方向には1 a)と同様に区画し、翼幅方向には翼端と外舷発動機中心線との間（図4参照）とする。バルケンクロイツおよび識別記号の寸法と位置は、1と同様。

添付5　2ページ

　　3)　1)および.2)の例外。
　　　飛行機の型式で、構造等のために本規程に従った標識表示が不可能なものにあっては、相当する資料（図）を添付または追加する（例えばHs 126、Ju 88等）。

IV. 胴体
1) バルケンクロイツ
バルケンクロイツは胴体両側面に1個づつ塗装する。国章の中心は、飛行機の飛行姿勢で、下翼後縁と水平尾翼前縁の間におく。後縁が連続している下翼にあっては、その最後部の点を測定起点として使用する。

バルケンクロイツの中心は、胴体上端と下端の中線上におく。十字の角棒の一辺は、飛行方向に沿う。

2) バルケンクロイツの角棒長「a」は、四角形の胴体断面のとき、曲面開始位置までの胴体高とし、楕円形の断面のとき、参謀本部主計総監2部第3500/39の規定にかかわらず、IV、1に従って決めた位置の胴体外周長の1/3とする。

角棒長「a」は2mを超えてはならない。

3) 表示箇所上の識別記号の配置は、本添付の図5に示す。

4) 文字の高さは、主翼下面（III）と同様とする。

V. 国章（ハーケンクロイツ）
垂直尾翼上の国章は従来の様式のままとする。

B. 特殊機および民間機
民間機の標識は従来の様式のままであり、すなわち垂直尾翼上のライヒ旗と国旗ならびにDミ識別記号を表示する。

C. 標識の塗装
バルケンクロイツとハーケンクロイツは、飛行塗料7160.21および.22で塗装するものとする。

添付5　3ページ

国防軍の飛行機の識別記号は、製造会社の新造機で国防軍基地むけのものを例外として、飛行塗料7160.21および.22で塗装するものとする。

製造会社の新造機は、ベルリン＝ヴァイセンゼーのヴァルネッケ・ウント・ベーム社の洗滌除去可能塗料イカロール346.21および.22を用いた識別記号を表示する。

国防軍の飛行機で、下面を迷彩色調22で塗装したもの（例えばJu 52）は、主翼下面の識別記号を色調21で表示する。転写文字の使用を許可する。

〈 署名 〉
飛行主席幕僚技官

添付5 付図

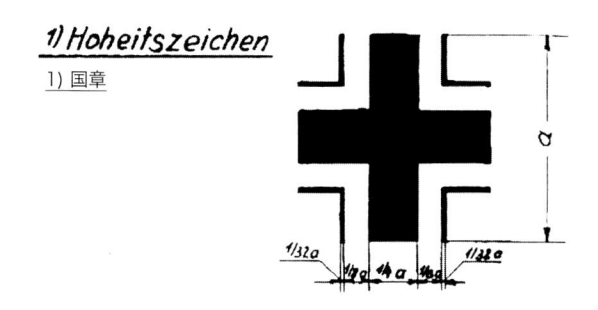

1) Hoheitszeichen
1) 国章

2) Flächenoberseite
2) 主翼上面

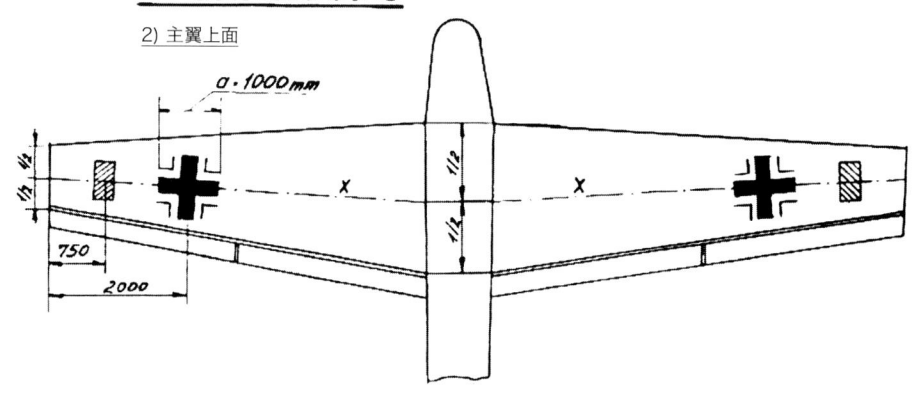

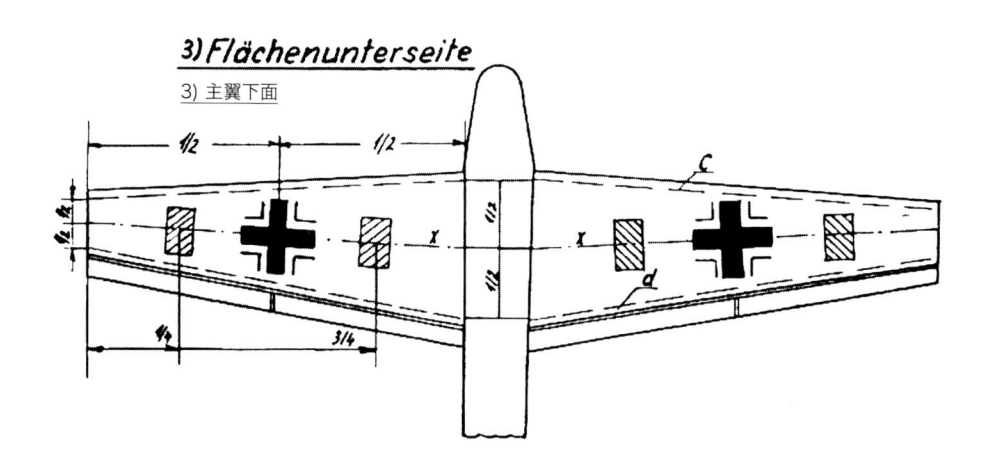

3) Flächenunterseite
3) 主翼下面

添付5 付図

4) Unterseite
Oberseite wie Bild 2)
4) 下面
上面は図2)と同様

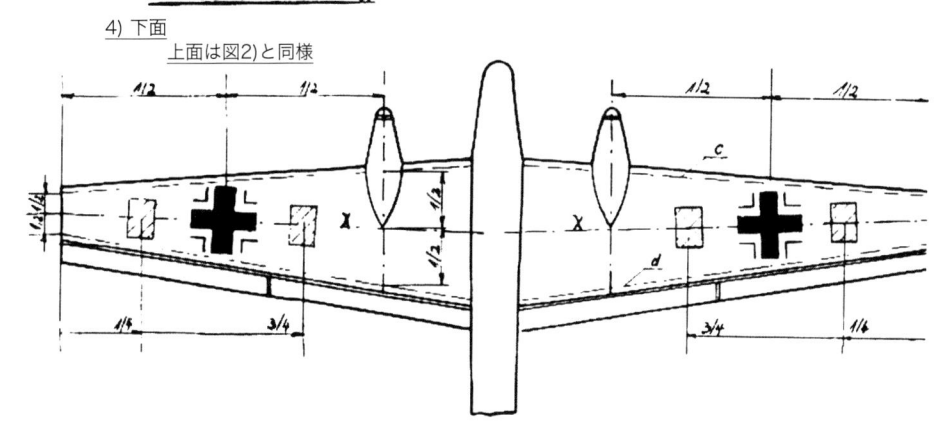

5) Rumpf beiderseits
5) 胴体両側面

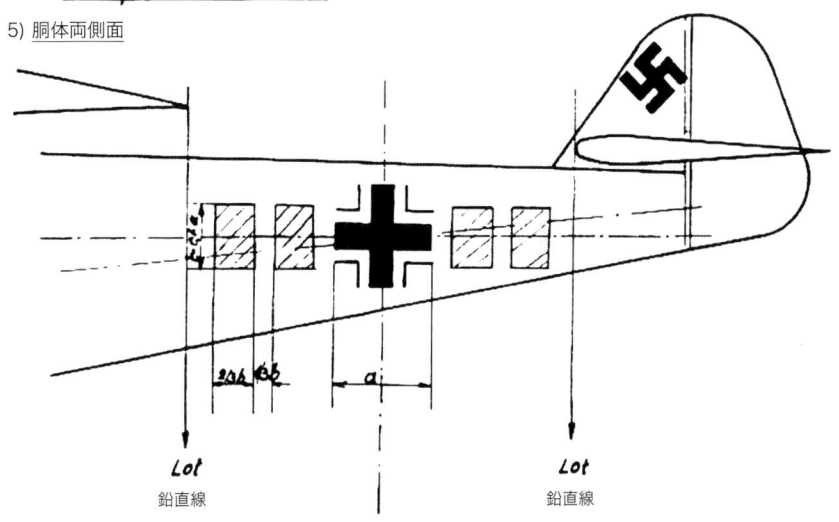

Lot
鉛直線

Lot
鉛直線

6.5. 標識－1943年時点

本節は『飛行機塗装工1944』から抜粋している（本文は正確に原版どおりに説明図で区分してある）：

登録および中隊標識

飛行機上の識別記号は活字体で施す。これは、数字か文字［アルファベット］かによらない。特に注意すべきは、辺幅を一定にすることである。字は、字高、字幅、線幅、および文字間間隔に留意する。字間は、一定の大きさに見えるように配分せねばならない。字間が不均一だと、字面が歪んでしまう。

文字C、E、F、J、およびLは小幅に書くものとし、これは、さもなくば広すぎるように見えるためである。MとWは意識して広くする。

字の比率：

字高	＝バルケンクロイツの大きさの6/10
字幅	＝バルケンクロイツの大きさの4/10
線幅	＝バルケンクロイツの大きさの1/10
字間	＝バルケンクロイツの大きさの2/10

字高の中線は、バルケンクロイツの中線である。中線は、胴体中心線ではなく飛行水平線と平行にする。翼の上面および下面においては、中線は飛行方向と直角にする。

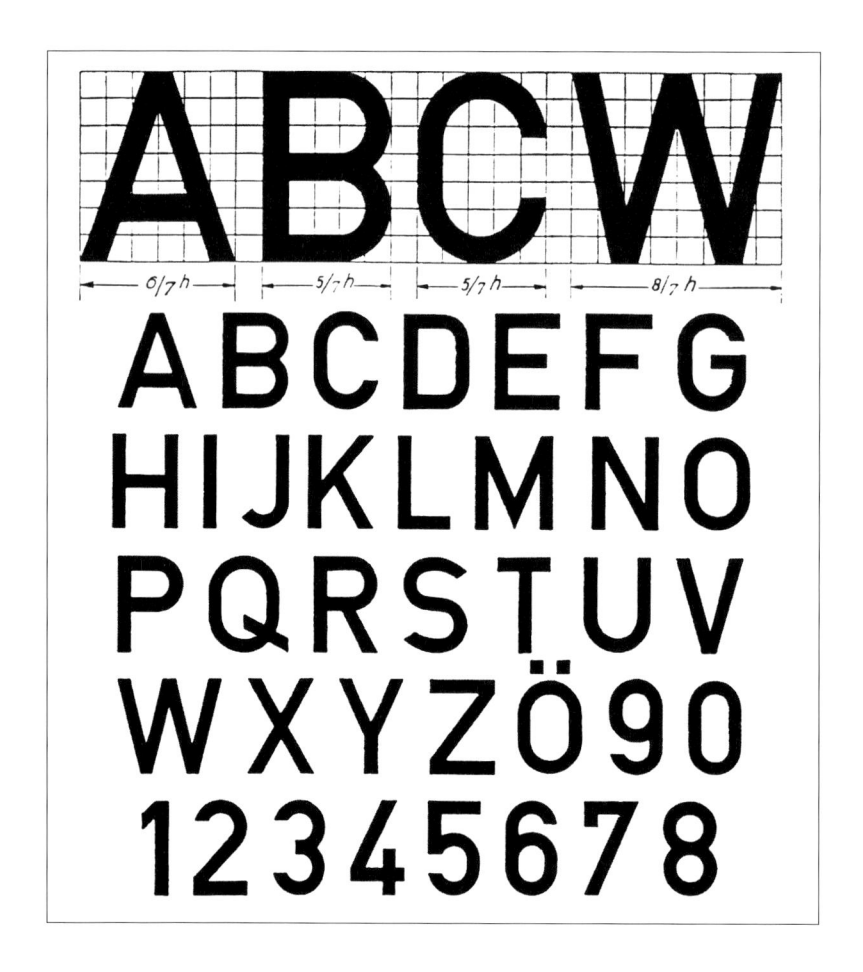

民間機の識別記号
例：D-ATUM
D　　　　　　　＝ドイツの国籍記号
A　　　　　　　＝飛行機が属する重量等級の識別文字。人数と操縦資格も示す。
ATUM　　　　　＝登録識別記号、航空警務の基準となる。

　国籍記号はハイフンで登録記号と分離する。登録記号は、ドイツの航空機にあっては、常に4文字で構成せねばならない。

垂直尾翼上のハーケンクロイツ
　国籍記号として、空軍のすべての飛行機はハーケンクロイツを表示する。ハーケンクロイツは垂直安定板上に配置し、双垂直尾翼にあっては両方の外面にそれぞれ配置する。

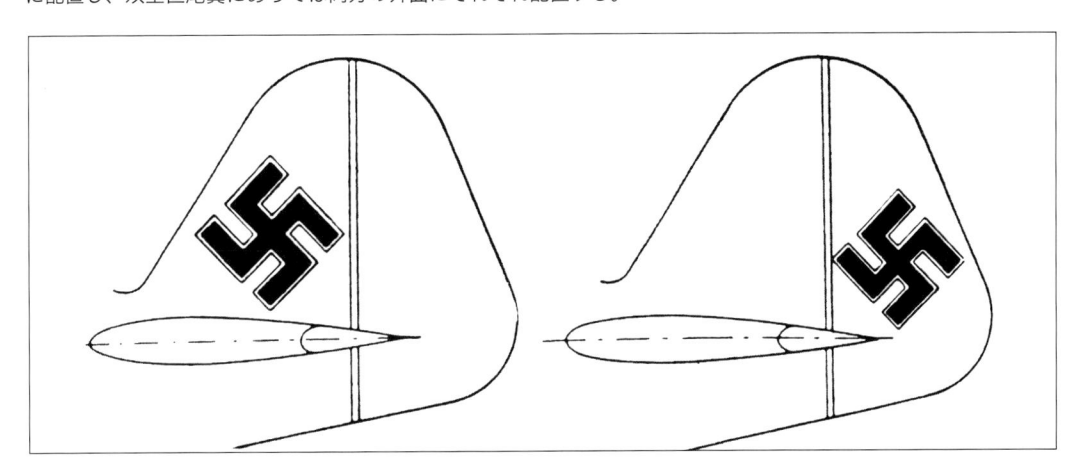

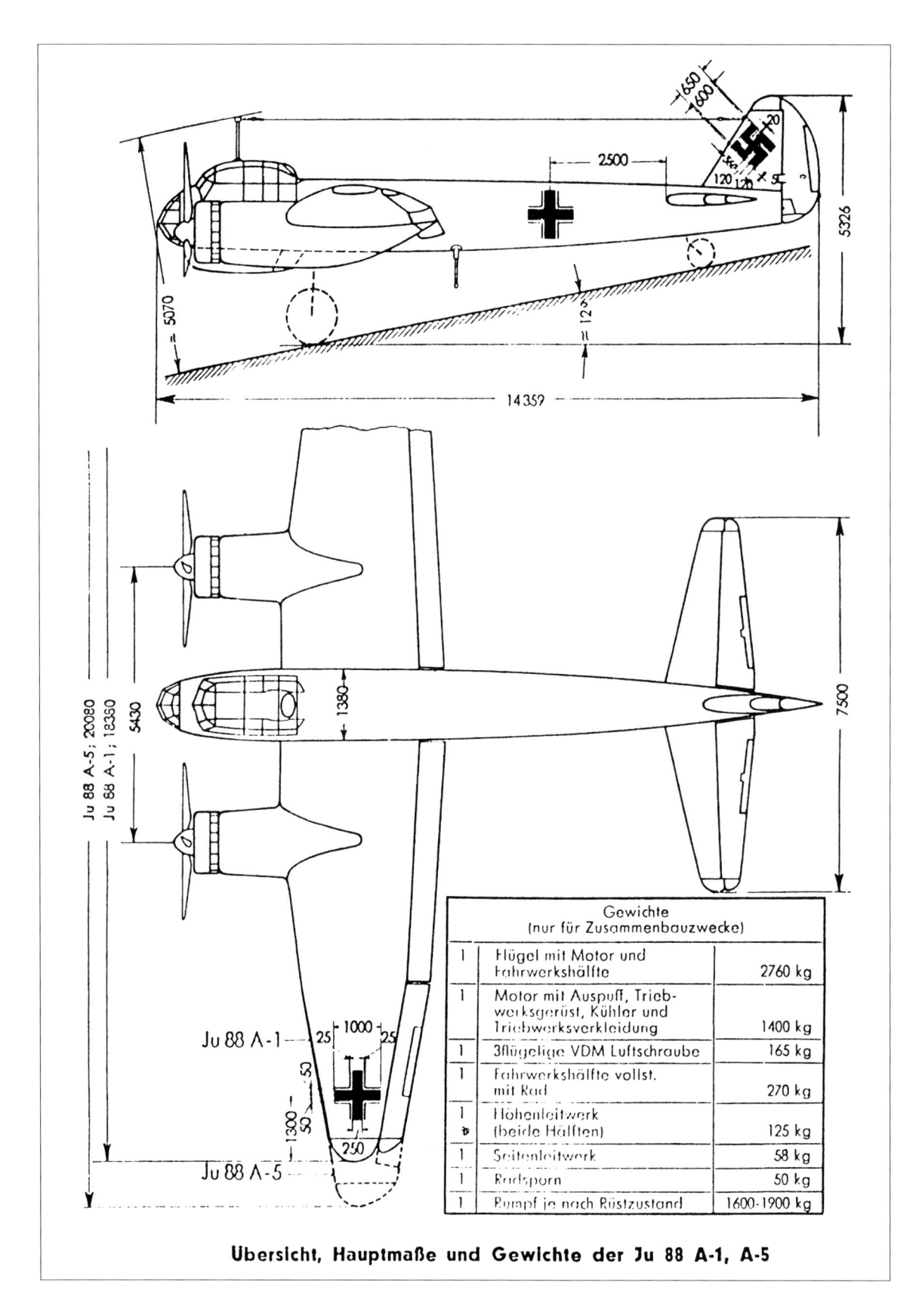

	Gewichte (nur für Zusammenbauzwecke)	
1	Flügel mit Motor und Fahrwerkshälfte	2760 kg
1	Motor mit Auspuff, Triebwerksgerüst, Kühler und Triebwerksverkleidung	1400 kg
1	3flügelige VDM Luftschraube	165 kg
1	Fahrwerkshälfte vollst. mit Rad	270 kg
1	Höhenleitwerk (beide Hälften)	125 kg
1	Seitenleitwerk	58 kg
1	Radsporn	50 kg
1	Rumpf je nach Rüstzustand	1600-1900 kg

Übersicht, Hauptmaße und Gewichte der Ju 88 A-1, A-5

ハーケンクロイツは白と黒の輪郭線で囲む（寸法比は下図参照）。

ハーケンクロイツの辺は45°傾斜している。ハーケンクロイツの辺で垂直尾翼前縁に最も近いものは、上方に開いている。

十字全体の大きさは、垂直尾翼で昇降舵よりも上位部分の最低4分の1に相当する。ハーケンクロイツは同一の正方形25個からなる正方形の上に描く。正方形の辺の5分の1が十字の太さとなる。辺幅の6分の1が白色の輪郭線で、白色輪郭線の4分の1が黒色の外縁である。輪郭線はともにハーケンクロイツの外部にある。

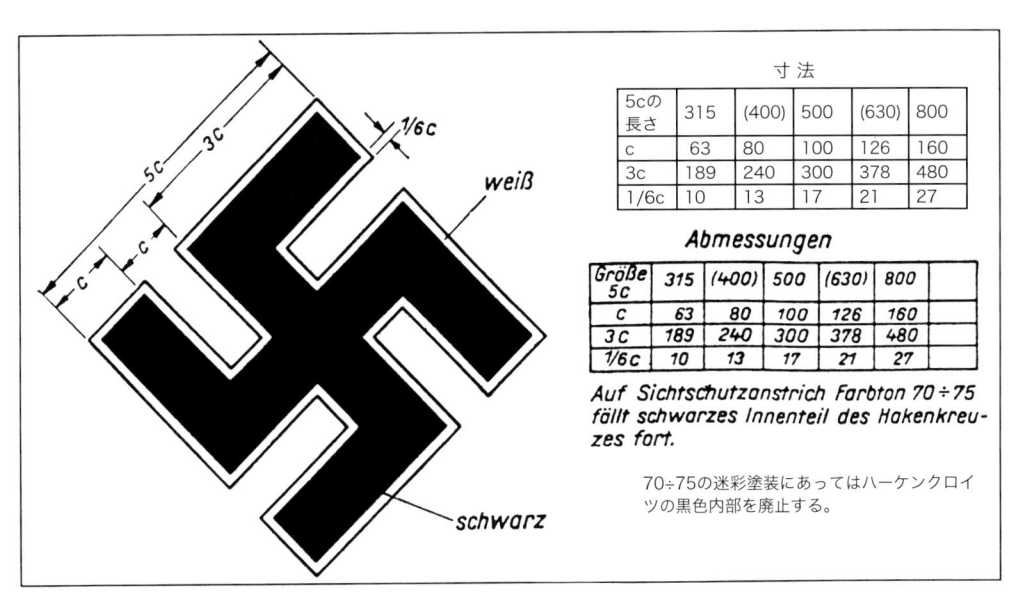

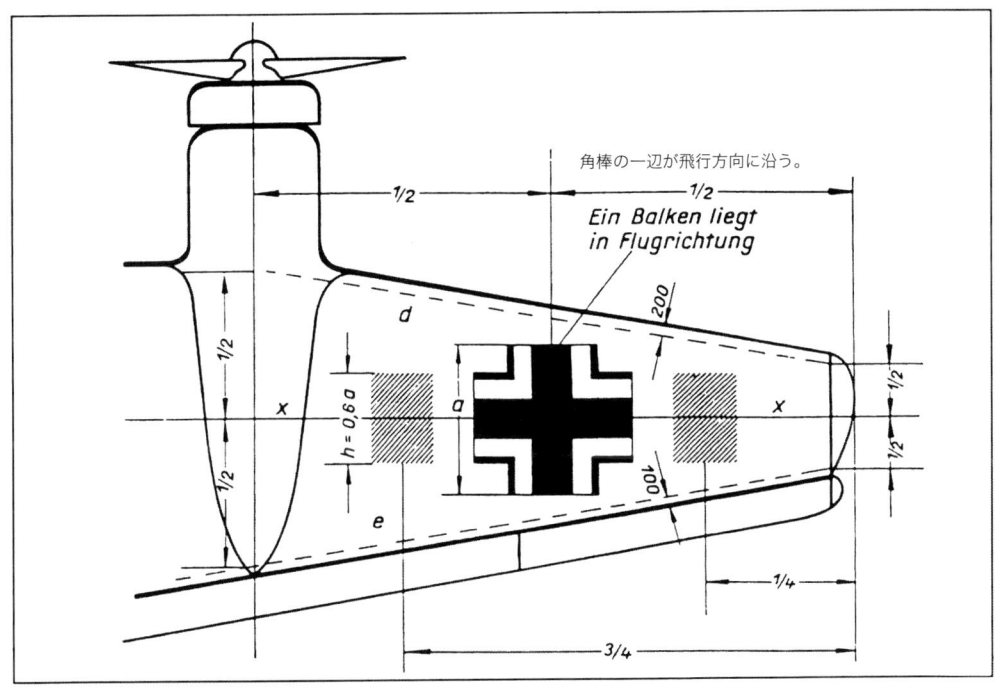

寸法

5cの長さ	315	(400)	500	(630)	800
c	63	80	100	126	160
3c	189	240	300	378	480
1/6c	10	13	17	21	27

Abmessungen

Größe 5c	315	(400)	500	(630)	800
c	63	80	100	126	160
3C	189	240	300	378	480
1/6c	10	13	17	21	27

Auf Sichtschutzanstrich Farbton 70÷75 fällt schwarzes Innenteil des Hakenkreuzes fort.

70÷75の迷彩塗装にあってはハーケンクロイツの黒色内部を廃止する。

角棒の一辺が飛行方向に沿う。

Ein Balken liegt in Flugrichtung

胴体および主翼上のバルケンクロイツ

1. 作戦用機の場合：

a) 主翼上面では、翼端から十字の中心まで2ｍ隔てる。最大外寸1ｍ。

b) 主翼下面、ただし複葉機にあっては下翼の下面で、胴体と翼端との中点。多発機にあっては、外舷の発動機と翼端との中点。最大寸法2ｍ。

c) 胴体上のバルケンクロイツは、胴体の全高で描く。円形胴体の飛行機にあっては、バルケンクロイツの高さは胴体外周の4分の1に相当し、最大2ｍとする。

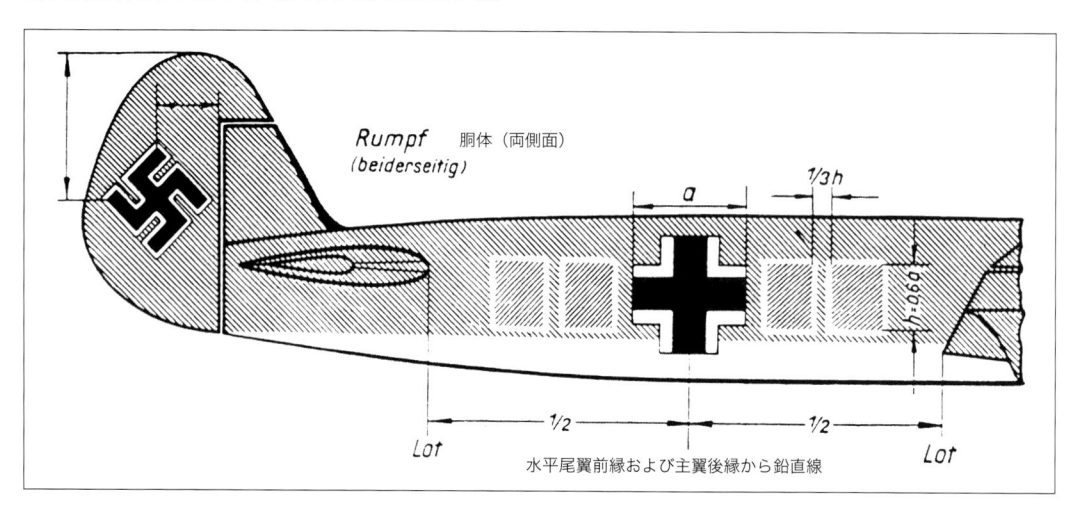

Rumpf (beiderseitig) 胴体（両側面）

水平尾翼前縁および主翼後縁から鉛直線

2. 前線機の場合：

a) 主翼上面、ただし複葉機にあっては上翼の上面で、上記1aと同様。

b) 主翼下面のバルケンクロイツは、胴体と翼端との中点に配す。

c) 前線機にあっては、胴体上のバルケンクロイツは上記1cと同様に配する。胴体両側面の、主翼後端と水平安定板前縁との中間に描くものとする。

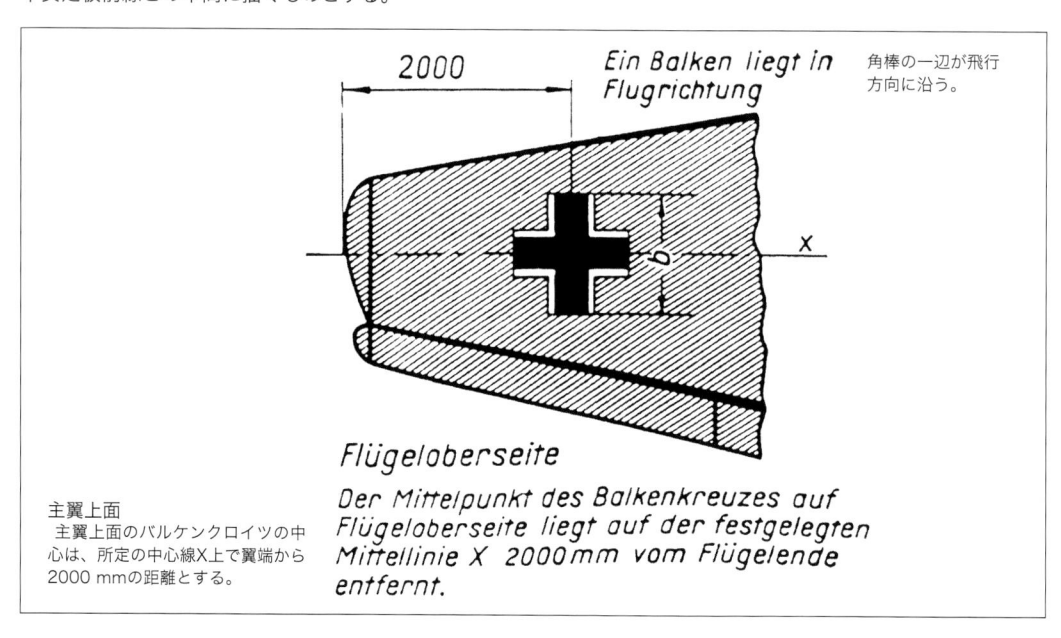

Ein Balken liegt in Flugrichtung 角棒の一辺が飛行方向に沿う。

Flügeloberseite
Der Mittelpunkt des Balkenkreuzes auf Flügeloberseite liegt auf der festgelegten Mittellinie X 2000mm vom Flügelende entfernt.

主翼上面
　主翼上面のバルケンクロイツの中心は、所定の中心線X上で翼端から2000 mmの距離とする。

142

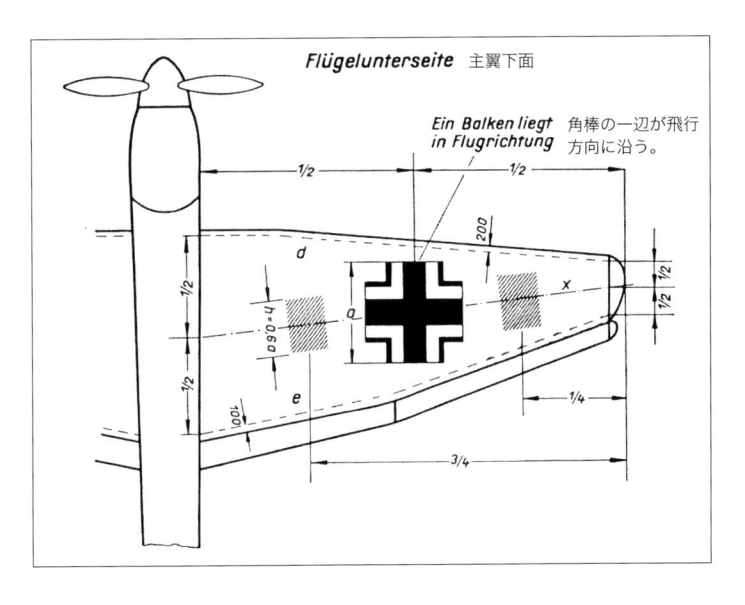

3. すべての軍用飛行機に共通:

a) 主翼の上下面、および胴体上において、十字の角棒(バルケン)の一辺は飛行方向に沿う。十字(クロイツ)は黒の色調で鮮明な白線とともに記す。

b) 胴体および主翼下面のバルケンクロイツの寸法は以下の如し:

  角棒長の1/4   = 黒色の十字の太さ
  角棒長の1/8   = 白色の線の太さ
  角棒長の1/32   = 黒色の輪郭線の太さ

c) 主翼上面のバルケンクロイツは、白色の線を狭くする。寸法は以下の如し:

  角棒長の1/4   = 黒色の十字の太さ
  角棒長の1/20   = 白色の線の太さ
  角棒長の1/32   = 黒色の輪郭線の太さ

143

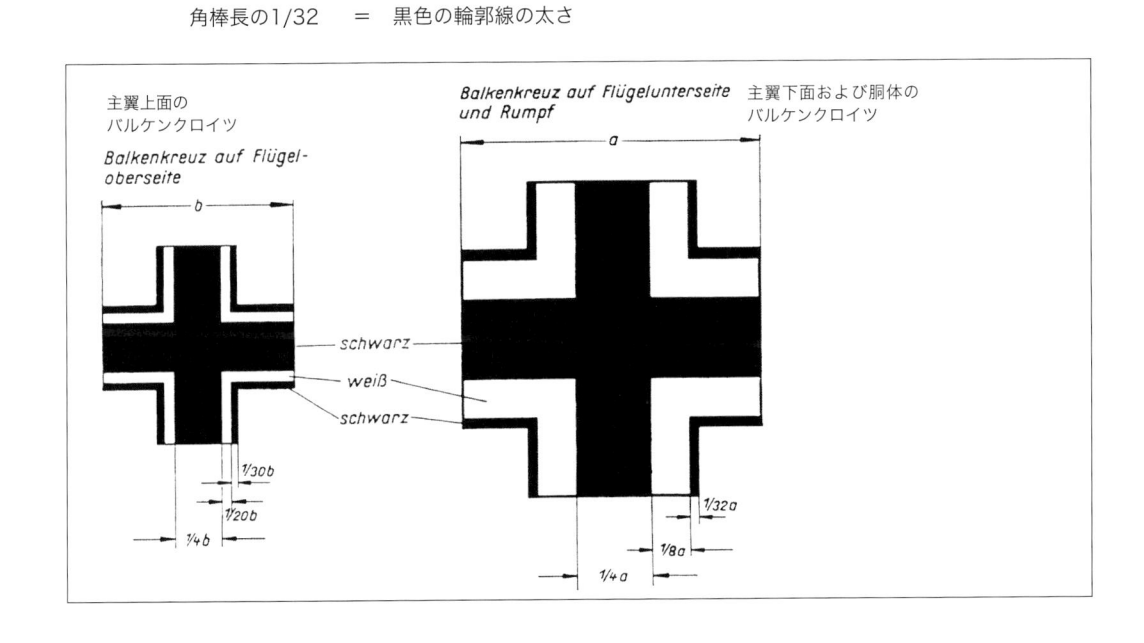

4. 作業時間を短縮するため、将来、新造機等に、修理施設で塗装の全面補修を行なう際には、主翼上面、胴体および尾翼に簡略化した国章をつける。

　　主翼下面のバルケンクロイツは、いかなる場合も変更せずにそのまま残す！

　　簡略化するのは、暗い迷彩色調（陸上機の色調70および71、水上機の72および73、戦闘機の74および75）の上にある国章で、より厳密には以下のものを廃止する：

　　a) バルケンクロイツの黒色外縁、

　　b) 国章の黒色内部；　もしも胴体上のバルケンクロイツの一部が明るい迷彩色調65または76の上にある場合には、白色の角形の内側の暗い色調（70から75まで）を延伸して、明るい色調の上を覆うようにする。

　　c) 尾翼のハーケンクロイツの黒色外縁は、下地の色調にかかわらず（TAGL参照番号：1 P 10 g第37/42参照）。

　　d) 文字や数字などの識別記号で、作戦用機および前線機の主翼上のものは廃止する。前線機の主翼下面には、3番目の文字をバルケンクロイツと翼端の中間に記す。作戦用機は識別記号の4文字すべてを主翼下面に記す。

〔訳注：バルケンクロイツの角形〔Winkel〕とは十字の周囲のL字形の部分をいう。〕

このJu 88 A-4は、胴体識別帯とエンジンナセル下部がRLM 04ゲルプ色だ。胴体下面の前半はRLM 65で再塗装したように見える。識別記号の3桁目の文字「C」を主翼下面にも塗装してあり、これは規程どおりだ。胴体黄帯上の「C」の色は、RLM 23ロートかRLM 25青かもしれない。（ミヒャエル・ウルマン）

その他の文字標記

1. 全体分解整備または部分分解整備した発動機の標識

　　a) 発動機はそれぞれ、部分分解整備（空軍の整備工場におけるもの、ならびに民間によるもの）のつど、黄色の正三角形（辺長15 mm）を1個づつ描き足すこととし、より厳密にいえば

　　　直列発動機はクランク室の左側面に、

　　　星形発動機は変速機室または覆の前部に描く。

この標識の上には、発動機の製造番号を標記する（字高40 mm）。

並列して描き足した三角形の数が、部分分解整備の実施回数を示す。

b) 第1回の全体分解整備の実施後に、黄色の三角形の上から吹付けて、その位置に赤色の三角形（辺長15 mm）を配すものとする。以後の部分分解整備のつど、また黄色の三角形を1個づつ追加するものとする。以後の全体分解整備のつど、黄色の三角形を消して、代わりに赤色の三角形を1個づつ描き足すこととする。これにより

全体分解整備の回数と

部分分解整備の回数とを示す。

2. 水平基点

飛行機のマーキング。製造会社が施したマーキング類（例えば赤で識別したリベット頭部）は、いかなる場合も他色を上から吹付けて隠蔽してはならない。飛行機塗装工は、これらマーキング類を文字標記で施さねばならない。

3. その他の文字標記

歩行可能面には、歩行禁止面と区別して10 mm幅の破線の外縁（線分長20 mm、間隔20 mm）を施さねばならない。区画内に太字の普通体（DIN 1451活字体）25 mm高で

「ココヲアルケ〔Nur hier betreten!〕」　とステンシルすること。

トリムタブ等、敏感な部分には、

「サワルナ〔Nicht anfassen!〕」　の注記を施すこと。

クイックファスナー〔Schnellverschluß〕は、一般に飛行方向の赤線1本を標識としてつける。赤線は、クイックファスナーの左右1 cmにはみ出るように引く。

4. 戦時の特別標識

戦争期間中は、すべての軍用飛行機が特別標識を用い、敵が飛行中の部隊とその勢力を判別するのを妨害する。

平時にあっては、各将兵が飛行機の標識から一連の情報、すなわち航空管区、航空団、飛行隊、および中隊番号を知り得たが、戦時にあっては同標識を塗覆して文字に置換し、あわせて秘匿する。黄色の翼端、黄色または白色の胴体帯は、これに適合する。戦時の標識として、撃墜機数または撃沈隻数を方向舵に描いて周知せしめる。

これまで見てきたように、ハーケンクロイツとバルケンクロイツには多くの変種があった。

1944年8月15日の一括通達2号は、より一層の簡略化を命じている：

国章

現況を鑑みるに、簡素化、節約対策等に関する諸訓令にもかかわらず、バルケンクロイツおよびハーケンクロイツをいまだに旧来の様式で塗装している。

バルケンクロイツは角形のみ、ハーケンクロイツは黒色部または白色外縁のいずれかのみを描くものとし、より厳密にいえば

明色の色調76および21上では

バルケンクロイツの黒色角形と

黒色のハーケンクロイツのみ、

暗色の色調72、73、75、81、82、83上では

バルケンクロイツの白色角形と

ハーケンクロイツの白色外縁のみである。

本規程は転写像または押捺像の使用にも適用し、在庫はすべからく消化すべし。ただし将来の発注は、上記に沿って行なう。色調22の夜間迷彩にあっては、色調21に代えて角形および外縁に色調77グラウを用いる（L.Dv 512/1の18ページ参照）。

節約委員に本警告を知らしめる。

上に抜萃した一括通達は特におもしろく、空軍の飛行機のマーキング全体の変更を目指している。きわめて手の込んだ標識から、大戦末期の数カ月にはごく簡素なものにまでなってしまった。

ドイツ軍のマーキングをつけたフィアットCR 42。RLM 02/71/65による標準外の迷彩で塗装してある。胴体の帯はRLM 04ゲルプだ。バルケンクロイツとハーケンクロイツは簡略型。（ヨーゼフ・ヴァハター）

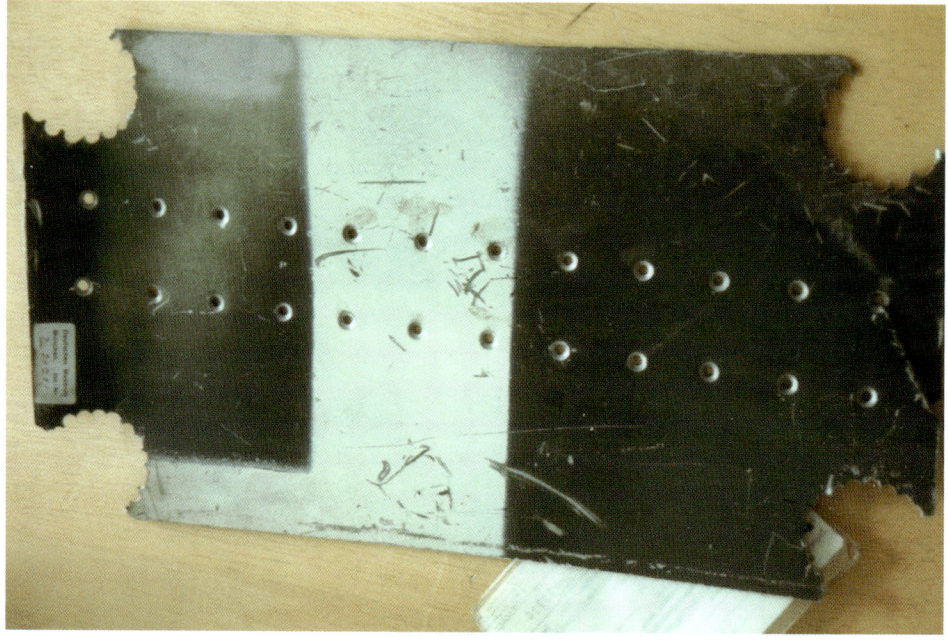

ドイツ博物館所蔵のMe 262外板で、今日でも当時の状態のままで収蔵庫に保管してある。胴体のバルケンクロイツはステンシルを用いて吹付けてあり、境界線の一部がぼやけている。（ミヒャエル・ウルマン）

6.6. 軽戦闘部隊の飛行機の標識－1938年時点

空軍参謀本部が1937年12月14日に文書符号Fl.In 3第730/37 IIとして以下の令達を発している：

〔訳注：Fl.In 3はFliegerinspektion 3〔第3飛行監部〕の略。〕

   軽戦闘部隊の飛行機の標識
    軽戦闘機の標識に関するあらゆる令達を破棄し、以下の標識をただちに適用する：

   標識の表示
    国章（バルケンクロイツおよびハーケンクロイツ）は従来と同様。
    標識は胴体の両側面のみに表示する。この際に統一性のある飛行機の外観を保つため、添付に記述した寸法と位置指定を厳守すべし。

   中隊機の序列と編制

   中隊機の標識：

  a) 中隊機（予備機を含む）はアラビア数字の1から12までを表示し、より厳密にいえば
   第1、第4、および第7中隊は白色で外縁なし、
   第2、第5、および第8中隊は赤色で白色外縁つき、
   第3、第6、および第9中隊は黄褐〔Lehmgelb〕色で黒色外縁つきとする。
  （筆者注：白＝RLM 21、赤＝RLM 23、黄褐＝RLM 04）
  b) 飛行隊および飛行隊本部の標識。
   航空団の第I飛行隊は飛行隊標識を表示しない。
   第II飛行隊は水平の角棒1本をバルケンクロイツ後方にそれぞれの中隊色と外縁で。
   第III飛行隊は垂直の角棒1本を同様に中隊色と外縁で。
   飛行隊長機は、数字に代えて三角形つきの山型模様を1個、黒色で白色外縁をつけて表示する。飛行隊記号（第Iは記号なし、第IIは水平角棒、第IIIは垂直角棒）は同様に黒色で白色外縁つき。
   飛行隊本部の三機編隊列機〔Kettenglieder〕はともに飛行隊長機に準じて標識をつけるが、山型模様のみで三角形は表示しない。
  c) 航空団章および航空団本部の3機の標識。
   航空団の標識には、250-300 mm大の場所（略図参照）を指定する。この領域内に個別の航空団章を表示する。航空団司令と独立飛行隊長はこの部隊章に関する申請を1938年2月1日までに提出すべし。記入は、まず国家航空大臣兼空軍最高司令官の許可を得たうえで、実施する。上述の250-300 mmの寸法は厳守すべし。
   航空団司令機は矢印1本を表示し、その角棒を尾翼前部に向けて後方に伸ばす。色彩は黒で白縁つき。
   三機編隊列機はともに先端が尖った角棒のみを表示し、矢先は用いない。色彩は黒で白縁つき。

   これらの部隊標識の実施は飛行機型式Bf 109のみを対象とする。型式He 51およびアラド68の標記変更は不要で、これはBf 109の配備ともにこれらの型式が退役するからである。
   重戦闘機については、しかるべき時期に新たな指示を出す。

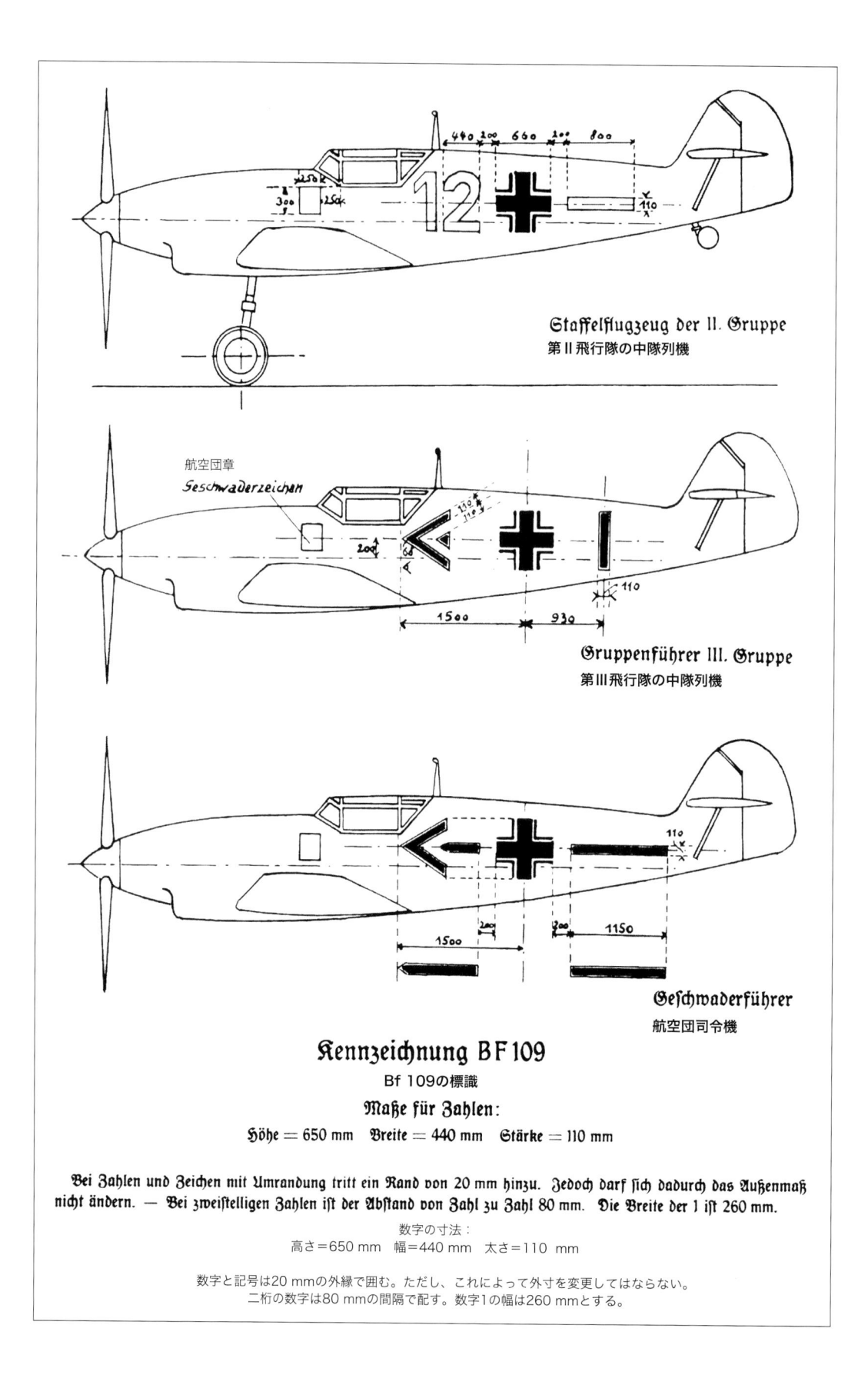

Staffelflugzeug der II. Gruppe
第II飛行隊の中隊列機

航空団章
Geschwaderzeichen

Gruppenführer III. Gruppe
第III飛行隊の中隊列機

Geschwaderführer
航空団司令機

Kennzeichnung BF 109
Bf 109の標識

Maße für Zahlen:
Höhe = 650 mm Breite = 440 mm Stärke = 110 mm

Bei Zahlen und Zeichen mit Umrandung tritt ein Rand von 20 mm hinzu. Jedoch darf sich dadurch das Außenmaß nicht ändern. — Bei zweistelligen Zahlen ist der Abstand von Zahl zu Zahl 80 mm. Die Breite der 1 ist 260 mm.

数字の寸法：
高さ＝650 mm 幅＝440 mm 太さ＝110 mm

数字と記号は20 mmの外縁で囲む。ただし、これによって外寸を変更してはならない。
二桁の数字は80 mmの間隔で配す。数字1の幅は260 mmとする。

6.7. 攻撃および高速爆撃部隊の飛行機の標識
   －1943年時点

I. 標識の表示
　国章（バルケンクロイツおよびハーケンクロイツ）は従来と同様。

II. 中隊機の序列と編制

a) 中隊機の標識：
　中隊機はラテン文字［アルファベット］のAからZまでを表示し、より厳密にいえば
　第1、第5、および第9中隊は白色、
　第2、第6、および第10中隊は黒色、
　第3、第7、および第11中隊は黄褐色、
　第4、第8、および第12中隊は青色とする。
　［筆者注：白＝RLM 21、黒＝RLM 22、黄褐＝RLM 04、青＝RLM 24］

b) 飛行隊および飛行隊本部の標識：
　航空団の第I飛行隊は飛行隊標識を表示せず、
　第II飛行隊は水平の角棒1本をバルケンクロイツ後方にそれぞれの中隊色で、
　第III飛行隊は垂直の角棒1本を同様に中隊色で。
　飛行隊長機は、文字に代えて三角形つきの山型模様を1個、黒色で白色外縁をつけて表示する。飛行隊記号（第Iは記号なし、第IIは水平角棒、第IIIは垂直角棒）は同様に黒色で白色外縁つき。
　飛行隊本部のその他の飛行機は飛行隊長機に準じて標識をつけるが、山型模様のみで三角形は表示しない。

c) 航空団司令および航空団本部機の標識：
　航空団司令機は矢印1本を表示し、その角棒を尾翼前部に向けて後方に伸ばす。色彩は黒で白縁つき。航空団本部のその他の飛行機は先端が尖った角棒のみを表示し、矢先は用いない。色彩は黒で白縁つき。

d) 従来の航空団章および攻撃飛行隊三角章は廃止する。

　Bf 109とFw 190の標識表示の寸法と種類は、Fw 190の新標識をバルケンクロイツからの距離と大きさでBf 109と同様に記入する。

150

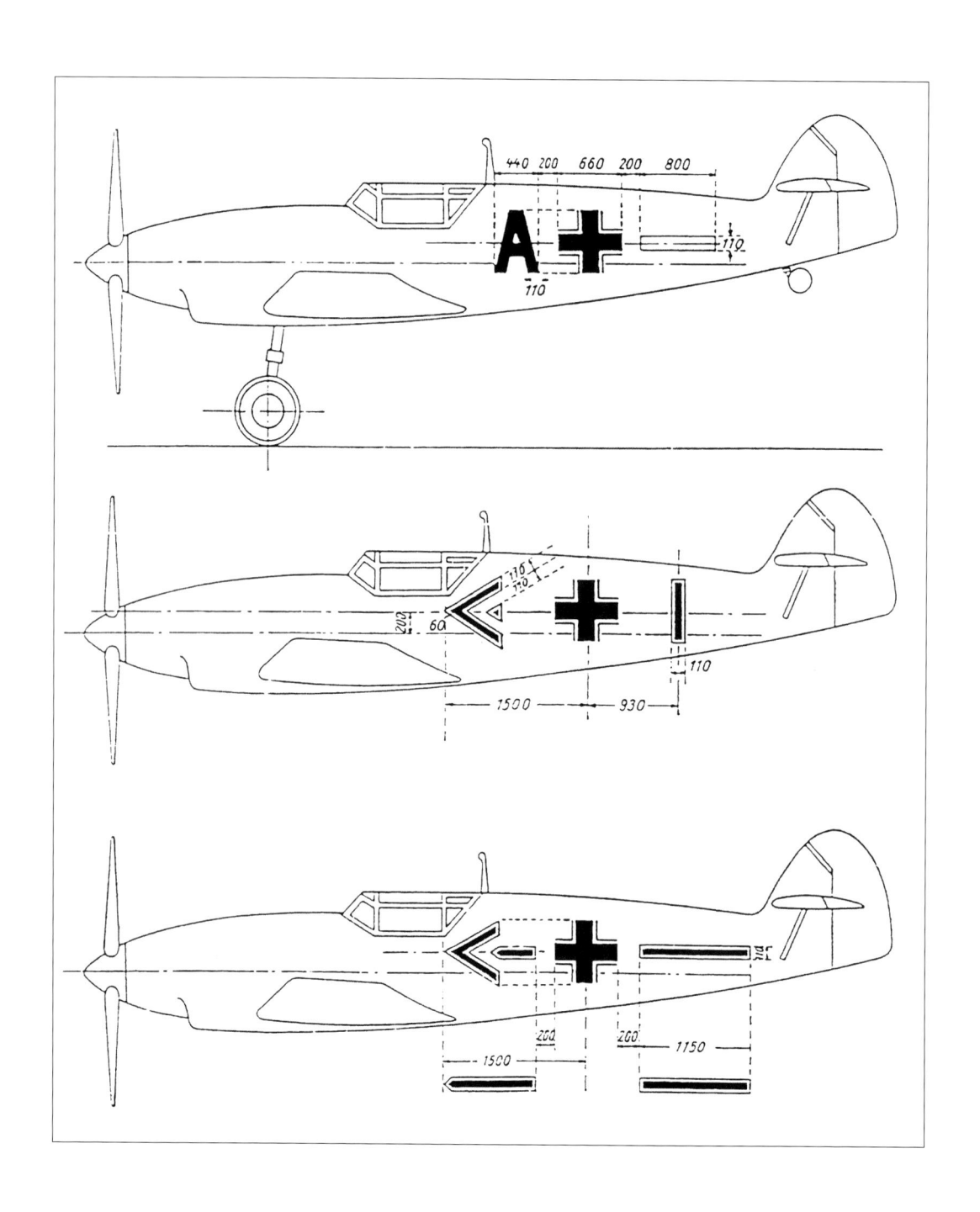

6.8. 飛行標識の変更－1943年時

B.L.B. 1938, S. 4の第7号第II節に定める飛行機標識に関する規定を以下の如く変更する：

II. 部隊標識の序列と編制
a) 中隊機（予備機を含む）はアラビア数字の1から16までを表示し、より厳密にいえば：
各飛行隊の第1中隊は白色で
各飛行隊の第2中隊は黒色で
各飛行隊の第3中隊は黄褐色で
各飛行隊の第4中隊は青色で白色外縁つきとする。
（筆者注：白＝RLM 21、黒＝RLM 22、黄褐＝RLM 04、青＝RLM 24）
b) 飛行隊および飛行隊本部の標識：
第I飛行隊：　飛行隊標識なし、
第II飛行隊：　水平の角棒1本をバルケンクロイツ後方に各中隊色で、
第III飛行隊：　垂直の角棒1本を中隊色で、
第IV飛行隊：　波線〔Schlangenlinie〕1本を中隊色で外縁つきとする。
飛行隊長機は、数字の代わり三角形つきの山型模様を1個、黒色で白色外縁をつけ、あわせて飛行隊記号（第Iは記号なし、第IIは水平角棒、第IIIは垂直角棒、第IVは波線）を同様に黒色で白色外縁つきで表示する。
飛行隊本部の三機編隊列機はともに飛行隊長機に準じて標識をつけるが、山型模様のみで三角形は表示しない。
c) 航空団司令機の標識…

その他は、6.7.節の『攻撃および高速爆撃部隊の飛行機の標識、1943年時点』と同様。

〔訳注：B.L.B.は特別空軍規程〔Besondere Luftwaffen-Bestimmungen〕の略の可能性があるが確認できていない。〕

ドイツ博物館所蔵のMe 262外板。機番号の一部が見える。番号「3」は白で、黄の輪郭は筆で塗ってある。（ミヒャエル・ウルマン）

6.9. 滑空機の標識と許可－1943年

　文書符号38 p 48第1800/43（Gen.Qu.2.Abt./II A/LB 2 II）により国家航空大臣兼空軍最高司令官が以下の指示を令達している：

　　　1. 滑空機（総称）はアルファベット4文字からなる識別記号（登録記号）を表示する。各2文字の間に、空軍の滑空機はバルケンクロイツを、民間航空の滑空機はハイフンを表示し、例えば
　　　　　空軍　　　XY + AB
　　　　　民間　　　TZ - XR
　　　民間航空の滑空機の追加標識としてのドイツ国籍記号「D」は、戦時のドイツ本土および占領地内の運用において省略する。

　　　2. 空軍および民間航空の滑空機（後者は戦時のドイツ本土および占領地内の運用について）で、滑空機製造規程〔BVS=Bauvorschriften für Segelflugzeuge〕に基づく強度要求分類（Bgr.=Beanspruchungsgruppe）2以下に属するものは、一様に国章として方向舵に黒のハーケンクロイツを表示する。

　　　3. 新たな識別記号（登録記号）は、動力飛行機と同様にベルリン＝アードラスホーフのR.d.L. u. O.d.L.航空機検査場/LB 2が交付し、当該検査場は滑空機登録原簿も管理する。

　　　4. R.d.L. u. O.d.L.航空機検査場/LB 2は、識別記号の変更および免許手続に必要な指示を公布する。航空運送に関する政令の変更は、当面差し控える。

　　　5. 本令達は1943年7月1日に発効する。
　　　抵触する令達はこれをもって失効する。

6.10. 衛生飛行機の標識－1941年

『飛行機塗装工1944』は衛生飛行機の標識について1941年版のL.Dv. 521/1に準拠して以下を詳説している：

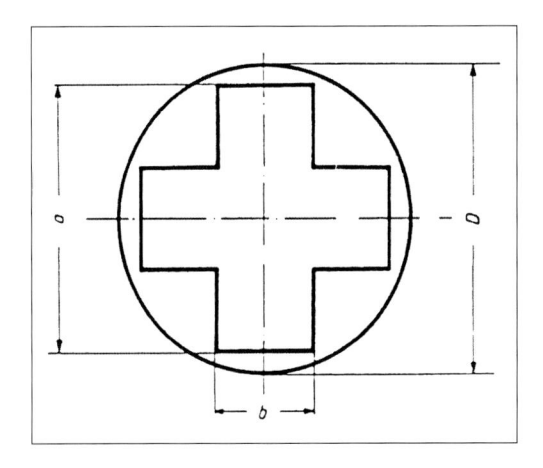

L.Dv. 521/1に従い、衛生飛行機は以下の通り標識を施すものとする：

a) 飛行機は、型式に応じた所定の迷彩塗装を保持する。
b) 方向舵の国章（ハーケンクロイツ）を前線機と同様に残す。
c) 主翼上および胴体上のバルケンクロイツに代えて、赤十字を白円の上に塗る。

比率は、円の直径（D）：赤十字の角棒長（a）：角棒幅（b）＝D：a：b＝7：6：2である。

以下の寸法のみを適用するものとする：

D =	52	70	87	105	122	140	157	175	192	210
a =	45	60	75	90	105	120	135	150	165	180
b =	15	20	25	30	35	40	45	50	55	60

寸法数字はすべてcm。

白円の直径は、上記の寸法のから（前線機の）バルケンクロイツの周囲に描けるものを選ぶ。ついで、赤十字を描き入れる。

使用する飛行塗料は
吹付工程の場合　　　7160.21と7160.23
刷毛塗り工程の場合　7164.21と7164.23。

6.11. 移送標識

6.11.1. 移送標識－1937年時点

　工場等から部隊までの移送中に飛行機が暫定表示する移送標識〔Überführungskennzeichnung〕について、以下の政令を1937年9月28日に国家航空大臣兼空軍最高司令官が公布している。その本文をここに完全収録する：

　移送飛行後のD識別記号を自由に申告できなかった、あるいはD許可証を訂正できなかったという問題が、飛行機に軍用標識を付した際に生じている。さらには、製造会社の工場実験用または輸出用飛行機の識別記号が、便宜上、暫定許可をうけたのみで、完全なドイツの識別記号が不備であったという問題も生じている。

　よって以下の規制を適用する：
　1937年10月1日以降、飛行機で、いまだ登録記号がなく、製造会社または修理工場から空軍基地に移送すべきものは、移送飛行用にドイツ軍用標識を施し、これを目的地到着後に除去して部隊標識（バルケンクロイツと番号）で置換する。
　登録記号とともに、旗を垂直尾翼に、軍用飛行機に関して発令した決定に従って表示するものとする。

I. 移送標識の様式と表示

　移送標識はアルファベット4文字からなり、下記の略図に従って主翼下面、ただし複葉機にあっては下翼の下面のみ、に表示する。
　文字の寸法と間隔は、当該機の民間識別記号（航空運送法、1936年8月21日付国家法律公報参照）と同様とする。
　これに加えて飛行機は、バルケンクロイツを所定の寸法、様式および色彩で所定の位置（胴体の両側面および主翼の上下面、ただし複葉機にあっては上翼の上面と下翼の下面）に表示する。旗を垂直尾翼の両面に表示する必要がある。移送標識の塗料は黒で洗滌除去可能であらねばならず、バルケンクロイツの塗料は黒で洗滌除去不能とする。

II. 有効期間

　移送標識は移送飛行の期間中に限って有効である。飛行機が目的地に到着後、即座に洗滌除去するものとする。飛行機を受領した部隊は、受領後3日以内に製造会社の工場監督に、移送標識が他機に自由に使用可能となった旨を通知する。

III. 運航規則

　移送標識を付した飛行機に対しては、軍用標識を付した飛行機と同一の運航規則を適用する。

IV. 無線通信

　移送標識を付した飛行機の無線通信に対しては、軍用標識を付した飛行機と同一の規則を適用する。呼出符号〔Rufzeichen＝コールサイン〕には移送標識を用いることとし、文字Dを接頭する（例：移送標識‐PABA‐、呼出符号DPABA）。このように組成した呼出符号を、暫定免許ではない飛行機および民間識別記号の飛行機の呼出符号から区別するため、「D」に続く最初の文字は母音（A、E、I、O、U）ではなく、常に子音のみを用いる。

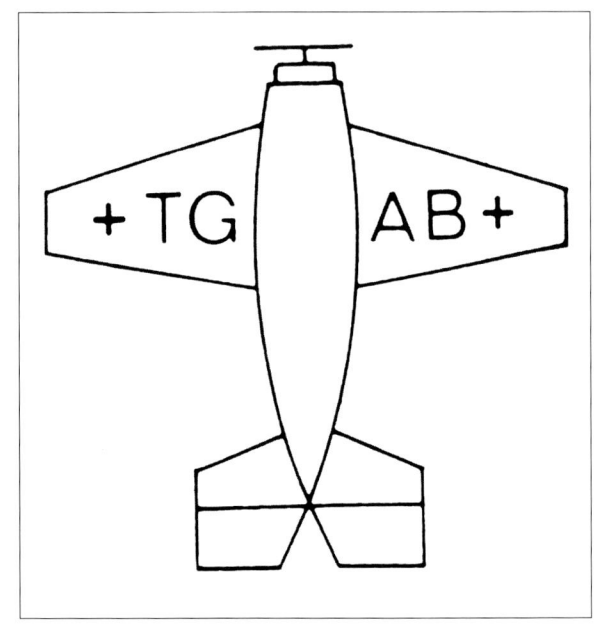

6.11.2. 移送標識－1939年時点

空軍機の移送標識は、1939年2月20日付の空軍官報第9号をもって変更された。国家航空大臣兼空軍最高司令官が公布している。その本文をここに完全収録する：

    軍用飛行機の移送標識：
    軍用飛行機の移送標識に関する訓令1937年9月23日付L.C. II第1045/37 II8および1937年9月25日付文書符号38 p 48 L.B. II, 4第4909/37ならびに航空省の一部の部署のみに通牒した訓令1939年1月16日付文書符号38 e 45 L.C. 3第195/39(3V)を廃止し、以下を規定する：

    I. 総則
    飛行機で、いまだ最終の軍用標識を有せぬものは、製造工場、修理工場、航空兵器廠または航空集積処から空軍基地への移送飛行用に特別の移送標識を付し、これを目的地到着後に除去して軍用標識（バルケンクロイツと番号またはWLとアルファベット4文字）で置換する。
    登録記号とともに、主翼下面（複葉機は下翼の下面のみ）および胴体両側面にバルケンクロイツを所定の寸法、様式および色彩で表示するものとする。これに加えて、垂直尾翼にハーケンクロイツを、空軍に対して発令した決定に従って標記するものとする。

    II. 移送標識の様式と標記
    移送標識はアルファベット4文字からなり、下記の略図に従って主翼下面（複葉機は下翼の下面のみ）および胴体両側面に標記する。
    文字の寸法、間隔および色彩は、航空運送に関する1936年8月21日付の政令（国家法律公報1936第1部675および691ページ、またはR. f. L. 1936の638および657ページ）の添付1の第4節を適用する。

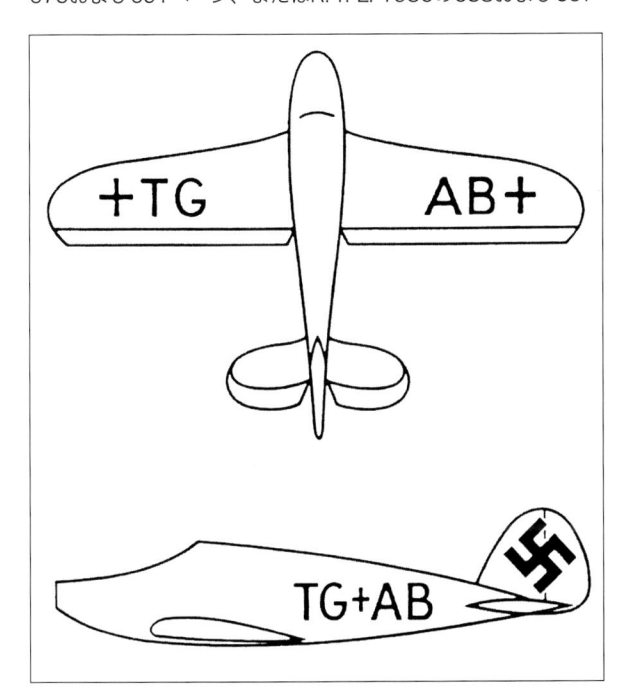

    移送標識の塗料は洗滌除去可能であらねばならず、バルケンクロイツは、武器を装備した飛行機には洗滌除去不能塗料で、その他の全飛行機には洗滌除去可能塗料で表示するものとする。

III. 有効期間

移送標識は移送飛行の期間中に限って有効である。飛行機が目的地に到着後、即座に洗滌除去するものとする。飛行機を受領した部隊は、受領後3日以内に製造工場の工場監督もしくは航空兵器廠または航空集積処に、移送標識が他機に自由に使用可能となった旨を通知する。

IV. 運航規則

移送標識を付した飛行機に対しては、空軍基地への移送飛行にあたり、軍用標識を付した飛行機と同一の運航規則を適用する。

V. 無線通信

移送標識を付した飛行機の無線通信に対しては、軍用標識を付した飛行機と同一の規則を適用する。呼出符号には移送標識を用いることとし、文字Dを接頭する（例：移送標識「+TGAB+」、呼出符号「DTGAB」）。このように組成した呼出符号を、民間識別記号の飛行機の呼出符号から区別するため、「D」に続く最初の文字は母音（A、E、I、O、U、Y）ではなく、常に子音のみを用いる。

VI. 移送標識の交付

移送標識は、航空省 L. B. II 8から工場監督、航空兵器廠および航空集積処に割当てる。識別記号の交付をこれらの部署で帳簿に記録し、ある日時に識別記号をどの飛行機に付したのか、誰が移送を実行したのかを常に確認可能なようにしておく。民間識別記号は、製造工場が（工場監督の副署のもとに）現在でも交付申請できるが、飛行機が当該標識を実際に保持し、以後も軍用標識を付すことがないと確定している場合に限る。工場監督に従来割当てた移送標識は、そのまま残る。航空兵器廠および航空集積処に対する移送標識は、特別訓令により割当てる。

RLM 74/75/76で迷彩し、移送標識をつけたFw 190 A-4。（ミヒャエル・ウルマン）

6.11.3. 移送標識の廃止－1944年

前述の移送標識は標準として大戦中も残った。1944年7月1日付の一括通達1号で、以下の変更を導入している：

移送標識の廃止
　　従来の標識で、飛行機胴体上の洗滌除去可能塗料による黒または白の文字からなるものは、ただちに廃止する。これに代えて垂直尾翼の両面上に、何も付記しない製造番号、すなわち数字のみを塗ることとする。色調22または21、飛行塗料7160または7164または7165。数字高は25 cmとするが、必要に応じ、例えばハーケンクロイツの邪魔になる場合には、小さくしてもよい。

大戦末期に製造した飛行機の垂直尾翼に大きな一連番号が出現したのは、この一括通達による命令が原因だ。

6.12.　本土防空の識別帯－1945年

本土防空〔Reichsluftverteidigung〕の目的で、航空省は1945年2月20日に識別帯を導入した。これにより本土防衛〔Reichsverteidigung〕部隊を識別できるようになった。帯全体は900 mmの幅で、これを450 mmに二等分または300 mmに三等分した。以下の色の組合せは、戦闘航空団の固有の識別帯として確認できているものだ：

JG 1	赤
JG 2	黄／白／黄
JG 3	白
JG 4	黒／白／黒
JG 5	黒／黄
JG 6	赤／白／赤
JG 7	青／赤
JG 11	黄
JG 26	黒／白
JG 27	緑
JG 51	緑／白／緑
JG 52	赤／白
JG 53	黒
JG 54	青
JG 77	白／緑
JG 300	青／白／青
JG 301	黄／赤

最近の研究によると、別の様式の本土防衛帯〔Reichsverteidigungsband〕が存在したらしい。これは格子縞の帯で、上表の組合せよりも多数の航空団が存在したことから推論したものだ。この格子縞帯は、産業防衛飛行中隊〔Industrieschutzstaffel〕に割当てたという。資料がないため、いまだ解明に至っていない。

もうひとつ仮説があって、筆者は、多分これが実情だったのだろうと見ている。格子縞の帯は爆撃航空団に割当てたのではないかという仮説だ。これもまた、解明に必要な資料がない。ただし、緑と白の格子縞の胴体帯の機がIII./KG(J) 54〔第54（戦闘）爆撃航空団第III飛行隊〕に所属していたことは判明している。括弧内のJは戦闘〔Jagd〕の略だ。大戦の終局においては、可動機をかきあつめて戦闘部隊〔Jagdverband〕を編成したので、なぜ胴体帯の様式に多数の変種があったのか説明がつく。従来の帯だけでは足りなかったのだ。

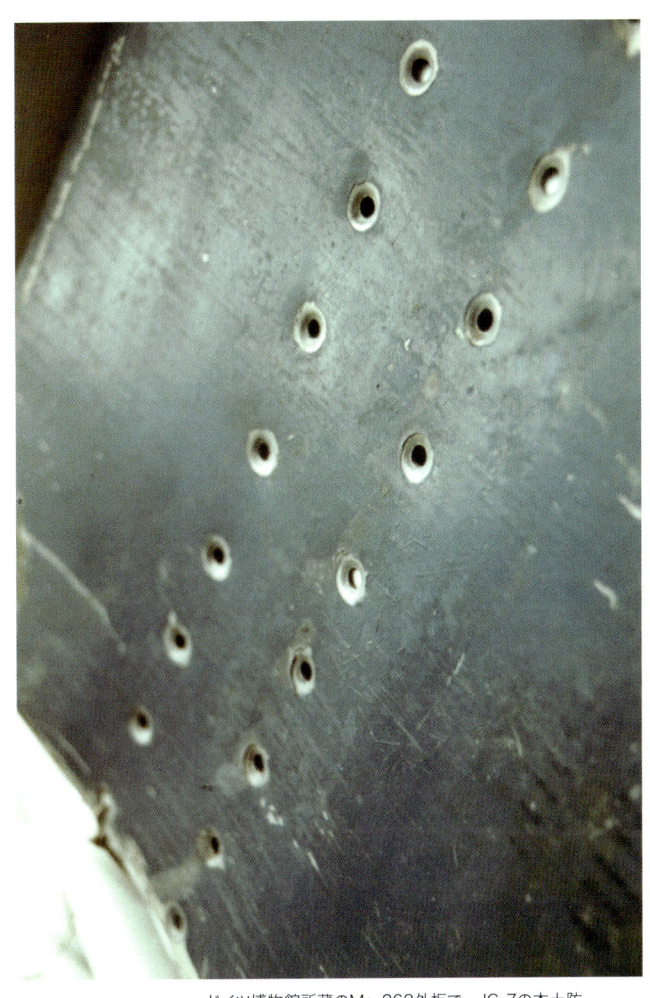

ドイツ博物館所蔵のMe 262外板で、JG 7の本土防衛識別帯（青／赤）の一部だ。識別帯は刷毛塗りで、RLM 24青の塗料は注記のステンシルがかろうじて隠れる程度なことがわかる。（ミヒャエル・ウルマン）

7. 規程類と公式書類　Vorschriften und amtlichen Dokumenten

<u>B. 要綱</u>

適切な飛行機塗料の開発に関して。　+)

+) DVLが設ける要綱と併用

B部の内容。

- I. 総則
    - a) 原則
    - b) 塗料に関する総則
        - α) 組成
        - β) 処方
        - γ) 色調
- II. 塗料の種類
    - a) 空気乾燥塗料
    - b) 焼付塗料
    - c) 高熱吹付塗料
- III. 施行性
    - a) 材料の準備
    - b) 保存性
    - c) 作業特性と施行範囲
- IV. 完成した塗膜の性状
    - a) 経時状態の品質
        1. 水上の金属
        2. 水中の金属
        3. 木材内部（浮体）
        4. 水上の木材外部
        5. 水中の木材外部
        6. 羽布
        7. 特殊塗料
    - b) 半年の曝露試験後の品質
    - c) 耐用命数
- V. 新塗料の許可

I. 総則

  a) 原則：
  塗料と塗装は、その時点で最高の技術知識に適応せねばならない。施工は、最適な用具を用い、専用に指定かつ装備した区画において行わねばならない。
  陳腐化した、あるいは劣等の資材と作業法によって要求水準に辛うじて適合せしむるという姿勢は、要求を超える可能性があるならば、許容できない。

  b) 塗料に関する総則

   α) 塗料の組成：
  塗料の成分はすべて、ドイツ産の原料に由来せねばならない。作業員の健康を害したり、機体材料を侵したりするような成分を含有してはならない。

   β) 新塗料の処方と製法は、要求に応じて航空省に提出せねばならない。内容は以下の如し：

1) 塗料体系の成分を納入している下請業者の一覧
2) 下請業者から納入を受ける塗料の成分。
3) 塗料会社の成分および添加した成分からなる中間製品と、その数値組成の百分率。
4) 中間製品と、さらに添加した成分からなる全体処方と、その組成の百分率。
5) 中間製品および塗料の生産工程の明解な説明。別処にての生産にも対応できるようにする。
6) ドイツ産原料に由来しない物質を含む際には、その性質と塗料1 kgあたりの重量および百分率の正確な説明。外国産原料を含む塗料の審査と許可は、航空省の明確な了解による。
7) 塗料の許可後、納入業者は航空省の要求に応じて、航空省が定めるライセンスのもとで他の塗料会社が当該塗料を製造する権利を供与し、製造開始時に技術指導で他社を支援せねばならない。

   γ) 色調：
1) 飛行機の外皮
他に指定が無い限り、上塗り塗料の色調はグラウマット02とする。

                    添付1参照

  下塗りおよび中塗り塗料の色調は定めないが、塗料体系内で明確に区別でき、各工程の完了を確認できるようになっていること。

  アルミニウム青銅の添加は、最終塗膜あるいはブロンズを含有する層の直下の層に限って許容する。使用するアルミニウム青銅粉末は、可能な限り無光沢であること。

2) 飛行機の内部：
上塗り層の色調：グラウ02

                    添付1参照

3) 配管および標識等の塗装には、特別に指定した標準塗料を用い、その色調は色調表に色調20 - 39として示す。

                    添付1参照

II. 塗料の種類：

　　a) 塗料調合室と吹付室以外の特別な設備を避けるため、空気乾燥塗料を優先するものとする。乾燥室（100℃以下）によって乾燥を加速でき、諸性状を損なうことがなければ、利点とみなせる。

　　b) 焼付塗料は、ジュラルミン系材料（飛行材料群3100-3199番）については焼付温度100℃以下かつ焼付時間5時間以内、その他の金属については焼付温度200℃以下かつ焼付時間2時間以内とする。整備中に容易に交換でき、焼成炉内での取扱が容易な構成部品（小部品）に限って、現在は対象にしている。
　　焼付塗装は、通常の状態で、最低5年の耐用命数を要する。

　　c) 高熱吹付塗料は、1回の吹付作業で塗装せねばならず、ジュラルミン系材料（上記参照）を100℃超（他の金属は200℃まで許容）に加熱してはならない。また、最低でも空気乾燥塗料の性状に匹敵せねばならない。

III. 塗料の施工性：
　a) 保護する材料の準備
　　1) 塗料の施工は、下記の範囲を除いて、洗滌を要さぬこと。
　　2) 金属の洗滌の許容条件は
　　　　α) トリクロロエチレン（ドクトル・アレクサンダー・ヴァッカー有限会社、ミュンヘン）を
　　　　　　固定施設で使用、または
　　　　β) P3 アルメコ（ヘンケル・ウント・コムパニー株式会社、デュッセルドルフ）を
　　　　　　固定施設で使用、または
　　　　γ) 飛行洗滌剤Z〔Fliegreinigungsmittel Z〕を
　　　　　　手作業で使用（添付7参照）または
　　　　δ) 塗料製造会社の有機洗滌剤を
　　　　　　手作業で使用。

　　事後の温風または手作業による適切な乾燥のみで、可塗装性の到達に十分であること。洗滌剤の使用は、別途指示するまで、本規程の枠内で、塗料製造会社の要求に従うこと。

（添付7参照）
　　3) 布地と木材は、埃がなく清潔で乾燥している限り、洗滌の必要が無い。

　b) 塗料の保存性
　　1) 塗料は沈殿を防止するため、2成分（濃縮塗料と稀釈剤）に分けて供給せねばならない。第2成分は、当該塗料体系の標準稀釈剤〔Einheitsverdünnung〕でもあること。混合比を施工種類ごとに正確に明示すること。調製は攪拌器を用いて30分以内に支障なく処理できること。適切に調製できたか、塗料粘度計（3 mmノズル径、添付4参照、19 - 21℃）を用いて検査するものとする（納入会社：フランツ・ヘリング、イエナ機器製作施設、イエナ）。
　　2) 未開封の配送用缶中では、液面に皮膜を生じないこと。
　　3) 固形の沈殿が、濃縮塗料にも適切に調製した塗料にも残留しないこと。

　c) 塗料の作業特性と施工範囲
　　1) 適切な準備（aおよびb参照）の後、塗料は1.8 - 2.5 mmノズル径の噴霧銃〔Spritzpistole＝スプレーガン〕および3 - 4気圧の圧力を用いた吹付、浸し塗り、および手作業による刷毛塗りが支障なく可能であること。（例外：羽布の下塗りは、刷毛塗りのみとする！）。正規の方式は吹付施工である。各個の施工要領に示した経過時間を、塗料粘度計で担保すること。

2) 単一の塗料系には単一の稀釈剤のみを許可する。
3) 気象条件として、15 - 30℃以外の温度および50 - 70％以外の湿度を塗装室に求めてはならない。
4) 埃および霧煙のない塗料の施工が緊要である。
5) 水研ぎまたは広範囲の乾研ぎ、ならびに艶出しは許容しない。個別の飛行機に対する例外は、航空省の承諾があれば許容する。
　塗料系において平滑化が不可避な物は、欠点と看做す。
6) 険悪な気象条件（気温5℃以上、湿度95％以下）下の施工によっても塗料上にシミを生じてはならない。これによる塗料の付着性は、3カ月または200飛行時間以内に再塗装を要すほど低くあってはならない。
7) 各層の工程数および塗料体系内の層数を可能な限り少なく抑えること。最高許容数は：

　　金属塗料　　　－保護された箇所で2層
　　　　　　　　　－自由気流内で3層
　（耐蝕性表面の金属には、単一の層しか許容しない。）
　　木材塗料　　　－保護された箇所で2層
　　　　　　　　　－自由気流内で5層
　　羽布：6層

羽布の予備防水含浸〔Vorimprägnierung〕は、6層の塗膜のうち最初の2層に代えて行なう。

　　塗膜層の正規の塗装法：

十字方向に1回吹付け、すなわち：
　実施する作業区画をまず一方向に吹付けた直後に直角方向に吹付けるか、あるいは、より良い方法としては、仕掛品全体をまず一方向に吹付けて若干の乾燥後に直角方向に吹付ける。
8) 適切な施工にあっては、各層の乾燥に以下を要する：

金属および木材上：

　　　　2時間後に飛塵乾燥〔Staubtrockenheit〕
　　　　　　　（B.W.法で20 g）

　　　　下塗り塗料は6時間後、上塗り塗料は4時間後に指触乾燥〔Handtrockenheit〕
　　　　　　　（B.W.法で200 g）

連鎖全体の完全乾燥時間は約14日（B.W.法で2000 g）。
　さらには、5日間の硬化時間後に拇指で5秒間強く押しても、乾燥した塗装の非可動性が保証されねばならない。
　　注：B.W.法＝Bandlow-Wolf法による試験、シュトッフヒュッテ刊、1926年、988ページ参照

羽布上：　　各塗膜層につき1時間後に指触乾燥。
　次の塗膜層の塗布は、指触乾燥到達後に可能であらねばならない。個別の塗膜層間の待機時間の短縮は許容できるが、10時間を下回ってはならず、塗料系の欠点と看做す。
　塗装保守規程に示す洗滌剤に対して、各塗膜層は指触乾燥到達後に不感性であること。

9) 先行する塗膜層が指触乾燥になった段階で塗膜層を重ねても、相互作用（色透け、変色、褪色）

が生じてはならない（国章）！

　　　　10) 複数の塗料系を塗り重ねる必要がある場合、例えば主翼前縁の羽布部分等では、相互に有害な影響を及ぼしてはならない。これが不可避な際には、1層の分離塗料〔Trennlack〕を使用すること。ただし、これは塗料系の評価の際には欠点と看做す。

　　　　11) 木材および金属塗装は剥離剤を用いて除去可能であらねばならず、剥離剤は下地材料を損傷せず再塗装を阻害してはならない（蝋分を含まないこと！）。

　　　　12) 完成した塗装は全般に48時間後に、あらゆる天候の影響に損傷なく耐えねばならない。完成した水中部塗装は72時間後に、8時間の淡水または海水の影響に損傷なく耐えねばならない。

IV. 完成した塗膜の性状

　　a) 経時状態の品質
塗膜は、経時状態すなわち最終層の塗布後最長1カ月で到達する状態において、以下の要求性状を保持すること。

1) 水上部塗装用の金属塗料
　　α) 塗膜の延性〔Zähigkeit〕
　　　　塗膜は、表面処理済ジュラルミン681 ZB 1/3（飛行材料3116）1 mm厚の上で、3 mmのカッピング〔Tiefung〕に耐えて亀裂や剥離を示さないこと。カッピングはエリクセン板金試験機で実施することとする。(注：飛行性能表の変更時には、新材料を塗料基盤として使用すること。)

　　β) 塗膜の付着性〔Haftfähigkeit〕
　　　　付着性を確認するため、試料の塗膜に鋭利な刃物を用いて、2 mmの間隔で互いに平行な約25 mm長の切れ込みをつける。一端に直角の切れ込みをつけた後、切れ込み間にできた舌状の塗膜層が刃先で剥がれてはならない。
　　　　さらには、塗膜が3 mmのカッピング後に頂部を拇指でこすっても除去可能であってはならない。
　　γ) 耐水性。
　　　　未処理のエレクトロン板金AZM（飛行材料3510）上に塗布した塗料は、淡水による24時間の負荷後に、水疱形成や剥離を示さないこと。万一の軽微な軟化は、数時間後に塗料品質の変化なく復旧せねばならない。カッピング試験値が、以前と同一であること。

　　δ) 硬度。
　　　　塗膜は完全乾燥後に拇指の爪でこすって、表面処理済ジュラルミン681 ZB 1/3（飛行材料3116）上から、辛うじて掻き取ることが可能なこと。この際、塗膜は鱗片が帯状に弾け取れるのではなく、大半が細かく丸まった屑になって剥離可能なこと。

　　ε) 熱感受性。
　　　　70℃までの加熱、零下60?までの冷却、日光、雨、および結露の水分に、損傷なく耐えねばならない。塗膜は（1 mmの表面処理済ジュラルミン681 ZB 1/3上で）動くことなく、d = 70 sの屈曲にひび割れを示すことなく耐えねばならず、かつ第1項の付着性の要求を満たさねばならない。
　　　　D = ∅、s＝塗料基盤の厚さ。

ζ) 推進剤感受性。
　　　　　塗膜は、推進剤を浸した人手大の麻屑パッドで10分間の被覆の後、2時間後に反復した後に、溶解の兆候または水疱を示してはならない。<u>軽微な</u>膨化は、推進剤の揮発後に消失すること。塗膜は以前の性状を完全に回復すること。

　　　　　推進剤とは：

<u>燃料Ａ１</u>　　（競技、訓練、および商業用飛行機）
オクタン価80
＝　　特級飛行揮発油〔Fligerbenzin, ausl.〕＋
　　　テトラエチル鉛

<u>燃料Ａ２</u>　　　　　（前線飛行機用）
オクタン価87
＝　　特級飛行揮発油　＋　テトラエチル鉛

　　　　　目下使用中

<u>燃料Ｂ１</u>　　　　（競技、訓練、および商業用飛行機）
オクタン価80
＝　　　飛行揮発油　＋（20 - 30％）ベンゼン

<u>燃料Ｂ２</u>　　　　（前線飛行機用）
オクタン価87
＝　　　飛行揮発油　＋（50 - 60％）ベンゼン

　　　　　並行使用中！

カストロール油 Ｒと煤からなる流体で粘性の粥状混合物による6時間の被覆の後、塗膜にいかなる影響も認めてはならない。この際、粥状混合物層は最低2 mm厚に100℃で塗布し、6時間後に屑綿で清潔に拭除すること。

〔訳注：原文の表記のちがいを伝えるため、TreibstoffおよびBetriebsstoffを推進剤、Kraftstoffを燃料と訳した。燃料に相当するドイツ語では他にBrennstoffがあり、これが文字どおり「燃やす材料」を意味する。テトラエチル鉛（$Pb(C_2H_5)_4$）はノッキング防止剤としてガソリンに添加していた。〕

2) 水中部塗装用の金属塗料
要件α、β、γおよびδを水上部用金属塗装と同様に適用し、さらに：

γ) 耐水性。
　　　　　水による負荷の時間を30日に延長する。他の添加物が無い3％食塩水を使用する必要がある。

ζ) 推進剤感受性。
　　　　　塗装面を45度に傾け、それぞれ1カ所ずつ、約2秒間隔で各60滴の推進剤と潤滑油を50 cm高から滴下する。推進剤が揮発し、潤滑油を布片で拭除した後に、変化を認めてはならない。

3) 内部塗装用の木材塗料

　　α) 延性：

　　　　20 mm幅で1.2 mm厚のブナ材の木片上の塗膜が、30 mm ∅のマンドレルで最低3回の屈曲後、亀裂や剥離なく残らねばならない。

　　　　木片の外面繊維は、縦方向に沿っていること。

　　β) 付着性。

　　　　付着性を確認するため、試料の塗膜に鋭利な刃物を用いて、2 mmの間隔で互いに平行な約25 mm長の切れ込みをつける。一端に直角の切れ込みをつけた後、切れ込み間にできた舌状の塗膜層が刃先で剥がれてはならない。

　　γ) 耐水性

　　　　合成樹脂で3重に積層したブナ材の合板に塗布して完全乾燥した塗料が、淡水による24時間の負荷後に変化を示さないこと。万一の軽微な軟化は、短時間後に復旧せねばならない。耐屈曲性が、以前と同一であること。木材に湿りが生じてはならない。72時間の負荷後に吸水量を重量計測で計量し評価の参考にする。

　　　　さらには、第1項の要件δ、εおよびζを水上部用金属塗装と同様に適用する。

4) 水上外部塗装用の木材塗料

内部塗装用の木材塗料の要件α、β、γ、δ、εならびに、

水上部塗装用の金属塗料の要件ζを適用する。

5) 水中外部塗装用の木材塗料

内部塗装用の木材塗料の要件α、βおよびγを適用するが、γの負荷時間を30日に延長する。他の添加物が無い3%食塩水を使用する必要がある。

6) 羽布塗料

　　α) 剛性。

　　　　塗料体系は、DIN L 21準拠の中級の亜麻〔Lein〕上で、塗装した布地に2000 kg/mの引っ張り剛性〔Zerreißfestigkeit〕を生ぜしめねばならない。

　　β) 付着性。

　　　　布地の折り目で塗膜を剥離する試験において、塗膜が大きな断片（最大10 × 10 mm）を剥離せしめぬこと。

　　γ) 延性と弾性。

　　　　塗膜は、200 × 200 mmの布片を、強力かつ急速に5回、緊縮展張を反復しても、0°Cで亀裂なく残らねばならない。

　　　　さらには塗装した羽布の膨張試験において、最低2 atüの圧力で12 mmの湾曲高で、破裂圧試験器 (Shopper Dalén) で亀裂発生があってはならない。この際の試験面積は100 mm ∅である。

　　ε) 水上部塗装用の金属塗料と同様。

　　ζ) 可張性および延伸性。

　　　　塗料は、布を鼓膜状の強度に展張せねばならない。試験は、標準枠上でDVL計測ブリッジ (PB 345)を用いて行なう。数値は未定である。

η) 接着性。
　　下塗り塗料は、接着帯を−5℃から＋30℃の温度で支障なく接着することに適さねばならない。

θ) 塗膜の不燃性は、他の性状が同一である場合、格別の利点と看做す。

ι) 推進剤感受性の要件は、水上部用金属塗料（1ζ）と同様に適用する。

κ) 塗料系の水分浸透性は、最小を格別の利点と看做す。

7) 特殊要求に対する塗料

　　これらの塗料は、それぞれの下地材料に所定の要件1から6を満たし、さらに以下の負荷に耐えねばならない。

α) 耐酸塗料
　　塗料は、電解液による24時間の直接作用に、変化なく耐えねばならない。
β) 耐推進剤性の塗料（タンク内部用ではない）
　　塗料は、推進剤による24時間の直接作用に、変化なく耐えねばならない。
　　推進剤とは：

<u>燃料 A 1</u>　　（競技、訓練、および商業用飛行機）
オクタン価80
＝　特級飛行揮発油 ＋
　　テトラエチル鉛

<u>燃料 A 2</u>　　（前線飛行機用）
オクタン価87
＝　特級飛行揮発油 ＋
　　テトラエチル鉛

　　　　目下使用中

<u>燃料 B 1</u>　　（競技、訓練、および商業用飛行機）
オクタン価80
＝　飛行揮発油 ＋（20 - 30％）ベンゼン

<u>燃料 B 2</u>　　（前線飛行機用）
オクタン価87
＝　飛行揮発油 ＋（50 - 60％）ベンゼン

　　　　並行使用中！

γ) 標識用塗料
　　塗装はそれぞれ所定の色彩であること。　　　　　　　　　　　　　添付1参照

塗料は、配管またはタンク内容物による8時間の直接作用に、変化なく耐えねばならない。通気管にあっては、通気する空間の内容物を基準とする。

　　δ) 無色の木材塗料
　　　　乾燥時間は最大3時間。

　　塗料の液体に対する耐久性試験の際には、板の角の影響を排除するため覆い貼りが必要である。

　　　経時後の塗膜の重量：
　　金属塗料　　3層　　通常100 -　　　最大150 g
　　　　　　　　2層　　通常80 -　　　　最大100 g
　　　　　　　　1層　　通常40 -　　　　最大50 g
　　木材塗料　　5層　　通常180 -　　　最大200 g
　　　　　　　　2層　　通常100 -　　　最大120 g
　　羽布塗料　　6層　　通常200 -　　　最大220 g

　　塗膜全体が、この重量で完璧に被覆せねばならない。
　　塗膜の重量の軽減は、品質が同一であれば塗料系の特段の利点と看做す。

b) 半年の曝露試験後の品質
　（DVL試験で1.III. - 1.9. に相当。）
　結果から耐用命数を推定する。

　1) 物理強度（カッピング、曲げ、引っ張り）は、最高20%の劣化に留まらねばならない。
　2) 液体の影響を受ける度合いが増大してはならない。
　3) 付着性が低下してはならない。
　4) 試験期間後に保守剤で処理した状態で、目立った褪色を呈してはならない。
　（試験は事前に保守材を塗布することなく行なう。）

c) 塗装の耐用命数

　1) 塗装の最低耐用命数は、野外駐機で2年または1500飛行時間である。庫内駐機にあっては、経過時間の半分のみをもって評価する。この再、保守剤の使用と、良好な整備を前提条件としている。
　長い耐用命数は利点と看做す。5年を超える耐用命数の増加は求めていない。

　2) 塗料は、所定の最低耐用命数の期間内は、小規模な補修（完全再塗装に要する塗料量の15%以下）しか要さない。特殊な負荷と、常に損耗を受ける部分は、この評価に含まない。

　3) 単純な塗料保守剤の常用は許容する。（擦込みペーストまたは同等品。）1回の塗布で離陸100回または悪天候下の運用2カ月に十分な効果があること。

　注：塗料の試験は、通常ここに指定した最低要求を超えて、特定の影響が現出する時点と程度がわかる段階まで行い、この結果も塗料の評価の参考にする。

V. 新塗料の許可

新塗料は、許可済み塗料の性状よりも格段に優れている場合に限って、許可対象として検討する。許可済み塗料は要綱を最高条件で満たしており、要綱の要件の比較基準となる。ただし良好な試験結果であっても、必ずしも許可するとは限らない。

a) 前提条件。

 1. 試験申請は、塗料製造会社からベルリン＝アードラスホーフのドイツ航空試験所〔Deutsche Versuchsanstalt für Luftfahrt = DVL〕に提出すること。DVLが試験条件の詳細を通知する。

 2. 塗料系で、DVLで試験を終えた物、あるいは既に広範な実務経歴が製造会社側にある物は、航空省技術局に実用試験を申請してもよい。実用試験申請には以下を添付すること。

  α) 塗料系構成を含む正確な施工要領（本要綱の枠内）
  β) 個別塗料の価格表
  γ) DVL試験報告書番号または飛行機塗装に関する経歴報告書および証明書。

実用試験は技術局の判断に従って1機または複数の飛行機で行い、最低1年を費やして塗料の評価を決定する。塗料製造会社は実用試験結果の説明を受けられる。良好な結果であっても、その塗料の採用を要求できない。

b) 見本の納入。

1. 納入には、指定寸法で、撹拌しやすい形状の容器を用いること。

2. 容器の標記は耐水性で堅牢でなければならない。

3. 未許可塗料を実用に供する際には、各容器に以下を標記すること。

 α) 製造会社の名称
 β) 塗料系の名称と番号　例「ビロル、AZFX系」
 （塗料系の呼称には4文字を選択するものとする。）
 γ) 塗料と稀釈剤の名称、処方番号、および色調番号　例「下塗り塗料1844/18 RAL」または「上塗り塗料2653/02 RLM」　　　　　　　　　　　　　　　　　（色調は添付1を参照）
 δ) 塗料系を使用できる材料　例「金属および木材用」または「鋼および軽金属用」。
 ε) 密閉の日時。

4. 塗料とともに、塗料系の構成と施工に関する詳細な要領を、本要綱の枠内で提出すること。

L. Dv. 521/1.

草案
飛行機塗料の処理および適用規程

第1部

1938年版

ベルリン、1938年3月22日
国家航空大臣
兼空軍最高司令官

代理：
グラーフ・バウディッシン

LDv. 521/1の序
1938年版

近年、表面処理剤の開発が進み2層および単層塗装が全般に普及したため、LDv. 521/1を改訂する必要がある。今般の改訂により、さらなる標準化と改善を図る、すなわち

  a) 塗料系01の単層塗料の既存在庫を消化した後は、以下の全金属機を例外として、内部は原則として飛行塗料7110.–で単層塗装し、外部は飛行塗料系04で2層塗装する；
  b) 製造会社が外部を単層塗装している型式（例えばJu 86、Ju 87、Hs 126等）は、今後は飛行塗料系01ではなく飛行塗料（単層）7110で仕上げ、補修塗装または再塗装を要する場合でも、同様にする；
  c) 不燃性塗料系、特に構造上の理由で在来の飛行塗料を使用できない艦載機用のものを含める；そして
  d) 迷彩色調22、61、62、63、65、66、70、および71、ならびに水上機に必要な視認色調04の塗料を処方する。

塗装表の塗料が補給処から入手可能な限り、当該塗料で飛行機を塗装する。航空集積処〔Luftpark〕が本規程に基づく塗料を発注できるのは、全塗料の在庫を消化して、航空兵器廠〔Luftzeugamt〕にも在庫が無く、施設間で融通しても塗料を入手不能な場合に限る。ある塗料系内で特定の塗料が無い場合に、どの程度まで相当品で代用すべきかは、飛行機保有者が補給局〔Nachschubamt=L.E.〕の確認を所定の手続を経て得ること。
 部隊の要求には、以下を明記すること。
  1. 既存塗料表で機種ごとに指定している塗料
  2. L. Dv. 521/1準拠の塗料
 在庫をすべて消化した段階で、項目1は不要となる。
 塗料には、重要な原料を含んでいるため、全部隊は以下の規定を遵守すべし。本規程で定める金属、羽布、木材用塗料系および単独塗料を特定の数社から入手する要領は、近日中にあらたな要領に変更する予定である。L. Dv. 521/1の第2版では、処方した塗料をライセンス付与によって塗料産業全体が協力生産できるよう企図している。これによって、現在生産中の会社のみならずライセンス付与した会社からも、等質の飛行塗料が取得可能となる。
 準備の完了後に、相当する指示を空軍要務令で公布する。

目 次

A. 総則
  1) 塗装の目的 ... 5
  2) 定義 ... 5
  3) 表面保護剤の概要 ... 5
B. 各種塗料系、単独塗料、密閉剤の一覧
  1) 総則 ... 5
  2) 飛行機保有者および重整備場むけ塗料系と施工要領 ... 6
  3) 単独塗料 ... 11
  4) 密閉剤 ... 13
  5) 適用塗装の飛行機上の表示 ... 13
C. 塗料および密閉剤の飛行機構造別適合性
  1) 全金属製飛行機 ... 14
  2) 複合構造飛行機 ... 15
  3) 木製飛行機 ... 16
  4) 全機種に共通の事項 ... 16
D. 塗料の使用
  1) 塗料の納入状態 ... 17
  2) 塗料の保管と準備 ... 18
  3) 材料の洗滌 ... 18
  4) 塗装全般 ... 19
  5) 個別の塗装要領 ... 20
E. 施工直後の飛行機塗膜の取扱 ... 39

添 付 目 次

添付1	色調表	表
添付2	飛行機に関する航空省塗装書式	41
添付3	調達先一覧表	42
添付4	塗料粘度計	43
添付5	色調02で施工した塗装の見本	表
添付6	金属部品および軽金属の洗滌に関する規程	45

A. 総則。

1. 塗装の目的。
a) 表面保護：飛行機材料を気象、水、および付着物の悪影響から防護する。飛行機の耐用命数を伸ばす。
b) 材料（羽布）を耐空性のある状態にする。
c) 飛行機の被視認性を向上させる。

2. 定義
a) 塗料〔Lack〕＝液体で、表面に塗布後に乾燥して耐性のある被膜を形成する。
b) 塗膜〔Lackierung〕＝塗料の施工によって得られる、有用な被膜。
c) 塗料系〔Lackkette〕＝塗料を特定の順序で組合せたもので、施工要領に従って順に塗布すると、塗膜が完成する。
d) ドイツ産原料＝ドイツ国内で十分な量を確保できる原料をいう。大量に存在してもドイツ国内で得られないものは、ドイツ産原料と看做さない。
e) 耐用命数＝規程に従って保守してきた塗膜が、気象の影響に常時曝されることで再塗装が必要になるまでの年数。

3. 表面保護材の概要
A区分 耐蝕性材料（例えばステンレス鋼）。
B区分 材料の腐蝕抑制金属外皮（鍍金、電気鍍金、または金属吹付処理で定着させる）と追加保護塗料。
C区分 非金属保護層（化学処理、例えば陽極酸化処理、アトラメント処理〔黒染処理の一種〕、燐酸化処理による）および追加保護塗料。
D区分 塗料（空気乾燥、焼付乾燥）を他に保護のない材料に定着させたもの。

B. 各種塗料系、単独塗料、密閉剤の一覧。

1. 総則。

　　塗料系を構成する塗料を、個別の連鎖の概要とともに以下に列記する。塗装時は、全般に本規程に従い、かつ当該塗料の施工要領を遵守すべし。規定外の塗料および塗料系は、航空省技術局の事前承認がある場合に限って、特定の飛行機（新型原型機、塗料試験機等）に使用できる。各機の機歴記録に付随する表面保護表（空軍書式1号および2号）は、本規程に従って単純化するものとする（添付2参照）。

塗料および塗料系の数字呼称：
a) 塗料系は2桁の数字で識別する。金属塗装用の連鎖は01から19の数字を割当てる。羽布および木材塗装用の連鎖は20－39の数字を割当てる。
b) 塗料は4桁の数字で識別する。塗料の色調は2桁の数字で識別し、4桁の塗料数字の後に小数点で区切って続ける。
例：
　　　　　　　飛行塗料　　　7107.02
　　　　　　　　　　　塗料呼称.色調呼称

　　　　　　　意味： 金属用塗料RLMグラウ。

2. 飛行機保有者および重整備場むけ塗料系と施工要領 *)

飛行塗料系01番（有色）
（ヴァルネッケ・ウント・ベーム株式会社、ベルリン＝ヴァイセンゼー、ゲーテ通）

本塗料系は、あらゆる金属に使用できる。在庫を消化するまで、当初から2層塗装（内部）および3層塗装（外部）であった飛行機に限定して使用できる（例：旧型式のW34全機）。浮舟および水面下部分の塗膜としての使用を禁ずる。

a) 陸上機の金属部の塗膜

現用呼称：　　　　　　旧呼称：
飛行塗料7102.－　　　（イカロール軽金属下塗り 緑201）
飛行塗料7105.02　　　（イカロール金属上塗り塗料 RLMグラウ103 f J）

b) 陸上機および水上機の金属外部ならびに水上機の内部の塗膜

現用呼称：　　　　　　旧呼称：
飛行塗料7102.－　　　（イカロール軽金属下塗り 緑201）
飛行塗料7106.－　　　（イカロール上塗り塗料 灰103/1）
飛行塗料7107.02　　　（イカロール上塗り塗料 RLMグラウ103/2）

本連鎖に適合：
飛行塗料稀釈剤7200.00　（イカロール標準稀釈剤104/07）

*）　注：金属用単層塗料は42ページの単独塗料の項を参照。
　［筆者注：これはRLMグラウ塗装だ。］

― 7 ―

飛行塗料系02（有色）
（ヴァルネッケ・ウント・ベーム株式会社、ベルリン＝ヴァイセンゼー、ゲーテ通）

本塗料系は、金属製浮舟内部、飛行艇体の内外部、および浮舟架台の塗膜に限って使用する。

現用呼称：　　　　　　　　旧呼称：
飛行塗料7102.－　　　　　（イカロール軽金属下塗り 緑201）
飛行塗料7106.－　　　　　（イカロール上塗り塗料 灰103/1）
飛行塗料7108.02　　　　　（イカロール上塗り塗料 111（水中部）
飛行塗料7107.02　　　　　（イカロール上塗り塗料 103/2）（水上部）

浮舟外部の塗装には、本塗料系を以下の如く色調変更し：

現用呼称：　　　　　　　　旧呼称：
飛行塗料7102.－　　　　　（イカロール）
飛行塗料7106.27　　　　　（イカロール上塗り塗料 黄）
飛行塗料7108.04　　　　　（イカロール上塗り塗料 111）

なおかつ浮舟の水上部および水中部に同様に使用する。

本連鎖に適合：
飛行塗料稀釈剤7200.00　　（イカロール標準稀釈剤104/07）

［筆者注：これはRLMグラウが基本塗装で、フロート外部だけが黄色塗装だ。］

飛行塗料系03（銀）
（ヴァルネッケ・ウント・ベーム株式会社、ベルリン＝ヴァイセンゼー、ゲーテ通）

本連鎖は、全金属機に使用可能である。浮舟および飛行艇水中部の塗膜としての使用を禁ずる。

a) 陸上機の金属部の塗膜

現用呼称：　　　　　　　　旧呼称：
飛行塗料7102.－　　　　　（イカロール軽金属下塗り 緑201）
飛行塗料7105.01　　　　　（イカロール金属上塗り塗料 銀103/S）

b) 陸上機および水上機の金属外部ならびに水上機の内部の塗膜

現用呼称：　　　　　　　　旧呼称：
飛行塗料7102.－　　　　　（イカロール軽金属下塗り 緑201）
飛行塗料7106.－　　　　　（イカロール上塗り塗料 灰103/1）
飛行塗料7107.01　　　　　（イカロール上塗り塗料 銀103/S）

本連鎖に適合：
飛行塗料稀釈剤7200.00　　（イカロール標準稀釈剤104/07）

［筆者注：これは銀塗装だ。］

飛行塗料系04
（ヴァルネッケ・ウント・ベーム株式会社、ベルリン＝ヴァイセンゼー、ゲーテ通）

本塗料系は、（塗料系01の個別塗料のいずれかを消費しきった際に）塗料系01に代えて使用する。陸上機の全機種の外部塗装に使用するものとするが、当初から単層塗膜を指定していた機種（Ju 86、Ju 87）は除く。

現用呼称：　　　　　　　　旧呼称：
飛行塗料7102.－　　　　　（イカロール軽金属下塗り 緑201）
飛行塗料7109.02*)　　　　（イカロール上塗り塗料 133.02）

*)　迷彩色調61、62、63、65、66、70、71も同様、すなわち、例えば7109.61または7109.65等。

本連鎖に適合：

飛行塗料稀釈剤7200.00（イカロール標準稀釈剤104/07）
［筆者注：これは迷彩塗装だ。］

飛行塗料系 05（不燃性）
（ヘアビヒ＝ハーハウス株式会社、ベルリン＝エルクナー）
本塗料系は、当初から当該塗料で塗装してあった飛行機（例えば艦載機）に限定して使用可能である。
本塗料系で塗装した飛行機は、上記の塗料系で補修してはならず、その逆も禁ずる。

― 8 ―

現用呼称：	旧呼称：
飛行塗料7113.―	（ヘアボロイト複合下塗り 灰緑BC 6965）
飛行塗料7114.01	（ヘアボロイト複合中塗り塗料 銀BC 6966）
飛行塗料7115.02	（ヘアボロイト上塗り塗料 銀―無光沢灰 550 BC 6954）

本連鎖に適合：
飛行塗料稀釈剤7213.00　（ヘアボロイト特殊稀釈剤BC 6970）

［筆者注：これはRLMグラウ塗装だ。しかし塗料の元来の社内呼称に注目ねがいたい。色調呼称02（RLMグラウ）の仕様にもかかわらず、灰ではなく銀―無光沢灰だ。これは色の変種だったのかもしれないが、写真資料と当時の文書を今日になって解読するうえで、混乱の元になっている。］

飛行塗料系20（有色）
（アトラス・アーゴ株式会社、ライプツィヒ＝メルカウ）
本塗料系は、飛行機羽布の塗膜専用である。

現用呼称：	旧呼称：
飛行塗料7130.―	（ツェレスタ＝ニトロ飛行機下塗り塗料 赤1603 C）
飛行塗料7135.02*）	（ツェレスタ＝ニトロ飛行機被膜塗料 RLMグラウ2000）
飛行塗料7136.00	（ツェレスタ飛行機被膜塗料 無色1606）

本連鎖に適合：
飛行塗料稀釈剤7230.00　（ツェレスタ標準稀釈剤 無色1611）

*）　迷彩色調61、62、63、65、70、および71も同様。

［筆者注：これは迷彩塗装だ。おもしろいことに、この飛行塗料系には迷彩色調22と66がないが、他の塗料系にはある。］

飛行塗料系21（銀）
（アトラス・アーゴ株式会社、ライプツィヒ＝メルカウ）
本塗料系は、飛行機羽布の塗膜専用である。

― 9 ―

現用呼称：	旧呼称：
飛行塗料7130.―	（ツェレスタ＝ニトロ飛行機下塗り塗料 赤1603 C ）
飛行塗料7135.01	（ツェレスタ＝ニトロ飛行機被膜塗料 銀1604）

本連鎖に適合：

飛行塗料稀釈剤7230.00　　（ツェレスタ標準稀釈剤 無色1611）

　　［筆者注：これは銀塗装だ。］

飛行塗料系22（有色、不燃性）
（ヘアビヒ＝ハーハウス株式会社、ベルリン＝エルクナー）
本塗料系は、当初から当該塗料で塗装してあった飛行機（例えばFi 167およびFw 62艦載機）の羽布の塗膜に限って使用可能である。本塗料系で塗装した飛行機は、上記の塗料系20および21で補修してはならず、その逆も禁ずる。

現用呼称：　　　　　　　　旧呼称：
飛行塗料7137.－　　　　　（ヘアボロイト布硬化下塗り塗料 酸化鉄赤BC 6509）
飛行塗料7115.02　　　　　（ヘアボロイト上塗り塗料 灰 373 BC 6954）
本連鎖に適合：
飛行塗料稀釈剤7213.00　　（ヘアボロイト特殊稀釈剤BC 6970）および
飛行塗料稀釈剤7215.00　　（ヘアボロイト特殊拡散剤BC 9017）

　　［筆者注：これはRLMグラウ塗装だ。しかし塗料の元来の社内呼称に再度注目ねがいたい。飛行塗料系05の指定と同一の飛行塗料（7115.02）だが、社内呼称が異なっている。これは、ひょっとしてL. Dv.草案のまちがいだろうか。飛行塗料系05は本当に銀の塗料系だったのだろうか。］

飛行塗料系30（有色）
（アトラス・アーゴ株式会社、ライプツィヒ＝メルカウ）
本塗料系は、飛行機の木製外部に限定して使用可能である。浮舟および飛行艇体の塗膜としての使用を禁ずる。

現用呼称：　　　　　　　　旧呼称：
飛行塗料7131.00　　　　　（ツェレスタ木材下塗り 無色2254）
飛行塗料7132.－　　　　　（ツェレスタ木材填材 灰2070）
飛行塗料7135.02*)　　　　（ツェレスタ＝ニトロ飛行機被膜塗料 RLMグラウ2000）
飛行塗料7136.00　　　　　（ツェレスタ飛行機被膜塗料 無色1606）
本連鎖に適合：
飛行塗料稀釈剤7230.00　　（ツェレスタ標準稀釈剤 無色1611）
*)　迷彩色調61、62、63、65、70、および71も同様。

飛行塗料系31（銀）
（アトラス・アーゴ株式会社、ライプツィヒ＝メルカウ）
本塗料系は、飛行機の木製外部に限って使用可能である。浮舟および飛行艇体の塗膜としての使用を禁ずる。

現用呼称：　　　　　　　　旧呼称：
飛行塗料7131.00　　　　　（ツェレスタ木材下塗り 無色2254）
飛行塗料7132.－　　　　　（ツェレスタ木材填材 灰2070）
飛行塗料7135.01　　　　　（ツェレスタ飛行機被膜塗料 銀1604）
本連鎖に適合：

飛行塗料稀釈剤7230.00　　　（ツェレスタ標準稀釈剤 無色1611）

　　［筆者注：これは銀塗装だ。］

飛行塗料系32（有色）
（本連鎖は、複数の製造会社の塗料で構成する。）木製浮舟および木製飛行艇体の内外部の塗膜としての使用に限る。

現用呼称：　　　　　　　旧呼称：
α）内部塗装
飛行保護油7180.22番　　　（タール油ワニス 黒；リュトガース製造所）
β）外部塗装
a）表面全体用：
飛行保護油7181.－番　　　（木材保護油 ウニクム V 2070；グスタフ・ルート株式会社、ヴァンツベック）
b）水上：
飛行塗料7145.04　　　　　（軽金属保護塗料1227；ハンザ社、キール）
c）水中：
飛行塗料7162.04番　　　　　（アフィオノルム瀝青塗料120；リューディッケ・ウント・コムパニー、ベルリン＝ヴィルマースドルフ）

　　［筆者注：これは黄塗装だ。］

飛行塗料系33（有色）不燃性
（ヘアビヒ＝ハーハウス株式会社、ベルリン＝エルクナー）
本塗料系は、当初から当該塗料で保護してあった飛行機の木製外部に限って使用可能である。本塗料系で塗装した飛行機は、上記の塗料系30－32で補修してはならず、その逆も禁ずる。

現用呼称：　　　　　　　旧呼称：
飛行塗料7138.－　　　　　（ヘアボロイト細孔密閉剤 無色 BC 6952）
飛行塗料7139.01　　　　　（ヘアボロイト中塗り塗料、アルミニウム BC 6953）
飛行塗料7115.02　　　　　（ヘアボロイト上塗り塗料 灰 373 BC 6954）

本連鎖に適合：

飛行塗料稀釈剤7213.00　　（ヘアボロイト特殊稀釈剤BC 6970）
飛行塗料稀釈剤7215.00　　（ヘアボロイト特殊拡散剤BC 9017）

　［筆者注：これはRLMグラウ塗装だ。しかし塗料の元来の社内呼称に再度注目ねがいたい。飛行塗料系05および22と比較のこと。］

3. 単独塗料：

α) 被膜処理した木材部の内部および外部塗装用：
飛行塗料7140　　　　　（ヘアボロイト塗料 BC 6929）
飛行塗料稀釈剤7233.00　（ヘアボロイト BC 6929用稀釈剤）
　　　　　　　　　　　（ヘアビヒ＝ハーハウス株式会社、ベルリン＝エルクナー）

β) 配管の識別用ならびにあらゆる材料上の文字表記および国章用
飛行塗料7160　　　　　（ベコロイト・セルロース塗料 420番）
~~飛行塗料7161~~　　　　　~~（ベコロイト・合成樹脂塗料 420 K番）~~
飛行塗料稀釈剤7232.00　（ベコロイト・セルロース塗料稀釈剤 4530番）
~~飛行塗料稀釈剤7234.00~~　~~（ベコロイト・合成樹脂稀釈剤 420 K V番）~~
色調21から28までを使用（添付1参照）
（色調22－27はDIN L 5準拠の色調に相当する）
（ベック・コラー・ウント・コムパニー有限会社、ベルリン＝ヴァイセンゼー、ベルリナー通154/58）

....

γ) 蓄電池基部ならびに木材および金属の酸被曝箇所の塗装用
飛行塗料7117.－　　　　（イカロール耐酸塗料 112）
　　　　　　　　　　　（ヴァルネッケ・ウント・ベーム株式会社、ベルリン＝ヴァイセンゼー
　　　　　　　　　　　（ゲーテ通）

　　適合：
飛行塗料稀釈剤7200.00　（標準稀釈剤104/07）
訂正差替2 ....

δ) 熔接した鋼製機体（胴体骨格）の内部塗装用
飛行塗料7102.－　　　　（ヴァルネッケ・ウント・ベーム株式会社、ベルリン＝ヴァイセンゼー）

ε) 金属塗料上の羽布塗料の遮断用
飛行塗料7136.00番　　　ツェレスタ飛行機被膜塗料、無色1606番）
　　　　　　　　　　　（アトラス・アーゴ株式会社、ライプツィヒ＝メルカウ）
本塗料は、既成の金属塗装の被膜に限定して用い、その上に羽布を重ねて塗装する（翼前縁）。

ζ) 布製外皮の内側の金属骨格の遮断用：
　　　　　　　　飛行密閉剤7250番
以下の成分からなる
　　　　30 重量比　ステアリン
　　　　20 重量比　蜜蝋

　　　　　　50 重量比　パラフィン

湯煎で融合させる。

（市販品あり。）

η）金属製プロペラの塗膜用（防眩）：

飛行塗料7142.－　　　　　（イカロール・プロペラ塗料 赤 135）

飛行塗料7146.70　　　　　（イカロール・プロペラ塗料 黒緑 136）

飛行塗料稀釈剤7200.00　　（イカロール標準稀釈剤104/07）

　　　　　　　　　　　　　（ヴァルネッケ・ウント・ベーム株式会社、ベルリン＝ヴァイセンゼー）

θ）木製プロペラ塗装用に指定する塗料の飛行塗料呼称は、追って空軍官報で通知する。

ι）

金属塗装用の単層塗料（飛行塗料7110）

（ヴァルネッケ・ウント・ベーム株式会社、ベルリン＝ヴァイセンゼー）

本単層塗料は、原則として、すべての爆撃機の内部塗装用（塗料系01の単独塗料の全在庫を消化した後）、および当初から単層塗料で塗装してある飛行機（例えばJu 86、Ju 87、Ju 88、Hs 126、製造番号5971以降のJu 52）の外部塗装用に使用する：

現用呼称：　　　　　　　　旧呼称：

飛行塗料7110.02　　　　　（イカロール単層塗料232）

色調01、22、61、62、63、65、66、70および71も同様。

例　　7110.65＝ヘルブラウ
　　　7110.70＝シュヴァルツグリュン

本飛行塗料に適合：

飛行塗料稀釈剤7200.00（イカロール標準稀釈剤104/07）

κ）

特殊目的（陽極酸化）用の単層塗料。

飛行塗料7111　　　　　　（ヴァルネッケ・ウント・ベーム株式会社、

　　　　　　　　　　　　　ベルリン＝ヴァイセンゼー）

本塗料は、陽極酸化処理した資材の鋲接後の保護、および全面陽極酸化処理した飛行機（例えばJu 86、Ju 87）の修理用の無塗装金属の部品の塗装に限って使用できる。陽極酸化処理した部品の色調にほぼ相当する、黄透明の塗料である。

現用呼称：　　　　　　　　旧呼称：

飛行塗料7111.00　　　　　（イカロール陽極酸化塗料143）

黄透明

適合：

飛行塗料稀釈剤7200.00（イカロール標準稀釈剤104/07）

λ）

金属製飛行機の内部塗装の軽度損傷の補修用：

飛行塗料7112.02　　　　　（イカロール補修用エナメル128/3）

および色調01　　　　　　（ヴァルネッケ・ウント・ベーム株式会社、

　　　　　　　　　　　　　ベルリン＝ヴァイセンゼー）

....

μ）水上機の　　　　　　　（ヴァルネッケ・ウント・ベーム株式会社、

陽極酸化浸漬塗料　ベルリン＝ヴァイセンゼー）
本塗料は、陽極酸化および事後目止処理した水上機用軽金属部品の量産時の浸し塗りまたは吹付け（稀）に限って許可する。使用目的は、水上機の陽極酸化処理部品の耐蝕性の強化、および組立後の部品の洗滌性の向上である。本塗料は、処理済部品を未処理の物から容易に識別できるよう、青色透明である。

現用呼称：　　　　　　　旧呼称：
飛行塗料7118.00　　　　（イカロール陽極酸化浸漬塗料138）
適合：
飛行塗料稀釈剤7200.00（イカロール標準稀釈剤104/07）

―13―

4. 密閉材
飛行機の継目の密閉には、以下の材料を用いる。
金属製飛行機
　（浮舟および飛行艇体を除く）金属継目の気象防護：
飛行密閉ペースト7240　　　（イカロール継目密閉材106）
飛行塗料稀釈剤7200.00　　（イカロール標準稀釈剤104/07）
　　　　　　　　　　　　　（ヴァルネッケ・ウント・ベーム株式会社、
　　　　　　　　　　　　　　ベルリン＝ヴァイセンゼー、ゲーテ通）

金属製浮舟および飛行艇体
燃料漏洩の虞が無い区画用：
飛行密閉帯7245番　　　損傷包帯6 cm幅 17 060番
飛行密閉帯7246番　　　損傷包帯12 cm幅 17 120番
飛行密閉ペースト7242番　損傷包帯20 011番用粘性密閉材
飛行密閉材7243番　　　損傷包帯20 010番用液状密閉材
　　　　　　　　　　　　（化学製品有限会社、ベルリン＝ブリッツ、マルゼンリーダー通31-33）
燃料漏洩の虞がある区画用：
飛行密閉帯7260.―*)　　（デュロプラスト銀帯157番
　の適切な品目、　　　　ヴァルネッケ・ウント・ベーム株式会社、ベルリン＝ヴァイセンゼー）
なるべく6 cmおよび12 cm幅
飛行密閉帯7261.―*)　　（デュロプラスト銀接着ペースト50/10 B 158番）
飛行継目ペースト7262.―*)（デュロプラスト継目ペースト50/10 C 161番）
*) 本材料の適用は、飛行密閉帯7255および7256ならびに飛行密閉ペースト7253の既存在庫を消化した後にはじめて可能となる。

5. 適用塗装の飛行機上の表示
飛行機には、製造会社または重整備場が飛行機諸元を記入する作業場において、胴体側面の「塗装」の表題下に金属、木材、および布用の主体系を略記せねばならない。例：

a) 塗料規程に準拠した量産機
　　　Lackierung vom 1. 7. 35　　　〔塗装年月日 1.7.35〕
　　　Metall: Flieglackkette 01 und 02　〔金属：飛行塗料系01および02〕
　　　Holz: Flieglackkette 30　　　〔木材：飛行塗料系30〕

　　　　　Stoff: Flieglackkette 20　　　　　　　〔布：飛行塗料系20〕

構成品によって塗装が異なる場合（例えば主翼と胴体）には、主要構成品ごとに諸元を記すこと。

b) 原型機または実験用塗装をした塗料試験機
　　　Lackierung: Neuerprobung　　　　　　〔塗装：新規実験〕
　　　Metall: Müller Isopren IROM　　　　　〔金属：ミュラー・イゾプレン IROM〕
　　　Holz: Werner Lingnolack EDIS　　　　 〔木材：ヴェルナー・リングノラック EDIS〕
　　　Stoff: Alfeld & Bauer Stoff IPAS　　　〔布：アルフェルト・ウント・バウアー布用 IPAS〕
　　　Lackierungsübersicht beachten　　　　 〔塗装概要に注意〕

補修は、保有者が飛行機の機歴記録に記入すること。以下を記入する：
　　　a) 補修年月日
　　　b) 補修箇所
　　　c) 使用した飛行塗料

全面再塗装後は、胴体上の標記を正しく書きなおすこと。塗膜になんらかの異状があった際には、機歴記録に記入し、技術局7部Ⅵ課に報告のこと。

C. 塗料および密閉剤の飛行機構造別適合性

1) 全金属製飛行機

陸上機で、水上機としても使用するものは、水上機として取扱う。

a) 主翼、尾翼、操縦装置、および発動機以外の推進装置は、すべての金属上に飛行塗料系04。
銀塗装の飛行機は、すべての金属の外部を飛行塗料系03。
水上機の主翼上面、および複葉機の上翼の上面は、色調04の上塗りを施すものとする。

b) 胴体：すべての金属上に飛行塗料系04。
銀塗装の飛行機は、すべての金属の外部を飛行塗料系03。
計器盤には、色調66すなわち飛行塗料7107.66を使用するものとする。
艇体として設計した胴体は、すべての金属部を飛行塗料系02で塗装するものとし、より厳密にいえば、最高位の水線上10 cm以下の水中部に飛行塗料7108.02による被膜を施し、下位水線上の部分は、外部を飛行塗料7107.02で、内部を飛行塗料7108.01または02で塗装するものとする。鋲接部は、飛行塗料帯7245/7246および飛行密閉材7242/7243で密閉するものとする。漏洩のため燃料がこぼれる区画は、飛行塗料帯7245/7246に代えて飛行密閉帯7260を用いて密閉せねばならない。これには飛行密閉ペースト7261を使用するものとする。上記工程で発見したあらゆる間隙の密閉または平滑化には、飛行継目ペースト7262を使用するものとする。

c) 浮舟：すべての金属上に飛行塗料系02、中塗りに7106.27、上塗りに7108.04を使用するものとする。
鋲接部は、飛行塗料帯7245/7246および飛行密閉材7242/7243で密閉するものとする。漏洩のため燃料がこぼれる区画は、飛行塗料帯7245/7246に代えて飛行密閉帯7260を用いて密閉せねばならない。これには飛行密閉ペースト7261を使用するものとする。その他は、艇体と同様に処理するものとする。

2) 複合構造飛行機

a) 主翼、尾翼、操縦装置、および発動機以外の推進装置。

金属骨格： すべての金属上に飛行塗料系04。銀塗装の飛行機は、すべての金属の外部を飛行塗料系03。

布外皮： すべての羽布上に飛行塗料系20。銀塗装の飛行機は、すべての羽布の外部を飛行塗料系21。

木材外部： 飛行塗料系30。銀塗装の飛行機は、外部を飛行塗料系31。

布張りまたは板張りの主翼あるいは両方を使用している水上機は、主翼上面、複葉機にあっては上翼上面を色調04で吹付けるものとする。

内部： 飛行塗料7140。

b) 胴体：すべての金属上に飛行塗料系04。銀塗装の飛行機は、すべての金属の外部を飛行塗料系03。
計器盤には、飛行塗料7107.66を使用するものとする。

c) 浮舟：金属製浮舟は金属機と同様。

木製浮舟：飛行塗料系32

金属外皮の木製浮舟：

密閉および外部は金属製浮舟と同様、内部は木製浮舟と同様。

金属外皮と木製枠組の接合部は金属製浮舟と同様に密閉するものとする。

d) 複合構造飛行機全般。

1) 羽布が金属製または木製部品を塗装したものと直接に接触している部分は、羽布を張る前に飛行塗料7136.00で1回、塗装するものとする。木製部品に飛行塗料7140を使用している際には、飛行塗料7136.00による塗膜を省略できる。

― 16 ―

2) 水上機にあっては、塗装後および巻付前に、小骨、支柱、および桁で

a) 胴体の1/4高の底部および尾翼前縁より後方の尾部全体、ならびに

b) 昇降舵、方向舵、および補助翼のものをすべて、湯煎で液状にした飛行密閉材7250で塗装するものとする。
巻付け帯は、密閉材が乾燥してから鋼管に巻いてもよい。

3) 金具と台座との間の継目および固定した突き合わせ継手で、飛沫および漏水が浸入する虞のある部分、ならびに羽布の内側の鋲接部および金具は、透明接着帯（デーゲン・ウント・クート社、デューレン）で完全に密閉するものとする。

3) 木製飛行機

a) 主翼、胴体、尾翼、操舵装置、降着装置、および発動機以外の推進装置。

金属： すべての金属上に飛行塗料系04。銀塗装の飛行機は、すべての金属の外部を飛行塗料系03。

布： 飛行塗料系20。

銀塗装の飛行機は、外部を飛行塗料系31。

木材： 外部を飛行塗料系30。

銀塗装の飛行機は、飛行塗料系21。

内部：飛行塗料7140。

b) 浮舟：複合構造飛行機と同様。

c) 木製飛行機全般。

羽布が金属製または木製部品を塗装したものと直接に接触している部分は、張る前に飛行塗料7136.00で1回、塗装するものとする。木製部品に飛行塗料7140を使用している際には、飛行塗料7136.00による塗装を省略できる。

d) 木製水上機は、翼上面の塗装に関して2 b)の規定を適用する。

4) 全機種に共通の事項
a) 軽金属管および熔接鋼管は、飛行塗料7102で塗装するものとする。
b) 陸上機の鋲接部の密閉は、防水および防湿対策として、飛行密閉ペースト7240を使用するものとする。
c) 摺動面（相互に動くように設計してある面）は、塗料ではなく所定の潤滑剤、また指定なき際には酸を含まない油脂（例えばシェル社の赤色高圧潤滑油）を塗布するものとする。摺動面は3 mm幅の赤線（飛行塗料7160.28）で塗膜と区画する。歩行可能面は40 mm幅の赤線（飛行塗料7160.28）で歩行禁止面と区画し、歩行可能域から読める位置に「Nicht betreten」〔フムナ〕（50 mm高）の赤色標識を書くこと。

d) 張線、索線、および操舵索は、他の金属部と同様に塗装するものとし、端末の赤色標識は不要である。
e) 縫り継ぎした索線端末は、完成した状態で、高温で低粘度の液状にした飛行密閉材7242に30分間に浸し、これによって継目を完全に固定するものとする。さらに塗装する必要はない。
f) 電気配線は無塗装金属に行なわねばならず、その後に限り塗装してもよい。この際、電流接点は無塗装のまま残すこと。
g) 配管（外部に限る）の塗装ならびに国章および軍用標識の標記と製作は、飛行塗料7160および7161を用い、所定色で行わねばならない。
h) 金属製プロペラは、飛行塗料7142.-および7146.70で塗装するものとする。木製プロペラに使用する飛行塗料は、追って空軍官報で通牒する。
i) 蓄電池基部は、飛行塗料7117.02~~7170.42~~で塗装するものとする。
k) 接近不能箇所、腐蝕に曝される部分、屈曲部、および角部は、塗装後に飛行密閉材7243で追加被覆してもよい。
l) 排気管は、機械油を摺り込むか、あるいはケルン＝ブラウンスフェルトのG・コラーディン社の黒色ケミックで塗装するものとする。

D. 塗料の使用

1) 塗料の納入状態
a) 納入には、容易な攪拌、良好な注出、適切な保管が可能な容器を用いること。
b) 容器の標記は耐水性で塗料が漏洩しても損なわれないこと。
c) 納入は、2種の成分：「濃縮塗料」および「稀釈剤」に分割すること。稀釈剤は当該塗料に処方のものとする。各種施工法の混合率を特記すること。
d) 標記には以下を表示する：
　　α) 塗料製造会社の名称と所在地、
　　β) 規程に準拠した塗料または稀釈剤の呼称、
　　　例 「飛行塗料7107.02」、

　　γ) 塗料の使用範囲と所属連鎖を括弧内で、
　　　例 （飛行塗料系列04の金属塗装用濃縮塗料）

δ）可能条件 吹付け ……体積単位、
　　　　　　　　浸し塗り……体積単位、
　　　　　　　　刷毛塗り……体積単位、
　　　飛行塗料稀釈剤……番の1体積単位をこの濃縮塗料と混合し、規定に従って塗装する。
　　　ε）納入日
標記に重ねて「濃縮塗料」という語を赤字で印刷すること。
e) 稀釈剤（200－239番）および密閉材には、δを適用しない。
f) 不純な粒子（濾過せよ！）を含む塗料は返品するものとする。

2) 塗料の保管と準備
塗料保管空間の温度は5℃未満であってはならない。
個別に保管した塗料は、2成分を所定の比率で混合後30分間、イエナのブレア有限会社の攪拌器または相当品を用いて攪拌せねばならず、作業室の温度に達すれば使用可能となる。
適切な準備状態は、3mm径流出孔の塗料粘度計（製造会社：フランツ・ヘリング、イエナ機器製作施設、イエナ）を用い18－21℃で常時計測して、確認せねばならない。

3) 資材の洗滌
a) 金属は、
　　　α）テトラクロロエチレン（ドクトル・アレクサンダー・ヴァッカー有限会社、ミュンヘン）を固定施設で、
　　　β）P3 アルメコ（ヘンケル・ウント・コムパニー株式会社、デュッセルドルフ）を固定施設で、
　　　γ）飛行洗滌剤Z（ヴァルネッケ・ウント・ベーム株式会社、ベルリン＝ヴァイセンゼー、
　　　　ゲーテ通）を手作業で
使用して洗滌し、塗装前に乾燥するものとする。
b) 木材は、目視できる汚れに限って浄化（000番の研磨紙で除去）するものとする。極度に汚れた布地は製造会社に返品するものとする。
c) 塗装した材料は、上記の洗滌剤を用いず、適切な手段のみを用いて取扱うこと。（塗膜の保守に関する規程を参照。）
d) P_3（ヘンケル・ウント・コムパニー株式会社、デュッセルドルフ）および剥離剤を、内蔵で無塗装または塗装済の材料の洗滌に用いてはならない。

4) 塗装全般

a) 塗料の施工
塗料系の施工は、原則として作業要領に従って行なうものとする。
分離保管していた塗料は、準備完了後に使用可能となる。

原　則：
塗料は、完璧な被膜ができるよう吹付けまたは刷毛塗りするものとする。
焼付塗料の使用は、航空省の事前承認を要し、ジュラルミン系材料（飛行材料3100－3199番）については焼付温度100℃以下かつ焼付時間5時間以内、その他の金属については焼付温度200℃以下かつ焼付時間2時間以内とする。
塗装作業場および塗装した部品の取扱には、厳格な清潔を要する。作業要領、特に乾燥時間を遵守せねば完璧な塗膜は得られない。塗装作業をあせると遅延につながる。塗装をやりなおすことになるからである。

b) 適用する色調

外　皮
上塗り塗料の色調：02（添付1参照）。
練習機については、航空省の事前承認後に限り色調01も使用可能である。

内　部
外部と同様の色調。（添付1参照。）
航空省の事前許可後に限り色調01も使用可能である。（添付1参照。）

指定により、迷彩塗装を適用し、あわせて色調を指定する。迷彩色は添付1に示す如く、色調22、61、62、63、65、66、70、および71である。
迷彩した飛行機にあっても、塗料の種類は変わらない。ただし連鎖の最後の上塗りは、所定の色調ではなく迷彩色調で施すこととする。飛行塗料7110は、すべての迷彩色調も供給している。銀の連鎖は、通常、除外している。
迷彩を規定した際には、塗装の実施に関して航空省技術局から情報を得ること。

c. 特殊な作業環境：
1. 裸火、喫煙、および白熱暖房器（ゾンネン）は、塗装作業場においては生命に危険を及ぼすため、禁止する。

2. 塗料の施工は、以下の方法による。
α）噴霧銃による吹付けで、1.5－2.5 mmのノズル径および3－4気圧の作業圧力（正規の施工！）、
β）刷毛塗り、
γ）浸し塗り、
δ）注入後に流出（中空体）。
塗膜1層の正規の施工：
十字方向に吹付けを1回、すなわち一部分を一方向に吹付けた直後に直角方向に吹付けるか、あるいは、より良い方法としては、作業対象全体を一方向に吹付けて若干の乾燥の後に直角方向に吹付ける。
3. 施工は、塗装室において、空気および塗料の温度18－25℃、相対湿度50－70％で実施する。気象は自動記録装置を用いて常時観測するものとする。
軽微な補修には、特別の塗装作業場を要しない。密閉室で十分である。高温を利用した乾燥時間の短縮は、航空省の事前承認後に限り許容する。
4. 施工は、完全に塵埃および霧煙のない環境で行なわねばならない。飛行機の一部分への塗料霧煙の付着は、いかなる状況下でも防止すること。塗装室には適切な排気装置を備えるものとする。小作業には局部の水平ブース排気が、大作業には後方への垂直排気が適す。

5) 特殊塗装規程

a. 板金の鋲接部に付着した余分の密閉材は、以後の塗装時まで放置せず、ただちに除去すること。

b. 水研ぎ、および細目の乾燥研磨は、特別な目的で、かつ航空省の許可がある場合に限り許容する。

c. 所定の作業手順数および乾燥時間は厳密に遵守すること。

d. 金属構造部、翼、胴体等は、吹付塗装開始前に接地すること。

e. 接近不能箇所は組立までに最終塗装をすること。組立後に密接する面を最終塗装するような部位にあって、相互に重なり合う塗膜層は、それぞれ張り出すように塗って、後に各塗膜層を完璧に密接できるようにすること。例：

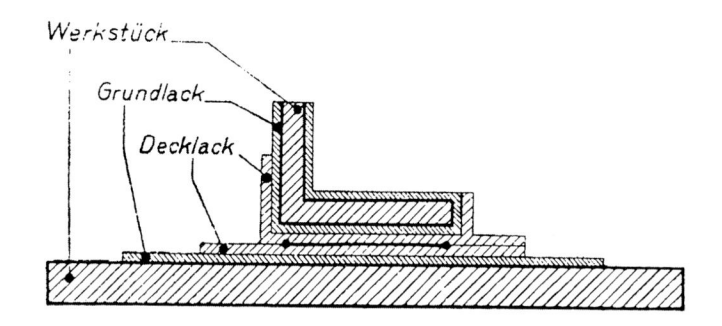

[図：Werkstück／Grundlack／Decklack]

鋲接部の継目の保護には、各接合表面を所定の塗料系の下塗り塗料で1回下塗りすれば十分である。
作業開始後ただちに金属系統の下塗り塗料を塗装することは可能であり、また合目的である。ただし、予備塗装した部品を注意して取扱わねばならない（清潔！油分除去！）。

f. 整形木材を使用して、塗装前に木製部品の軽度の損傷を埋めることができる。最初の塗膜層は、完全に乾燥してから塗ること。整形木材を使用する際には、事前に作業所管理部門の了承を得ねばならない。

g. パテの使用は、航空省の明確な許可がなければ、禁止する。

h. 誤って汚損した金属および木材塗装（下塗り）は、極細目のスチールウール（00番）で浄化できる。金属または木材の表面を傷つけないようにし、除去した塗膜は復旧せねばならない。スチールウールの残滓を完全に除去すること。

i. 塗膜の欠陥は、発見後すみやかに作業所管理部門に報告し、対処すること。

k. 完成した塗膜の外観：
完成した塗膜の表面は、可能な限り艶消しでなければならない（添付の見本、付録5を参照）。飛行機塗膜の光沢あるいは強い光沢は、航空省の特別許可がある場合に限って許容する。

l. 作業所用の、個別の飛行塗料系および飛行塗料の施工要領：

－ 22 －
施 工 要 領
飛行塗料系01番 **

	塗料	100 ㎡に 対する 消費量 kg	3 mm 径 塗料粘度計 （流出ビーカー） 流出量　秒 18－21℃
飛行塗料	7102.－	15	
〃	7105.02	10	
〃	7106.－	10	
〃	7107.02	10	
飛行塗料稀釈剤	7200.00		
飛行密閉ペースト	7240.－		

施　工

1) 3に示した薬剤のいずれかを用いて油分除去。

2) 飛行塗料7102.－を、飛行塗料稀釈剤7200.00で10:1に　　　　　　　　　　45－55
稀釈して吹付ける。*)
乾燥時間は最低6時間

組立開始；鋲接中にC 4 cに従い7240.－を用いて継目を
埋める。組立後に、汚れた部分を極細目のスチールウールで
軽く研磨して綺麗にし、塗り残した箇所は
飛行塗料稀釈剤7200.00で10:1に稀釈した
飛行塗料7102.－で追加下塗りする。乾燥時間は最低6時間。　　　　　　　　　45－55
外部の継目を飛行密閉ペースト7240で追加埋めする。

3)　　a. 内部は飛行塗料7105.02を　　　　　　　　　　　　　　　　　　　　　70－80
　　　b. 外部は飛行塗料7106.－を、
　　　ともに飛行塗料稀釈剤7200.00で4:3に稀釈して吹付ける。
　　　乾燥時間は最低3時間

4) 外部に飛行塗料7107.02を、飛行塗料稀釈剤7200.00で　　　　　　　　　　45－55
2:1に稀釈して吹付ける。
乾燥時間は3時間

*) 吹付は、それぞれ十字方向に吹付ける。
**) 飛行塗料系01番は、個別の塗料を消化するまでに限って継続使用してもよい。その後は、飛行塗料系04で代替する。

— 23 —
施 工 要 領
飛行塗料系02番

塗料	100平米に対する対する消費量（吹付仕上した素材に関して）	3 mm 径 塗料粘度計（流出ビーカー）流出量 秒 18−21℃
1.) 飛行塗料7102.−番	15	
2.) 飛行塗料7106.−番	10	
3.) 飛行塗料7108.02番	6	
4.) 飛行塗料7107.02番	10	
5.) 飛行塗料稀釈剤7200.00番		

I. 浮舟の内面塗装ならびに
艇体の内面および外面塗装の施工

1) D 3に示した薬剤のいずれかを用いて油脂分を除去

2) 飛行塗料7102.−を、飛行塗料稀釈剤7200.00で10:1に稀釈して吹付　　　　45−50
乾燥時間は最低6時間

3) 飛行塗料7106.−を、飛行塗料稀釈剤7200.00で2:1に稀釈して吹付　　　　45−55
乾燥時間は3時間

4) a. 飛行塗料7108.04を水中部分に、飛行塗料稀釈剤7200.00で2:1に稀釈して吹付　　75−85
乾燥時間は4時間

b. 飛行塗料7107.04を水上部分に、飛行塗料稀釈剤7200.00で2:1に稀釈して吹付　　75−85
乾燥時間は4時間

II. 浮舟の外面塗装の施工
1) 上記と同様
2) 上記と同様
3) 飛行塗料7106.27（および上記と同様）
4) 飛行塗料7108.04を水上および水中部分に
乾燥時間はI.と同様

施 工 要 領
飛行塗料系03番

塗料	100㎡に対する消費量 kg	3 mm 径 塗料粘度計（流出ビーカー）流出量 秒 18－21℃
飛行洗滌剤Z	10	
飛行塗料7102.－	15	
飛行塗料7105.01	10	
飛行塗料7106.－	10	
飛行塗料7107.01	10	
飛行塗料稀釈剤7200.00		
飛行密閉ペースト7240.－		

施　工：

1) 飛行塗料洗滌剤Zを用いて油脂分を除去

2) 飛行塗料7102.－を、飛行塗料稀釈剤7200.00で10:1に稀釈して吹付 *)　　　45－55
乾燥時間は最低6時間
組立開始：
鋲接中に7240.－を用いて継目を埋める。
組立後に、汚れた部分を極細目のスチールウールで軽く研磨して綺麗にし、
塗り残した箇所は飛行塗料7102.－を　　　　　　　　　　　　　　　　　　45－55
飛行塗料稀釈剤7200.00で10:1に稀釈して追加密閉
乾燥時間は最低6時間
外部の継目を飛行密閉ペースト7240で追加埋め

3) a. 内部は飛行塗料7105.01を　　　　　　　　　　　　　　　　　　　　　70－80
b. 外部は飛行塗料7106.－を
ともに飛行塗料稀釈剤7200.00で4:3に稀釈して吹付
乾燥時間は最低3時間

4) 外部に飛行塗料7107.01を　　　　　　　　　　　　　　　　　　　　　　45－55
飛行塗料稀釈剤7200.00で2:1に稀釈して吹付
乾燥時間は3時間

―――――――――
*) 吹付は、それぞれ十字方向に吹付ける。

― 25 ―

施 工 要 領
飛行塗料系04番

塗料	100 ㎡に対する消費量 kg	3 mm径 塗料粘度計（流出ビーカー）流出量 秒 18－21℃

飛行塗料7102
飛行塗料7109.02
飛行塗料稀釈剤7200.00
飛行密閉ペースト7240.－

施 工：

1) 油脂分を除去

2) 飛行塗料7102.－を、飛行塗料稀釈剤7200.00で10:1に稀釈して吹付　　　　　45－55
乾燥時間は最低6時間

3) 飛行塗料7109.02を、飛行塗料稀釈剤7200.00で2:1に稀釈して吹付　　　　　70－80
乾燥時間は6時間。迷彩塗装にあっては、色調22、61、62、63、65、66、70、
および71もあり。

― 26 ―

施 工 要 領
飛行塗料系05番

塗料	100 ㎡に対する消費量 kg	3 mm 径 塗料粘度計（流出ビーカー）流出量 秒 18−21℃
飛行塗料7113.−	9	50
飛行塗料7114.01	8	16
飛行塗料7115.02	14.4	180
飛行塗料7213.00	9.6	12

施　工：

1) 油脂分を除去

2) 飛行塗料7113.−を吹付　　　　　　　　　　　　　　　　　　　　　　50
乾燥時間は2−3時間

3) 飛行塗料7114.01を吹付　　　　　　　　　　　　　　　　　　　　　16
乾燥時間は2時間

4) 飛行塗料稀釈剤7213.00　　1 R.T.
飛行塗料7115.02　　　　　　2 R.T.　　　　　　　　　　　　　　　27

――――――――――――
［筆者注：R.T.＝体積単位］

施 工 要 領
飛行塗料系20番

塗料	100 m²に対する消費量 kg	粘度計 (3 mm径流出ビーカー) 流出量 20°C
1.) 飛行塗料7130.－（接着塗料としても使用）	60	540
2.) 飛行塗料7135.02	58	385
3.) 飛行塗料7136.00	5	380
4.) 飛行塗料稀釈剤7230.00	21	20

施　工：　清潔で乾燥した布上

1.) 1× 飛行塗料7130.－	を塗り2時間後に	540
2.) 1× 飛行塗料7130.－	を塗り2時間後に	540
3.) 1× 飛行塗料7130.－	を塗り2時間後に	540
4.) 軽く研磨（乾燥）		
5.) 1× 以下の混合	十字方向に吹付	
組成：		
9 R.T. 飛行塗料7135.02		300
1 R.T. 飛行塗料稀釈剤7230.00	4時間後に	
6.) 1× 以下の混合	十字方向に吹付	
組成：		
9 R.T. 飛行塗料7135.02		300
1 R.T. 飛行塗料稀釈剤7230.00	4時間後に	
7.) 飛行塗料稀釈剤7230.00で均一にならし	2時間後に	20
8.) 1× 以下の混合	十字方向に吹付	
組成：		
5 R.T. 飛行塗料7135.02 *)		
2 R.T. 飛行塗料7136.00		110
3 R.T. 飛行塗料稀釈剤7230.00	乾燥時間6時間 一晩なら更に良し	

*) 迷彩色調22、61、62、63、65、66、70、および71もあり。

施 工 要 領
飛行塗料系21番

塗料	100 m²に対する消費量 kg	粘度計 (3 mm径流出ビーカー) 流出量 20℃
1.) 飛行塗料7130.−	60	540
2.) 飛行塗料7135.01	45	310
3.) 飛行塗料稀釈剤7230.00	13	20

施 工： 清潔で乾燥した布上

1.) 1 × 飛行塗料7130.−	を塗り2時間後に	540
2.) 1 × 飛行塗料7130.−	を塗り2時間後に	540
3.) 1 × 飛行塗料7130.−	を塗り2時間後に	540
4.) 軽く研磨（乾燥）		
5.) 1 × 以下の混合	十字方向に吹付	
組成：		
9 R.T. 飛行塗料7135.01		230
1 R.T. 飛行塗料稀釈剤7230.00	4時間後に	
6.) 飛行塗料稀釈剤7230.00で均一にならし	2時間後に	20
7.) 1 × 以下の混合	十字方向に吹付	
組成：		
9 R.T. 飛行塗料7135.01	230	
1 R.T. 飛行塗料稀釈剤7230.00	乾燥時間6時間 一晩なら更に良し	

施 工 要 領
飛行塗料系22番

	塗料	100㎡の消費量	流出ビーカー流出量
飛行塗料7137.−		58	225
飛行塗料7115.02		32	180
飛行拡散溶液7215.00		5	12
飛行塗料稀釈剤7213.00		19	12

施 工： 清潔で乾燥した布上

1) 85 R.T. 飛行塗料7137.−			85
15 R.T. 飛行塗料稀釈剤7213.00		を塗り2時間後に	225
2) 飛行塗料7137.−		を塗り2時間後に	225
3) 飛行塗料7137.−		を塗り5時間後に	
4) 飛行拡散溶液7215.00		1−2時間後に	12
5) 2 R.T. 飛行塗料7115.02			
1 R.T. 飛行塗料稀釈剤7213.00		を吹付け2−3時間後に	27
6) 飛行塗料7115.02	2 R.T.		
飛行塗料稀釈剤7213.00	1 R.T.を吹付		27

乾燥時間はなるべく一晩

施 工 要 領
飛行塗料系30番

塗料	100 m²に対する消費量 kg	粘度計（3 mm径流出ビーカー）流出量 20℃
1.) 飛行塗料7131.00	15	160
2.) 飛行塗料7132.−	22	720
3.) 飛行塗料7135.02	58	385
4.) 飛行塗料7136.00	5	380
5.) 飛行塗料稀釈剤7230.00	31	20

施 工： 清潔で乾燥した木材表面上

1.) 1 × 飛行塗料7130.−	を濃密に塗り3時間後に十字方向に吹付	160
2.) 1 × 以下の混合		
組成：		
4 R.T. 飛行塗料7132.−		205
1 R.T. 飛行塗料稀釈剤7230.00	5時間後に	
3.) 飛行塗料稀釈剤7230.00で均一にならし	2時間後に十字方向に吹付	20
4.) 1 × 以下の混合		
組成：		
9 R.T. 飛行塗料7135.02		300
1 R.T. 飛行塗料稀釈剤7230.00	4時間後に十字方向に吹付、4時間後に	
5.) 1 × 工程4と同様		300
6.) 飛行塗料稀釈剤7230.00で均一にならし	2時間後に十字方向に吹付	20
7.) 1 × 以下の混合		
組成：		
5 R.T. 飛行塗料7135.02 *)		
2 R.T. 飛行塗料7136.00		110
3 R.T. 飛行塗料稀釈剤7230.00	乾燥時間6時間 一晩なら更に良し	

*) 迷彩色調61、62、63、65、70、および71もあり。

［筆者注：工程1で飛行塗料7130.00を指定している。しかしこの飛行塗料は、塗料系に属する塗料1.)から5.)に見当たらない。おそらく誤記で、正しくは7131.00だろう。他の塗料系では書いてある迷彩色調22と66も抜けている。］

施 工 要 領
飛行塗料系31番

塗料	100 m²に対する消費量 kg	粘度計 (3 mm径流出ビーカー) 流出量 20℃
1.) 飛行塗料7131.00	15	160
2.) 飛行塗料7132.−	22	720
3.) 飛行塗料7135.01	45	310
4.) 飛行塗料稀釈剤7230.00	29	20

施工： 清潔で乾燥した木材表面上

1.) 1× 飛行塗料7131.−	を濃密に塗り3時間後に十字方向に吹付	160
2.) 1× 以下の混合		
組成：		
4 R.T. 飛行塗料7132.−		295
1 R.T. 飛行塗料稀釈剤7230.00	5時間後に	
3.) 飛行塗料稀釈剤7230.00で均一にならし	2時間後に	20
4.) 1× 以下の混合	十字方向に吹付	
組成：		
9 R.T. 飛行塗料7135.01		230
1 R.T. 飛行塗料稀釈剤7230.00	4時間後に	
5.) 飛行塗料稀釈剤7230.00で均一にならし	2時間後に	20
6.) 1× 以下の混合	十字方向に吹付	
組成：		
9 R.T. 飛行塗料7135.01		230
3 R.T. 飛行塗料稀釈剤7230.00	乾燥時間6時間 一晩なら更に良し	

施 工 要 領
飛行塗料系32番

塗料	100 m²に対する消費量 kg	3 mm径塗料粘度計（流出ビーカー）流出量 秒 18−21℃
a) 内部： 飛行保護油7180.22 b) 外部： 飛行塗料7181.− 飛行塗料7145.04 飛行塗料7162.01および7162.04		210

施 工：
a) 内部：
浮舟は、全体に飛行保護油7180.22番を注入　　　　乾燥時間6時間
b) 外部：
1 × 飛行保護油7181.−を全体に吹付。　　　　　　　乾燥時間6時間
その上に、水上部

1 × 飛行塗料7145.04	十字方向に吹付け	乾燥時間6時間	210秒
1 × 飛行塗料7145.04	十字方向に吹付け	乾燥時間6時間	210秒

水中部

1 × 飛行塗料7162.01	十字方向に吹付け	乾燥時間6時間
1 × 飛行塗料7162.04	十字方向に吹付け	乾燥時間6時間
1 × 飛行塗料7162.04	十字方向に吹付け	乾燥時間6時間

― 33 ―

施 工 要 領
飛行塗料系33番

塗料	100㎡の消費量	流出ビーカー流出量
飛行塗料7138.―	7	550
飛行塗料7139.01	11	28
飛行塗料7115.02	32	180
飛行拡散溶液7215.00	5	12
飛行塗料稀釈剤7213.00	21	12

施工：　清潔で乾燥した木材表面上

1) 1 R.T. 飛行塗料7138.―		
1 R.T. 飛行塗料稀釈剤7213.00	塗布、3時間後に	15
2) 9 R.T. 飛行塗料7139.01		
1 R.T. 飛行塗料稀釈剤7213.00	吹付、2時間後に	20
3) 飛行拡散溶液7215.00で均一にならし		12
4) 2 R.T. 飛行塗料7115.02		
1 R.T. 飛行塗料稀釈剤7213.00	吹付、2時間後に	27
5) 2 R.T. 飛行塗料7115.02		
1 R.T. 飛行塗料稀釈剤7213.00	吹付	27

施 工 要 領
飛行塗料7140

塗料	100㎡に対する消費量kg	3mm径塗料粘度計（流出ビーカー）流出量　秒　18－21℃
飛行塗料7140.―		25
飛行塗料稀釈剤7233		

施工：

1.) 3 R.T. 飛行塗料7140.―と	十字方向に吹付	
1 R.T. 飛行塗料稀釈剤7233.00	3時間後に	60
2.) 3 R.T. 飛行塗料7140.―と		
1 R.T. 飛行塗料稀釈剤7233.00	3時間後に	60
3.) 3 R.T. 飛行塗料7140.―と		
1 R.T. 飛行塗料稀釈剤7233.00	十字方向に吹付	60

― 34 ―

施 工 要 領
飛行塗料7117

塗料	流出量
1.) 飛行塗料7117.02 2.) 飛行塗料稀釈剤7200.00番 施工： 既成の塗装体系上、もしくは飛行塗料7102.－または7110.02上 1 × 飛行塗料7117.02を飛行塗料稀釈剤7200.00で3:5に 稀釈し、十字方向に吹付け。乾燥時間3時間。	25－30秒

訂正差替6..

施 工 要 領
飛行塗料7160.21－23*)および28
~~7161.23－27*)~~

塗料	100 ㎡に対する消費量 kg	3 mm 径塗料粘度計（流出ビーカー）流出量　秒　18－21℃

飛行塗料7160.21－7160.23および28	6	
~~飛行塗料7161.23－7161.27~~		
飛行塗料稀釈剤7232.00	6	
飛行塗料稀釈剤7233.00		

施　工：
a) 国章と文字標記
既存の塗膜上

1 × 飛行塗料7160.21－7160.23および28			吹付*)
飛行塗料稀釈剤7232で1:1に稀釈	乾燥時間1時間		30－40
1 × 飛行塗料7160.21－7160.23および28			吹付
飛行塗料稀釈剤7232で1:1に稀釈	乾燥時間1時間		30－40

b) 配管等の識別
無塗装金属上

1 × 飛行塗料「7160.23－27」	吹付、または		45－55
飛行塗料稀釈剤「7232.00」で2:1に稀釈	浸し塗り	乾燥時間	
または~~1 0:1~~ 3:1稀釈	刷毛塗り	15時間	100

*) 飛行塗料7160.21－7160.23および28を刷毛塗りする際は、3:1に稀釈すること。　　55－60
色調22、23、24、25、26および27はDIN L 5の色調に相当する。

注：飛行塗料7161.23－27および飛行塗料稀釈剤7234.00の残存在庫は消費すること。

訂正差替12..

［筆者注：1939年9月の改訂で補遺。］［訳注：飛行塗料7161.23－27は1939年9月の改訂で削除した。］

— 35 —

施 工 要 領
飛行塗料7136.00番

飛行塗料7136.00

施　工：
既成の塗膜上
1 × 飛行塗料7136.00　　　　　　　　　　　　　吹付
　　　　　　　　　　　　　　　　　　　　　　　乾燥時間2時間

施 工 要 領
飛行塗料7142.-および7146.70
金属製プロペラ塗装

塗料	100平米に対する 対する消費量 （吹付仕上した 素材に関して）	3mm径 塗料粘度計 （流出ビーカー） 流出量　秒 20℃
1.) 飛行塗料7142番	10	85−95
2.) 飛行塗料7146.70番	10	45−55
3.) 飛行塗料稀釈剤7200.00番		
4.) 飛行洗滌剤Z		

施　工：
1.) プロペラの背面は、飛行洗滌剤Zを用いて入念に油分除去洗滌する。その上に
2.) 1 × 飛行塗料7142番
　（飛行塗料稀釈剤7200.00で4:5に稀釈）厚く吹付ける。
3.) 1時間の乾燥時間の後
2 × 飛行塗料7146.32
　（飛行塗料稀釈剤7200.00で1:1に稀釈）十字方向に吹付ける。

木製プロペラ用塗膜の施工要領は、追って空軍官報で通牒する。

　［筆者注：工程3で飛行塗料7146.32と書いてある。これは飛行塗料7146.70の施工要領なので、明らかに誤記だ。この色調（32）は不明。］

施 工 要 領
飛行塗料7110.02*) 単層塗料

	塗料	100 ㎡の消費量	流出ビーカー流出量
飛行塗料7110.02		12	
飛行塗料稀釈剤7200.00			

施工：
1.) D 3に示した薬剤のいずれかを用いて油脂分を除去
2.) a. 内部塗装
飛行塗料7110.02または01
飛行塗料稀釈剤7200.00で5:1に稀釈し　　　　　　　　　　　　　　　　　80－90
吹付または刷毛塗り
乾燥時間6時間
b. 外部塗装
飛行塗料7110.02*)
飛行塗料稀釈剤7200.00で5:1に稀釈　　　　　　　　　　　　　　　　　　80－90
吹付または刷毛塗り
乾燥時間最低6時間

*) 飛行塗料7110.02は、01、22、61、62、63、65、66、70および71の色調でも供給する。稀釈比はそれぞれの色調による：

01	稀釈	10:1	流出時間	45－55
22	〃	3:1	〃	70－80
61	〃	4:1	〃	60－70
62	〃	10:1	〃	60－70
63	〃	10:1	〃	60－70
65	〃	10:1	〃	60－70
66	〃	4:1	〃	60－70
70	〃	5:1	〃	110－120
71	〃	5:1	〃	70－80

施 工 要 領
飛行塗料7111.00 黄色透明

塗料	100 ㎡の消費量	流出ビーカー流出量
飛行塗料7111.00黄色透明	10	
飛行塗料稀釈剤7200.00		

施 工：
1.) 鋲頭または陽極酸化処理した資材と接合した無塗装金属の
交換部品の油脂分を除去
2.) 上記部品を、飛行塗料7111.00黄色透明を用い
飛行塗料稀釈剤7200.00で1:1稀釈して吹付、あるいは
あるいは稀釈せずに刷毛塗り　　　　　　　　　　　　　35－45
乾燥時間3－4時間

施 工 要 領
飛行塗料7118.00、青色透明

塗料	流出量
飛行塗料　　　7118.00	

施工：
1.) 陽極酸化および被膜処理した部品は乾燥後ただちに　　　25－30秒
2.) １×稀釈しない飛行塗料7118.00（青色透明）で浸し塗りまたは吹付
乾燥時間1時間
訂正差替13

施 工 要 領
飛行密閉帯7245
飛行密閉帯7246
飛行密閉剤7243
飛行密閉ペースト7242

飛行密閉帯7245および7246は、水密および気密であるべき鋲接部間の中塗りに用いる。飛行機のその他の部位の密閉材としても使用でき、特に異種の金属（例えば鋼と軽金属）の接合で腐蝕の虞大なる部位に使用できる。
飛行密閉帯7245または7246は、塗装規程に従って完全に洗滌した部品を鋲接する前に、継目から突出しないように貼る。端から2 mm内側に寄せて貼るのがよい。
鋲接後の密閉には、飛行密閉剤7242（刷毛塗り）または7243（へら塗り）を使用する。

施 工 要 領
飛行密閉帯7255*)
飛行密閉帯7256*)
飛行密閉ペースト7253*)

飛行密閉帯7255および7256は、燃料および水が浸入する虞がある鋲接部間の中塗りに用いる。

塗装規程に従って洗滌した部品を鋲接する前に、へらを用いて飛行密閉ペースト7253を両接合面に塗る。その後、飛行密閉帯を貼り、螺子で固定して鋲接する。鋲接は8時間以内に行なうこと。

*) 上記の規定は、残存在庫を消化した後に、以下で代替する。

施 工 要 領
飛行密閉帯7260
飛行密閉ペースト7261
飛行密閉ペースト7262

飛行密閉帯7260は、燃料および水が侵入する虞がある鋲接部間の中塗りに用いる。

飛行密閉帯7260は、手塗りまたは製造会社が供給する道具を用いて、両面に飛行密閉ペースト7261を塗って強固かつ均一に貼付ける。このように処理した飛行密閉帯7260は強固で、金属帯を鋲接してもシワを生じない。その後、鋲接時に金属帯を螺子等で固定する。鋲接は8時間以内に行なうこと。必要に応じ、間隙を飛行接合ペースト7262.−で均一にする。

E. 施工直後の飛行機塗膜の取扱

1. 塗膜は、最後の塗膜層の塗布後48時間以上経過後に外部気象に完全に曝露してもよい。飛行艇および水上機は、塗装完了後、最低72時間後に進水させる。塗装完了後14日間は常時水中に置いてはならない。第3日から第14日までの期間、水中に置ける時間は8時間を上限とする。

2. 航空省が特別に指定する保守剤を、運用部隊への配備に先立って、あるいは上塗り塗装後1カ月以内に、塗装後の飛行機に塗布するものとする。ただし、塗布に先立って、必ず長時間かけて塗膜を完全に乾燥させねばらなず、なるべく塗装後2週間以上おくこと。保守剤は厚塗りをしてはならず、乾燥した布で拭きあげて、なるべく艶消表面に所期の効果がでるよう、かつ埃が蓄積せぬようにすること。保守剤を塗布する際には、いかなる状態にあっても、塗膜が完全に乾燥していなければならない。

LDv 521/1添付

00 wasserhell	01 silber	02 RLM-grau	04 gelb	21 weiß	22 schwarz
23 rot	24 dunkelblau	25 hellgrün	26 braun	27 gelb	28 weinrot
61 dunkelbraun	62 grün	63 hellgrau	65 hellblau	66 schwarzgrau	70 schwarzgrün
71 dunkelgrün	72 grün	73 grün			

編集部より：カラーチャートは省略させていただきました

添付2

飛行機の塗装概要の見本
飛行機型式 Zf 99 製造番号 118

種別：複合構造　—　陸上

構成品および個別部品	資材	表面保護区分	飛行塗料連鎖または飛行塗料	備考
胴体および操縦装置				
あらゆる肋材、構造材、管	鋼	D	外部は塗料系01	
飛行機内部の補強金具	軽金属			
外皮板金				
飛行機内側	ステンレス鋼	A	無塗装	
飛行機外側		A	塗料系 X	迷彩
飛行機内部の木製部品		D	7140.00	
計器盤、蓄電池基部、配管、密閉、国章および文字標記		D	規程による	
走行装置：				
あらゆる板金、支柱および鋳造部品	金属	D	内部は塗料系01	迷彩
索条および縒継ぎ	金属	D	規程による	
管内部	鋼	D	7182.00	注入吐出
翼および舵				
翼内部の構造全体	木	D	7140.00	桁は注入吐出
小骨、支柱、綱索	金属	D		
翼内部			内部は塗料系01	
翼外部			外部は塗料系01	
継目および鋲接部			透明接着帯で覆い貼り	
羽布	布	D	連鎖系20	迷彩

　　　個別の塗装の工程は、空軍規程の定めによる。

注：　1) 塗装規程からの乖離は存在しない。
　　　2) 特例：　　　　　　　　　　　　場所　　日　　製造会社　　番号

添付3

調達先一覧表*)および塗料概要

塗料番号	塗料または薬剤用途	製造会社	備考
7100	刷毛塗り!		消費後は7102で代替
102	金属	ヴァルネッケ・ウント・ベーム株式会社 ベルリン＝ヴァイセンゼー、ゲーテ通	
105	〃	〃 〃 〃	
106	〃	〃 〃 〃	
107	〃	〃 〃 〃	
108	〃	〃 〃 〃	
109	〃	〃 〃 〃	
110	〃	〃 〃 〃	
7111	〃	〃 〃 〃	
112	〃	〃 〃 〃	
113	〃	ヘアビヒ＝ハーハウス株式会社、ベルリン＝エルクナー	
114	〃	〃 〃 〃	
7117	金属	ヴァルネッケ・ウント・ベーム、ベルリン＝ヴァイセンゼー、ゲーテ通	
135	布および木材	アトラス・アーゴ株式会社、ライプツィヒ＝メルカウ	
136	〃	〃 〃 〃 〃	
137	布	ヘアビヒ＝ハーハウス株式会社、ベルリン＝エルクナー	
138	木材	〃 〃 〃	
139	〃	〃 〃 〃	
140	〃	〃 〃 〃	
142	木材、金属	ヴァルネッケ・ウント・ベーム、ベルリン＝ヴァイセンゼー	
145	木材	ハンザ塗料工業、キール、鉄道築堤12番地	
7146	木材、金属	ヴァルネッケ・ウント・ベーム、ベルリン＝ヴァイセンゼー	
160	汎用	ベック・コラー・ウント・コンパニー有限会社、ベルリン＝ヴァイセンゼー、ベルリナー通154	
~~161~~	~~〃~~	~~〃 〃 〃~~	
162	木材	リューディッケ・ウント・コンパニー、ベルリン＝ヴィルマースドルフ、カイザー通	
~~170~~	~~木材、金属~~	~~〃 〃 〃~~	
180	木材	リュトガース製造所、エルクナー	
181	〃	グスタフ・ルート株式会社、ヴァンツベック・バイ・ハンブルクフェルト通 130/142	
182	刷毛塗り!薬剤用途		消費後は7102で代替
7200	稀釈	ヴァルネッケ・ウント・ベーム、ベルリン＝ヴァイセンゼー	

*) 上記会社からの塗料の協同購入を禁ず。発注は所轄の飛行隊（P）が行なうこと。 納品は書類と引換えに行なう。

塗料番号	薬剤用途	製造会社	備考
7213	稀釈	ヘアビヒ＝ハーハウス株式会社、ベルリン＝エルクナー	
7215	拡散	〃　　　〃　　　〃	
7230	稀釈	アトラス・アーゴ株式会社、ライプツィッヒ＝メルカウ	
232	〃	ベック・コラー・ウント・コンパニー有限会社、ヴァイセンゼー	
233	〃	ヘアビヒ＝ハーハウス株式会社、ケルンおよびエルクナー	
234	〃	ベック・コラー・ウント・コンパニー有限会社、ヴァイセンゼー	
240	密閉	ヴァルネッケ・ウント・ベーム株式会社、ベルリン＝ヴァイセンゼー	
242	〃	化学製品有限会社、ベルリン＝ブリッツ	
7243	〃	〃　　　〃　　　〃	
245	〃	〃　　　〃　　　〃	
246	〃	〃　　　〃　　　〃	
7250	遮断	市販品あり	
253	密閉	化学製品有限会社、ベルリン＝ブリッツ	これら薬剤の消費後は7260-7262で代替のこと
255	〃	〃　　　〃　　　〃	
256	〃	〃　　　〃　　　〃	
7260		ヴァルネッケ・ウント・ベーム株式会社、ベルリン＝ヴァイセンゼー	
261		〃　　　〃　　　〃	
262		〃　　　〃　　　〃	

添付4

3 mm塗料粘度計

使用説明書：

　付属の固定具を用いて、粘度計を架台または他の適切な台上に固定する。計測開始前に、特に流出孔を完全に清浄しておくこと。

　計測時は、流出孔を左手の指で塞ぎ、試料を容器の外縁から溢れるまで注ぐ。溢れが止まったら、指を外して流出孔を開き、同時にストップウォッチを始動する。計測は、流下が止まった時点で終える。流下に要した秒数が粘度を示す。

　計測精度は温度に依存し、18℃から21℃までの間でなければならない。

添付4付図

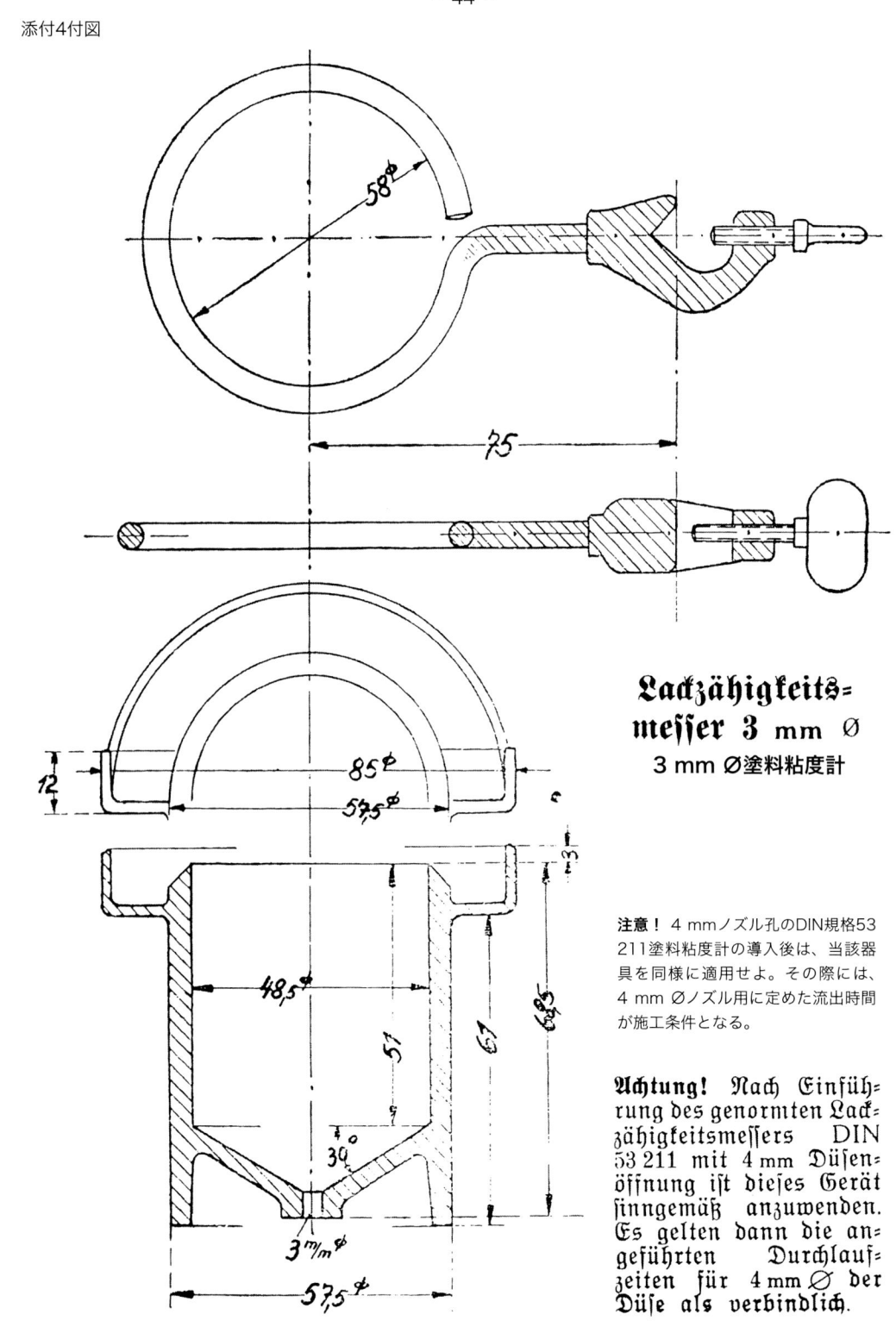

Lackzähigkeits= messer 3 mm Ø
3 mm Ø塗料粘度計

注意！ 4 mmノズル孔のDIN規格53 211塗料粘度計の導入後は、当該器具を同様に適用せよ。その際には、4 mm Ø ノズル用に定めた流出時間が施工条件となる。

Achtung! Nach Einführung des genormten Lack=zähigkeitsmessers DIN 53 211 mit 4 mm Düsen=öffnung ist dieses Gerät sinngemäß anzuwenden. Es gelten dann die an=geführten Durchlauf=zeiten für 4 mm Ø der Düse als verbindlich.

航空省規程
恒久施設における金属部品洗滌
テトラクロロエチレン（Per）使用

1.) 施設：

洗滌には、ミュンヘンのA・バーダー社製の油分除去装置を用いる。装置の規模は、中を通す材料の数量による。装置は以下で構成する：

a) 洗滌浴槽。大型の外側容器1個の内側に洗滌桶3個を隣接して配し、その中に網籠を用いて洗滌すべき部品を吊す。容器上部には水道水流による冷却装置が通っており、気化したPerを凝縮する機能がある。
各洗滌桶には30 L（リットル）のPer（C_2Cl_4）を貯え、内蔵した蒸気管で90℃以上に加熱するものとする。

b) 蒸留施設。油脂分を含むテトラクロロエチレンの浄化または回収に使用する。

2.) 効用：

Perは油脂、樹脂、および塗料に対する強力な溶剤で、適切な長さの作用時間の後、これらの物質を金属部品から痕跡なく除去する。Perは不燃性である！

3.) 作業手順：

a) 網籠に油分除去すべき部品を入れる。
b) 最初の籠を第1の洗滌桶に吊し、その後、第2の、そして最後に第3の洗滌桶に吊す。作用時間は、第1洗滌桶が5分で、第2および第3には軽く浸す。連続作業。
c) 第3の桶から容器上縁のすぐ下に籠を引き上げる。金属部品自身の熱により瞬時に乾燥する。
d) 網籠を取り出し、金属部品を塗装または陽極酸化工程に送る。
e) 毎日、終業前に、テトラクロロエチレンを洗滌桶から蒸留器（1 b参照）に汲出し、Perを蒸留して不純物を除去する。

脚註
　※41：テトラクロロエチレン〜パークロロエチレンとも。商品名パークレン。ハロゲン化炭化水素のひとつ。不燃性の溶剤として機械部品等の洗滌やドライクリーニングに広く使用されていた。エチレンの4つの水素がすべて塩素に置換された化合物。

1939年9月

訂正差替1–16番
L. Dv. 521/1用

草案
飛行機塗料の処理および適用規程
第1部
（1938年版）

訂正はL. Dv. 1の「序論」に従って実施すること。

---

1) 11ページ用 － 2) 11ページ用 － 3) 12ページ用 － 4) 17ページ用 －
5) 17ページ用 － 6) 34ページ用 － 7) 34ページ用 － 8) 34ページ用 －
9) 34ページ用 － 10) 34ページ用 － 11) 34ページ用 － 12) 34ページ用 －
13) 37ページ用 － 14) 42ページ用 － 15) 42ページ用 － 16) 43ページ用。

飛行機塗料の処理および適用規程－1938年版の第2版

　筆者所有の版の内容は、7.2.節に記載した1938年版のL.Dv. 521/1とほとんど同一だ。以下にしめす差異2点がある：

　1938年版のL.Dv. 521/1の草案は訂正（訂正差替）をほどこしてあるが、筆者所有の第2版は草案のままの状態だ。

　第二の差異は、以下の注意が第2版の表紙にあることだ：

「本飛行機塗料の処理および適用規程は、各個の職務範囲内に限って使用するものとする。色調表に示した色調70および71は、いかなる状況にあっても当該呼称のもとで製造または国外供与してはならない。」

L. Dv. 521/1

飛行機塗料の処理および適用規程

第1部：動力飛行機

1941年11月

航空大臣　　　　　　　　ベルリン、1941年11月8日
兼空軍最高司令官
技術局・第26920/41（GL/C-E2 VII C）

　　　余はここに、L. Dv. 521/1
　　　『**飛行機塗料の処理および適用規程**』
　　　第1部：動力飛行機、1941年11月
　　　の発行を承認する。

　　　発行日をもって発効する。

　　　前版たるL. Dv. 521/1『飛行機塗料の処理および適用規程草案』、ならびに
　　　TAGL I P 10g 第8/40 一連番号439/40号、40年12月24日付および
　　　TAGL I P 10g 第18/41 一連番号363/41号、41年6月24日付は
　　　同時に失効する。

　　　　　　　　　　　　　　　　　　　　　　代理
　　　　　　　　　　　　　　　　　　　　　　フォアヴァルト

目 次

序	5
A. 総則	
1. 塗装の目的	6
2. 定義	6
3. 表面保護剤の概要	6
B. 各種塗料系、単独塗料、密閉剤の一覧	
1. 総則	7
2. 飛行機保有者および重整備場むけ塗料系と施工要領	7
3. 単独塗料	13
4. 密閉剤	24
5. 適用塗装の飛行機上の表示	27
C. 塗料および塗料系の適用	29
D. 塗料の使用	
1. 塗料の納入状態	31
2. 塗料の保管と準備	32
3. 材料の洗滌	32
4. 塗装全般	32
5. 個別の塗装要領	34
E. 施工直後の飛行機塗装の取扱	36
F. 金属部品の洗滌に関する航空省規程	36
G. 昼間迷彩上の恒久夜間迷彩塗装による飛行機の再迷彩およびその逆	41
H. 昼間作戦用の飛行機下面の青色塗装の状態と保守	43

図 表

図1	飛行塗料7120.22上への標識の塗装	19
図2	恒久夜間迷彩の塗装	22
図3	調帯機の概略図	27
図4	塗装概略図	35
図5	再迷彩用の概略図	43

添 付 目 次

添付1	色調表
添付2	衛生飛行機の標識に関する規程（OSリスト）
添付3	型式登録にともなう航空省塗装様式
添付4	3 mm Ø塗料粘度計

序

　この新版、1941年版L. Dv. 521/1は、戦争遂行に適合させた。格別の理由により、水上機および熱帯用機を例外としてアルミニウム合金の多層塗装を廃止した。（例外：エレクトロン、鋼、および艦載機専用の不燃性金属塗装。）
　内部および外部塗装の標準塗料は飛行塗料7122であり、多様な色調がある。
　迷彩色調61、62、および63は今後使用しない。当該色調に代えて、迷彩色調70および71をすべての爆撃機（陸上）に、72および73をすべての水上爆撃機に、74、75、および76を戦闘機および駆逐機に用いる。
　色調04による水上機の視認塗装は廃止する。
　教育用および訓練用飛行機は、所定の迷彩色調の塗装のみを用いる。銀塗装（色調01）は外部用および内部用ともに禁止する。
　すべての飛行機の操縦室内部は原則として色調66で塗装するものとする。
　戦時は、飛行機の保守を禁止する。（例外は航空省の許可がある場合に限る。）塗装した飛行機の洗滌剤には、飛行塗料洗滌剤7238を使用するものとする。
　あらたに、夜間迷彩塗料7120.22および7124.22－除去可能および恒久－を規定し、当面は部隊の指示によってのみ適用するものとする。
　金属塗装用の塗料ならびに木材および布用塗料を、1939年以来、空軍全般に導入してきた。塗料は元祖の製造会社の処方に従い、複数の主要塗料会社がライセンス生産している。

A. 総則

1. 塗装の目的
　a) 表面保護：飛行機資材を気象、水、および付着物の悪影響から防護する。飛行機の耐用命数を延伸する。
　b) 材料（羽布）を耐空性のある状態にする。
　c) 飛行機の被視認性を向上させる。

2. 定義
　a) 塗料〔Lack〕＝液体で、表面に塗布後に乾燥して抵抗力のある被膜を形成する。
　b) 塗膜〔Lackierung〕＝塗料の処理によって得られる、有用な被膜。
　c) 塗料系〔Lackkette〕＝塗料を特定の順序で組合せたもので、処理規定に従って順に塗布すると、塗膜が完成する。
　d) ドイツ産原料＝ドイツ国内で十分な量を確保できる原料をいう。大量に存在してもドイツ国内で得られないものは、ドイツ産原料と看做さない。
　e) 乾燥時間＝これは主として部隊における補修作業の条件を示す。量産に関しては、乾燥時間は各事業所の技術設備によって異なり、以下の状態がある：飛塵乾燥〔Staubtrocken〕、輸送乾燥〔Transporttrocken〕、組立乾燥〔Montagetrocken〕、在庫乾燥〔Lagertrocken〕、次塗装乾燥〔für den nächsten Anstrich trocken〕、負荷乾燥〔Beanspruchungstrocken〕、等。当該塗料の製造会社と合意可能な指示に定める。疑わしい場合には航空省が介入するものとする。
　f) 耐用命数＝規程に従って保守してきた塗膜が、気象の影響に常時曝されることで再塗装が必要になるまでの年数。

3. 表面保護材の概要

A群　　耐蝕性材料（例えばステンレス鋼）。
B群　　材料の腐蝕抑制金属外皮（鍍金、電気鍍金、または金属吹付処理で定着）と追加保護塗料。
C群　　非金属保護層（化学処理、例えば陽極酸化処理、アトラメント処理、燐酸化処理）と追加保護塗料。
D群　　塗料（空気乾燥、焼付乾燥）を他に保護のない材料に定着させたもの。

［訳注：ドイツ語版では2.e)の乾燥時間の項が欠落しているので、L. Dv. 521/1原本に基づいて補足した。なお原文は以下のとおり：

Trockenzeiten = Diese beziehen sich vorzugsweise auf die bei der Truppe vorliegenden Bedingungen für Ausbesserungsarbeiten. Für Serienfertigung sind die Trockenzeiten je nach vorliegenden betriebstechnischen Einrichtungen unterschiedlich für die Zustände: „Staubtrocken", „Transporttrocken", „Montagetrocken", „Lagertrocken", „für den nächsten Anstrich trocken", „Beanspruchungstrocken", usw. Entscheidend sind die mit den zuständigen Lacklieferfirmen vereinbarten Anweisungen. In Zweifelsfällen ist das RLM einzuschalten.］

B. 各種塗料系、単独塗料および密閉剤の一覧

1. 総則

塗料系を構成する塗料を、個別の連鎖中に概要とともに以下に列記する。塗装時は、全般に本規程に従い、かつ当該塗料の施工要領を遵守すべし。規定外の塗料および塗料系は、航空省技術局の事前承認がある場合に限って、特定の飛行機（新型原型機、塗料試験機、その他）に使用できる。

各機の機歴記録に付随する塗装表（OSリスト）は、本規程に従って単純化するものとする。

塗料および塗料系の数字呼称：

a) 塗料系は2桁の数字で識別する。金属塗装用の連鎖は01－19の数字を割当てる。羽布および木材塗装用の連鎖は20－39の数字を割当てる。

b) 塗料は4桁の数字で識別する。塗料の色調は2桁の数字*）で識別し、塗料呼称の4桁数の後に小数点で区切って続ける。

　　例：　　　飛行塗料　　　7107.02
　　　　　　　　　　　　　塗料― 色調―
　　　　　　　　　　　　　　　　呼称

　　　　意味：金属用単層塗料RLMグラウ。

2. 飛行機保有者および重整備場むけ塗料系、ならびにその施工要領

飛行塗料系01（廃止する）。

［筆者注：詳細は1938年版のL.Dv. 521/1を参照］

飛行塗料系02（有色）。

本塗料系は、金属製浮舟内部、飛行艇体の内外部、および熱帯用飛行機の塗装に限って使用する。

水上機自体に関して、航空省の特別規程に沿ったアルミ合金の陽極酸化を定めてあるが、いまだに陽極酸化に対応していない飛行機製造会社があるため、a)またはb)に従った工程を適用する。

a) 陽極酸化処理した飛行機

　　　飛行塗料7118.―　　　飛行塗料7102.―
　　　飛行塗料7109.02または迷彩色調。

b) 陽極酸化処理していない飛行機および熱帯用飛行機

　　　飛行塗料7102.―　　　飛行塗料7106.―
　　　飛行塗料7109.02または迷彩色調

---

*) 4桁の塗料数字の後の点につづく、2桁の色調数字の代わりのハイフン（―）は、色調の精度が重要でないことを示す。

施 工 要 領

塗料 および施工	*) 消費量 kg 毎100㎡	流出粘度計 経過時間	
		3 mm	4 mm
1. 添付5に従って油分除去			
2. 飛行塗料7102.—を 飛行塗料稀釈剤7200.00で10:1に稀釈して 十字方向に1回吹付け 乾燥時間最低6時間	*) 15	45−55	19−23
3. 飛行塗料7106.—を 飛行塗料稀釈剤7200.00で2:1に稀釈して 十字方向に濃密に1回吹付け 乾燥時間6時間	10	45−55	19−23
4. 飛行塗料7109.65または70、71等を 飛行塗料稀釈剤7200.00で2:1に稀釈して 十字方向に濃密に1回吹付け 乾燥時間3時間	10	70−80	27−32

飛行塗料系03（銀）廃止する。［筆者注：詳細は1938年版のL.Dv. 521/1を参照］

飛行塗料系04（有色）

　　本連鎖は、単層塗膜を指定していない飛行機の外部塗装に使用する。標準塗料7122を補完する汎用2層系として使用できる。

　　　　飛行塗料　　　7102.−
　　　　飛行塗料　　　7109.02または迷彩色調
　　適合：飛行塗料稀釈剤　　　7200.00

施 工 要 領

塗料 および施工	*) 消費量 kg 毎100㎡	流出粘度計 経過時間	
		3 mm	4 mm
1. 添付5に従って油分除去			
2. 飛行塗料7102.—を 飛行塗料稀釈剤7200.00で10:1に稀釈して 1回吹付け 乾燥時間最低6時間	15	45−55	19−23
3. 飛行塗料7109.02を 飛行塗料稀釈剤7200.00で2:1に稀釈して 十字方向に濃密に1回吹付け 乾燥時間6時間 必要に応じ迷彩色調を使用	10	70−80	27−32

*) L. Dv. 521/1の消費量は操業技術上の条件によって大きく増減するため、事前算定の目的に限って、条件付でで見積もる。数値は、吹付か、刷毛塗りか、浸し塗りかによって、あるいは広大な表面か小部分かによって異なる。

飛行塗料系05（有色）不燃性

本連鎖は、当初から当該塗料で塗装してあった飛行機（例えば艦載機や輸送用滑空機等）に限り使用可能である。

本塗料系で塗装した飛行機は、他の塗料で補修してはならず、その逆も禁ずる。

飛行塗料　　　　7113.－
飛行塗料　　　　7114.－
飛行塗料　　　　7115.02または迷彩色調

適合：
飛行塗料稀釈剤　　7213.00

施 工 要 領

塗料 および施工	*) 消費量 kg 毎100 ㎡	流出粘度計 経過時間	
		3 mm	4 mm
1. 添付5に従って油分除去			
2. 飛行塗料7113.－を稀釈せずに1回吹付け	9	50	16－20
乾燥時間2時間			
3. 飛行塗料7114.－を稀釈せずに1回吹付け	8	16	10－15
乾燥時間2時間。色調02の場合：	－	27	17
4. 飛行塗料7115.02を			
飛行塗料稀釈剤7213.00で1:1に稀釈して吹付け	塗料13	27	17
乾燥時間4時間	稀釈剤12		
十字方向に濃密に1回吹付け			
必要に応じ迷彩色調を使用			

飛行塗料系20（有色）

本連鎖は、飛行機用羽布の塗装専用である。

飛行塗料　　　　7130.－（接着塗料としても使用）
飛行塗料　　　　7135.02
飛行塗料　　　　7136.00

適合
飛行塗料稀釈剤　　7230.00

---

*) 8ページの脚注を参照。

施 工 要 領

塗料 および施工	*) 消費量 kg 毎100㎡	流出粘度計 経過時間 3 mm	4 mm
1. 清潔で乾燥した布をしかるべく事前緊張 2. 飛行塗料7130.‒を稀釈せずに1回刷毛塗り 乾燥時間2時間	20	540	136
3. この時点あるいは次工程の後に 7130.‒を接着塗料として用いて継目帯を接着 4. 飛行塗料7130.‒を2回または3回 2時間の間隔をおいて2と同様に施工 5. 軽く乾研磨 6. 飛行塗料7135.02を 飛行塗料稀釈剤7230.00で9:1に稀釈して 十字方向に濃密に1回吹付け 必要に応じ迷彩色調を使用	30	300	72
7. さらに1回、6と同様 8. 飛行塗料稀釈剤7230.00で均一にならし（拡散し） 乾燥時間2時間 9. 最終工程は所要色調によって異なる 色調02の場合：以下の混合を 十字方向に1回吹付け： 5単位の飛行塗料7135.02 2単位の飛行塗料7136.00 3単位の飛行塗料稀釈剤7230.00 乾燥時間6時間 迷彩色調の場合： 無光沢を確保するため、飛行塗料7136.00を使用せずに 以下の如く混合： 8単位の飛行塗料7135を迷彩色調で 2単位の飛行塗料稀釈剤7230.00		110	25

注：塗装の失敗を部分剥離するには、飛行塗料稀釈剤7230.00ではなく飛行剥離剤7236.00を通常の方法で使用するのが適切である。

*) 8ページの脚注を参照。

飛行塗料系22（有色）不燃性

本塗料系は、当初から当該塗料で塗装してあった飛行機（例えば艦載機や輸送用滑空機等）の羽布部の塗膜に限って使用可能である。本塗料系で塗装した飛行機は、連鎖20の塗料で補修してはならず、その逆も禁ずる。

   飛行塗料   7137.－
   飛行塗料   7115.02
  適合：
   飛行塗料稀釈剤 7213.00
   飛行塗料拡散剤 7215.00 あるいは迷彩色調。

［筆者注：飛行拡散剤の行は、あきらかに誤記だろう。迷彩色調は飛行塗料7115.02の行にあるのがふさわしい。施工要領の第6点を参照。］

施 工 要 領

塗料 および施工	*) 消費量 kg 毎100 ㎡	流出粘度計 経過時間 3 mm	4 mm
1. 清潔で乾燥した布をしかるべく事前緊張			
2. 飛行塗料7137.－を 飛行塗料稀釈剤7213.00で7:3に稀釈して刷毛塗り 乾燥時間2時間	塗料51 稀釈剤22	85	27
3. この時点あるいは次工程の後に 7137.－を接着塗料として用いて継目帯を接着			
4. 飛行塗料7137.－を稀釈せずに2回または3回 2時間の間隔をおいて刷毛塗り	各50	各225	各80
5. 飛行塗料拡散剤7215.00で均一にならし（拡散し） 乾燥時間2時間	5	12	10
6. 飛行塗料7115.02を 飛行塗料稀釈剤7213.00で1:1に稀釈して 十字方向に濃密に2回吹付け、 必要に応じ迷彩色調を使用 乾燥時間3時間	各 塗料13 稀釈剤12	各27	17

飛行塗料系30（有色）

本連鎖は、飛行機の木製外部に限定して使用可能である。木製浮舟、飛行艇体等の塗装としての使用を禁ずる。

   飛行塗料   7131.00
   飛行塗料   7132.－
   飛行塗料   7135.02または迷彩色調
   飛行塗料   7136.00
  適合：
   飛行塗料稀釈剤 7230.00

---

*) 8ページの脚注を参照。

施　工　要　領

塗料 および施工	*) 消費量 kg 毎100 ㎡	流出粘度計 経過時間 3 mm	4 mm
1. 乾燥した木材表面から埃を除去			
2. 飛行塗料7131.00を濃密に1回刷毛塗り 乾燥時間3時間	15	160	35
3. 飛行塗料7132.－を飛行塗料稀釈剤7230.00で4:1に稀釈し 十字方向に濃密に1回吹付け 乾燥時間5時間	22	295	63
4. 飛行塗料稀釈剤7230で均一にならし（拡散し） 乾燥時間2時間			
5. 飛行塗料7135.02を 飛行塗料稀釈剤7230.00で9:1に稀釈し 十字方向に濃密に2回吹付け、 必要に応じ迷彩色調を使用 乾燥時間4時間	20	300	62
6. 飛行塗料稀釈剤7230で均一にならし（拡散し） 乾燥時間2時間			
7. 最終工程は所要色調によって異なる 色調02の場合：以下の混合を 十字方向に1回吹付け： 5単位の飛行塗料7135.02 2単位の飛行塗料7136.00 3単位の飛行塗料稀釈剤7230.00 乾燥時間6時間 迷彩色調の場合： 無光沢を確保するため、飛行塗料7136.00を使用せずに 以下の如く混合： 8単位の飛行塗料7135を迷彩色調で 2単位の飛行塗料稀釈剤7230.00			

注：塗装の失敗を部分剥離するには、飛行塗料稀釈剤7230.00ではなく飛行剥離剤7236.00を通常の方法で使用するのが適切である。

*) 8ページの脚注を参照。

［筆者注：工程7からわかるとおり、光沢のある透明塗料7136.00（色調00＝透明塗料）を混合すると塗膜の無光沢が減殺される。この点は外部が全面02の模型を塗装する際に特に注意する必要がある。］

飛行塗料系33（有色）不燃性

本塗料系は、当初から当該塗料で保護してあった飛行機（例えば艦載機、輸送用滑空機等）の木製外部の塗装に限って使用可能である。連鎖30の塗料で補修してはならず、その逆も禁ずる。

   飛行塗料　　　　7138.－
   飛行塗料　　　　7139.－
   飛行塗料　　　　7115.02または迷彩色調
  適合：
   飛行塗料稀釈剤　　　7213.00
   飛行塗料拡散剤　　　7215.00

施 工 要 領

塗料 および施工	*) 消費量 kg 毎100 ㎡	流出粘度計 経過時間 3 mm	 4 mm
1. 乾燥した木材表面から埃を除去			
2. 飛行塗料7138.－を 飛行塗料稀釈剤7213.00で1:1に稀釈して摺り込み 乾燥時間3時間	塗料4.5 稀釈剤4.5	 15	 12
3. 飛行塗料7139.－を 飛行塗料稀釈剤7213.00で2:1に稀釈して吹付け 乾燥時間2時間	塗料13 稀釈剤6	 20	 17
4. 飛行塗料稀釈剤7215.00で均一にならす（拡散する）	－	12	10
5. 飛行塗料7115.02を 飛行塗料稀釈剤7213.00で1:1に稀釈し 十字方向に濃密に2回吹付け 乾燥時間2時間 必要に応じ迷彩色調を使用	各　塗料25 稀釈剤25	 各27	 17

3. 飛行機保有者および重整備場むけ単独塗料、ならびにその施工要領

飛行塗料7140（緑色透明）

本塗料は、外部気流に露出していない木製部すべての塗装、すなわち木製内部塗装に用いる。

  適合：
   飛行塗料稀釈剤　　　7233.00

---

*) 8ページの脚注を参照。

施 工 要 領

塗料 および施工	**) 消費量 kg 毎100 ㎡	流出粘度計 経過時間	
		3 mm	4 mm
1. 乾燥した木材表面から埃を除去			
2. 飛行塗料7140.－を飛行塗料稀釈剤 7233.00で3:2に稀釈して刷毛塗り 乾燥時間3時間	塗料12 稀釈剤6	220	65
3. 飛行塗料7140.－を飛行塗料稀釈剤 7233.00で1:1に稀釈し 十字方向に濃密に2回吹付け 乾燥時間各3時間	塗料14 稀釈剤14	55	18

飛行塗料7122（単層塗料）

　本塗料は原則として、色調02の内部塗装、迷彩色調の外部塗装として、単層塗装を施す飛行機用に指定する。施工は通常の方法で行なうが、粘度計の流出時間は色調ごとに多少異なる。

　適合：
　飛行塗料標準稀釈剤　　　7200.00

施 工 要 領

塗料 および施工	消費量 kg 毎100 ㎡	流出粘度計 経過時間	
		3 mm	4 mm
2. 飛行塗料7122を 飛行塗料稀釈剤7200.00で3:1に稀釈し 十字方向に濃密に1回吹付け 色調02または迷彩色調 乾燥時間3時間	塗料25 稀釈剤7	50*)	21*)

---

　*) 流出時間は個別の色調によって多少異なる。

　**) 8ページの脚注を参照。

飛行塗料7160.21 － 28

本塗料は、配管の識別ならびに文字標記および国章に、あらゆる材料上で、特に吹付工程において、適している。

適合：

　　　飛行塗料稀釈剤　　　　7232.00

　　　色調22－27はDIN L 5準拠の色調に相当

本塗料の施工は、そのつど塗装技術上の要求に応じて必要な稀釈比率で行なうものとする。

飛行塗料7164.21－22

本塗料は、特に刷毛塗り工程による文字標記と国章表示に使用し、なかんずく単層塗膜上で用いる。

適合：

　　　飛行稀釈剤　　　7234.00

本塗料の施工は、そのつど塗装技術上の要求に応じて必要な稀釈比率で行なうものとする。

飛行塗料7165.21－22（不燃性）

本塗料を用いて、不燃性塗膜（塗料系05または22および23）上に文字標記と国章表示を行なう。

適合：

　　　飛行塗料稀釈剤　　　　7232.00（飛行塗料7160と同様）

本塗料の施工は、そのつど塗装技術上の要求に応じて必要な稀釈比率で行なうものとする。

飛行塗料7119.－（耐酸塗料）

本塗料を用いて、蓄電池基部ならびに木材および金属の酸被曝箇所を追加処理する。同様の目的で従来使用してきた飛行塗料7117.－の残存在庫を消化した後に代替する。飛行塗料7117.－は、もはや供給不能である。

適合：

　　　飛行塗料標準稀釈剤　　　　7200.00

施工は、飛行稀釈剤7200.00で3:5に稀釈し、所定の既成塗装体系上に十字方向に濃密に1回吹付ける。乾燥時間3時間。

飛行塗料7136.00

本塗料は、既成の金属塗装を、上に重ねる羽布（例えば主翼および尾翼前縁）から遮断するのに用いる。稀釈せずに吹付けるのが適切で、乾燥時間は2時間である。

飛行塗料7102.−

熔接した中空鋼製骨格（胴体構造）の内部塗装に用い、注入による。塗料は、本用途に関しては稀釈しないのが適切で、鋼管構造の最下部からポンプで注入し、最高部から吐出させる。その後、鋼管構造を傾斜させて完全に内容物を空にする。（水上機および同等の飛行機に限って必要である。）

飛行塗料7120.22（拭浄可能夜間迷彩）

本塗料は、作戦に先んじて情況に応じ、飛行機の下面で色調65の領域上に、後述の特別要領に従って塗装する。爾後の除去を容易ならしむため、原則として色調65の迷彩塗装上に、ハンブルク＝ヴァンツベックのグスタフ・ルート社テンパーロル工場の遮断塗料JS 238をまず塗布するものとする。

通常、所要の遮断塗装は飛行機製造会社がすでに施している。注意すべきは、飛行機の下面（色調65の領域）のみに用い、決して暗色の飛行機上面を遮断塗料で処理しないことである。飛行塗料7120.22は、各情況下で、部隊によってのみ塗装するものとする。

作業要綱：

I. 遮断塗料JS 238の塗布

1. 吹付塗装する表面を、飛行洗滌剤7238.00を用いて入念に洗滌する。油分の付着した箇所は、ベンジンで油分除去する。油滓は塗料の密着性を損なう。吹付前に、洗滌した表面を完全に乾燥させる必要がある。
2. 施工前に、遮断塗料をよく撹拌する。
3. 遮断塗料は、そのまま吹付可能であり、稀釈してはならない。
4. 吹付けは、十字方向に濃密に2回行なう。2回の作業は連続して行なってよい。塗装の乾燥時間は、約6時間である。可能ならば、一晩乾燥させる。
5. 色調65（青色）で塗装したすべての表面および装着物の上に遮断塗料を吹付ける。

II. 飛行夜間迷彩色7120.22の施工

遮断塗料が十分に乾燥した後に、迷彩塗装の作業を開始してよい。

1. 塗料を、沈殿物がなくなるまで、完全に撹拌して均一にする。撹拌されずに残留した沈殿物は、迷彩効果を損ない、乗員を重大な危険に曝す。撹拌棒として、ジュラルミン管の下部三分の一を平らにしたものを使用するものとする。
2. 塗料は、そのまま塗布可能である。飛行塗料稀釈剤、揮発油、石油等による稀釈を禁ずる。これは、迷彩効果を大きく損なうためである。
3. バケツまたは同様の容器に流し出す必要がある。これは、塗料の施工と残留物の検出を容易ならしむためである。
4. 塗料が残っている缶は、密閉する。揮発の危険があるためである。
5. 塗料の塗布には、普通の刷毛を使用するものとする。当該器具の豚毛は柔軟で、良好な塗面が得られる。

6. 塗料は、飛行方向に前後に1回づつ濃厚に、刷毛を用いて塗布する。一箇所を複数回塗布すると、塗料がとれてしまう。

7. 丸筆（小筆）の使用は禁ずる。

8. 濃密かつ入念に塗布し、青色の下地塗装が見えるような空隙および塗りムラが無いようにする。

III. 迷彩の実施

1. 装着品を含む下面全体を覆塗するものとする。

2. すでに恒久黒色塗料を塗装ずみであっても、主翼および尾翼前縁を覆塗する。前縁を越えて翼上面の約1/2mまで飛行夜間迷彩色7120.22を続けて塗る。

3. バルケンクロイツ上縁までの胴体側面を塗布する。

4. 尾翼側面（方向舵および垂直安定板）は、ハーケンクロイツを含め全面を覆塗するものとする。

5. 胴体側面および主翼下面のバルケンクロイツ（白色鉤形と黒色角棒）は完全に塗りつぶすものとする。
6. 油分の付着した箇所は、塗装を覆い塗りする前に、完全に油分除去するものとする。
7. 各新規作戦にさきだち、塗装全体を更新しない際は、損傷が生じた箇所を入念に補修するものとする。

IV. 迷彩塗装の除去

1. 最大8日間の飛行作戦の後（あるいは同等の損耗が生じた際）、夜間迷彩塗装を除去するものとする。
2. 油分が付着した箇所以外の塗装全体を、ゴム篦を用いて除去する。
3. 黒色塗料が油分の付着で汚染されて粘着質になった箇所は、木篦を用いて除去した後、揮発油で事後洗滌するものとする。
4. 金属製または鋭利な器具を用いて作業してはならない。これは、遮断塗料または下塗り塗装が損なわれ、爾後の浄化が困難になるためである。
5. 作業員の汚染を抑制するため、なるべく風上から作業する。

V. 夜間作戦中の飛行機の標識

特に注意すべきは、夜間作戦用に塗装した夜間迷彩には、いかなる場合も**拭浄可能な標識色7120.77を用いて**バルケンクロイツを正しく塗装せねばならぬという点である。

この際、バルケンクロイツの白色鉤形を隠す！**迷彩効果**は、バルケンクロイツを飛行標識色7120.77を用い裏ページの図に従って塗装すれば、**損なわれない**。

本目的に他色の使用を禁ずる！

占領地域内およびドイツ国内の**昼間飛行**にあっては、黒色塗装全体を除去する必要はない。標識色の特性により、同色で覆塗した白色鉤形のみを露出でき、これにより**高高度にあっても地上から明確に認識可能なバルケンクロイツ**ができる。

以下の略図を参照せよ。

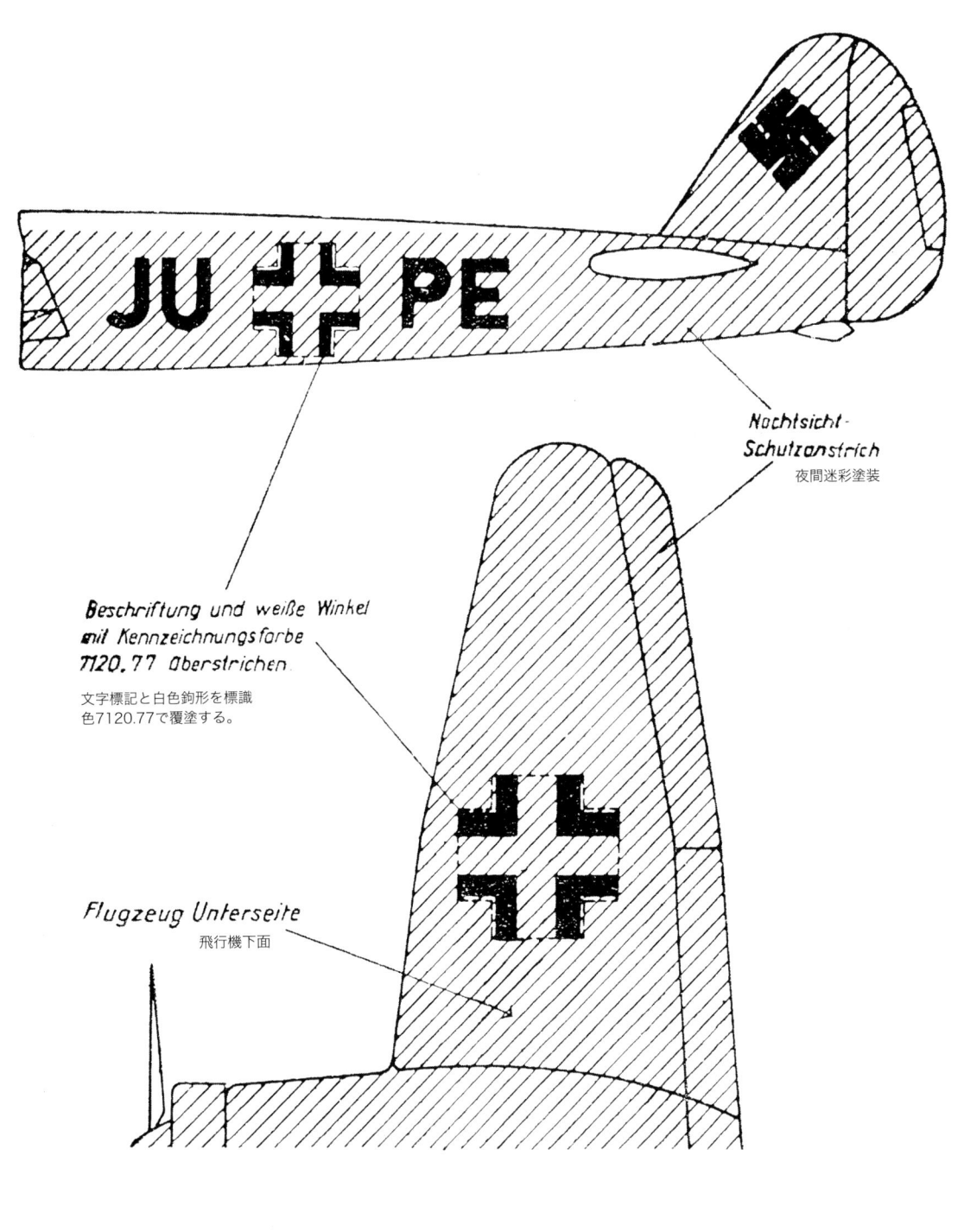

Nachtsicht-Schutzanstrich
夜間迷彩塗装

Beschriftung und weiße Winkel mit Kennzeichnungsfarbe 7120.77 überstrichen.
文字標記と白色鉤形を標識色7120.77で覆塗する。

Flugzeug Unterseite
飛行機下面

図1
飛行塗料7120.22上への標識の塗装

飛行塗料7124.22（恒久夜間迷彩）
　使用時の気象条件のため、拭浄可能な夜間迷彩飛行塗料7120.22は、主翼および尾翼前縁等特定の部位において、十分な耐久性が無い。このため、一部分に恒久夜間迷彩塗装を以下の特別要領に従って適用するものとする。
　　適合：
　　　　飛行夜間迷彩中塗り塗料　　　7123.-
　　　　飛行夜間迷彩稀釈剤　　　　　7205.00

1. 主翼および胴体側面（添付7準拠）の拭浄可能な夜間迷彩色を除去する。
2. **飛行洗滌剤Zを薄く塗布し、**遮断塗料をわずかに溶解せしめる。
3. この工程の後、洗滌した表面を**しばらく乾燥させ、**塗布した溶剤を蒸発せしめねばならない（最低2時間）。
4. 塗料を、**沈殿物がなくなるまで、完全に撹拌**して均一にする。
　　撹拌棒として、下部を平らにした管を使用するものとする。沈殿物（顔料）は塗料の重要な成分である。**この顔料の欠除は迷彩効果を損なう。飛行機と乗員を重大な危険に曝すことになる。**
5. 飛行塗料7123.-および飛行塗料7124.22の両方を、稀釈剤7205.00で1:1（体積比）に稀釈する。**塗料は溶剤と完全に撹拌して混合せねばならない。**
　　稀釈した塗料はすぐに沈殿するため、施工中、なかんずく噴霧銃への補充に先立って、十分に再撹拌せねばならない。
6. 工程1および2の作業が完了した後、飛行機の下処理ずみ表面および部位に、工程5に従って稀釈した飛行夜間迷彩中塗り塗料7123.-を

　　　　　　　　濃密に十字方向に1回吹付ける。
　　吹付圧2.5－3気圧　　　　　噴霧銃・ノズル径2 mm
　　噴霧銃距離約250 mm　　　乾燥時間約3時間。

7. この乾燥時間の後、稀釈した飛行恒久夜間迷彩塗料7124.22による上塗り塗料の塗装を行い

　　　　　　　　濃密に十字方向に1回吹付ける。
　　吹付圧2.5－3気圧　噴霧銃・ノズル径2 mm
　　　　噴霧銃距離約250 mm

8. 特段の乾燥時間をおかず、工程7の作業後に恒久夜間迷彩塗料7124.22をただちに追加噴霧する、すなわち、未乾燥の塗装の上に、同じ噴霧銃を用い、ただし吹付圧を約5気圧、500乃至600 mmの距離から同色を吹き重ねる。この際、工程7に従った飽和吹付けを開始したのと**同一の箇所から着手するのが適切であり、**両塗膜層が不十分な乾燥のため融合するのを回避する。
　　微粒子の表面を得るには、噴霧をごく軽度にとどめる。
　　粗い表面を得るには、より長時間の噴霧が必要である。
　　作戦前の乾燥時間は約3時間で、なるべく格納庫内で一晩おくのがよい。
9. 飛行機下面の残り2/3（図参照）には、**従来と同様に**拭浄可能な飛行夜間迷彩色7120.22を**塗装する。**

— 22 —

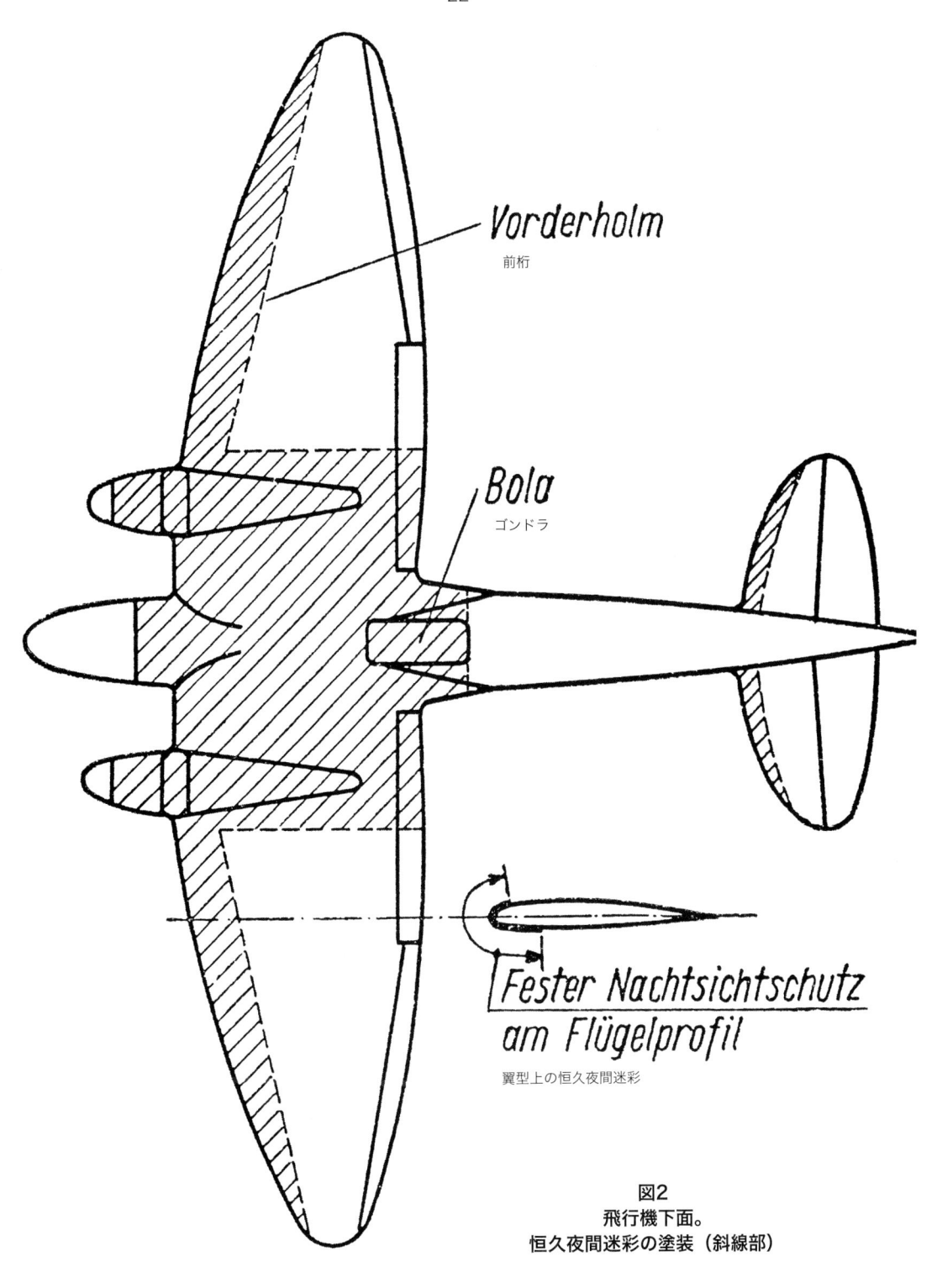

Vorderholm
前桁

Bola
ゴンドラ

Fester Nachtsichtschutz am Flügelprofil
翼型上の恒久夜間迷彩

図2
飛行機下面。
恒久夜間迷彩の塗装（斜線部）

飛行塗料7146（プロペラ塗装）。

本飛行塗料は付属の下塗りとともに金属プロペラの塗装に使用し、プロペラ製造会社が以下の要領に従って塗装するものとする。プロペラ塗装を、飛行機製造会社は行ってはならず、部隊は正確な均衡を確保できる場合に限り行なってもよい。

適合：

　　飛行塗料　　　　　　7142
　　飛行塗料稀釈剤　　　7200.00

施 工 要 領

塗料 および施工	*) 消費量 kg 毎100 ㎡	流出粘度計 経過時間 3 mm	4 mm
1. プロペラから入念に油分除去 2. 飛行塗料7142.－を 飛行塗料稀釈剤7200.00で4:5に稀釈し 濃密に1回吹付け 乾燥時間1時間	10	90	31
3. 飛行塗料7146.71を 飛行塗料稀釈剤7200.00で1:1に稀釈し 十字方向に1回吹付け	10	50	21
4. 飛行塗料7146.70を 飛行塗料稀釈剤7200.00で1:1に稀釈し 十字方向に1回吹付け	10	50	21

飛行塗料7111.－（陽極酸化塗料）。

本塗料は、陽極酸化処理した構成部品の鋲接後の保護、および全面陽極酸化処理した飛行機の修理に用いる無塗装金属部品の塗装に限って使用できる。塗料は黄透明で、陽極酸化処理した部品の色調にほぼ相当する。

飛行標準稀釈剤7200.00が適合する。

塗料は、稀釈せずに刷毛塗りするか、あるいは1:1に稀釈して40秒の経過時間（3 mm）で吹付ける。乾燥時間は3時間である。

飛行塗料7118.－（陽極酸化浸漬塗料）。

本塗料は、水上機の陽極酸化および追加防水処理をした軽金属の量産時の浸し塗り（まれに吹付け）に

**) 8ページの脚注を参照。

限って許可する。用途は、水上機の陽極酸化処理部品の耐摩耗性の強化、および当該部品の塗装前の洗滌性の向上である。本塗料は、処理済部品と未処理の物とを容易に識別できるよう、青色透明に着色してある。

飛行標準稀釈剤7200.00が適合する。

施工は、陽極酸化および後処理の密閉をした部品を乾燥後ただちに、稀釈しない塗料で1回、浸し塗りまたは吹付けする。

3mm粘度計の流出時間25－30秒。

乾燥時間1時間。

4. 密閉材。

飛行機の板金突合部および継目の密閉、ならびに浮舟および飛行艇の鋲接部の密閉には、以下に記載した飛行資材を要する。

浮舟および飛行艇用：

飛行密閉帯	7260.－
飛行接着ペースト	7265.－
飛行継目ペースト	7264.－
飛行ペースト洗滌剤	7235.－

特に高規格の筒形タンクおよび燃料タンク用：

耐ベンゼン性 ＝	飛行密閉帯	7263.－
	飛行密閉ペースト	7261.－
耐燃料性 ＝	飛行継目ペースト	7262.－
	ペースト洗滌剤	7235.－

あらゆる場合に適用する板金処理：

1. 接合する板金帯および部品を裁断し、寸度・位置を合わせて、鋲接部を穿孔する。
2. 陽極酸化処理する部品は、処理後ただちに青色透明浸漬塗料7118.－で吹付けまたは浸し塗りして被膜を施す。
3. 陽極酸化処理しない金属は、原則としてリベット周辺を無塗装のままにしておく。

浮舟および飛行艇の密閉：

1. 飛行接着ペースト7265.－を塗布機に入れて約40℃まで加温する。塗布機に内蔵した水槽は電気で加熱する。特定の構造にあっては、ガス加熱を使用しても支障ない。水槽は規定する。
2. 塗布機を用いて飛行接着ペースト7265.－を飛行密閉帯7260.－の両面に均一に厚く塗布する。層の厚さを十分にして、帯と資材とが相互に密着するようにすること。
3. ペーストを塗布した飛行密閉帯7260.－を鋲接する板金帯に均一に密着するように貼る。彎曲部および角部は、必要に応じて幅広の銀帯から切り出すこと。
4. 二枚目の板金帯を重ね、クランプまたはボルトで固く仮止めする。
5. 帯の鋲孔は、原則としてドリルで穿孔してはならない。鋲孔は、リーマーを用いて打ち抜き、内側の帯

の繊維を外に引きださないようにする。補足として板金をドリルで穿孔せねばならない際には、高速回転のドリルを使用するものとする。これは、緩慢に帯を穿孔するとほつれる虞があるためである。

6. 部品を入念に鋲接すること。粗悪な鋲接をすると、面倒な再作業が必要になる。
7. 水密検査は、鋲接後ただちに実施すること。
8. 緩解した鋲は個別に交換または追加緊締すること。適切な作業をしていれば、緩い鋲はできない。
9. 余分な『接着ペースト』を物理手段で除去するには木篦を用いる。ペースト洗滌剤で事後洗滌する。はみだした帯端は、注意深く切り取るものとする。
10. 洗滌ずみの外部および内部継目の追加密閉には、継目ペースト7264.ーを用いる。塗布には小型の手押しポンプ（製菓用ポンプ）を用いる。内部継目の追加接合は、入念に鋲接作業をしていれば必要になるようなことはない。さらなる安全策としてのみ行なう。
11. この後、規定に従って保護処理を施す。

円筒形タンクおよび燃料タンクの密閉。

板金の事前処理はAと同様。燃料タンクに使用する予定の板金は、リベット周辺にいかなる塗料保護処理も絶対に施さぬよう注意すべし。

1. 接着ペースト7261.ーを、展性を良くするために、湯煎で軽く加温するが、いかなる場合も稀釈剤で稀釈してはならない。
2. ペーストを、接合しようとする事前穿孔ずみ板金帯の両方にパテナイフを用いて均一な厚さの層に塗布する。
3. 飛行密閉帯7260.ーを、ペーストを塗布した板金の一方に均一に密着するように貼り、圧着する。ここで二枚目のペースト塗布済板金を重ね、両方の帯をクランプまたはボルトで仮止めする。
4. 帯の鋲孔は、原則としてドリルで穿孔してはならない。鋲孔は、リーマーを用いて打ち抜き、内側の帯の繊維を外に引きださないようにする。補足として板金をドリルで穿孔せねばならない際には、高速回転のドリルを使用するものとする。これは、緩慢に帯を穿孔するとほつれる虞があるためである。
5. 部品を入念に鋲接すること。粗悪な鋲接をすると、面倒な再作業が必要になる。
6. 余分な『接着ペースト』の物理手段による除去には、木篦を用いる。ペースト洗滌剤で事後洗滌する。はみだした帯端は、注意深く切り取るものとする。
7. 浄化ずみの外部および内部継目を追加密閉する。すなわち：
外部に継目ペースト7264.ー
内部に継目ペースト7262.ー。
塗布には小型の手押しポンプ（製菓用ポンプ）を用いる。

調帯機の使用に関する要綱。

完璧な密閉には、飛行接着ペースト7265.ーを飛行密閉帯7260.ーに均等に塗布することが緊要である。帯は、下図に示すように調帯機〔Bandmaschine〕に装填し、つづいて、上部の装入槽（Einsatzkessel）、すなわち帯を収容している容器に飛行接着ペーストを満たして、帯と案内輪がペーストに完全に浸るようにする。下部の鍋、すなわち水槽または油槽は、常に溢出口まで水または油を入れねばならない。調帯機の始動には、水槽または、なるべくなら油槽を、両方のスイッチを熱段階3に設定して約40℃まで加温する。ペーストを均一に加温し、施工できるよう十分に柔軟にした後、密閉作業を開始してよい。急速かつ均一に加温し、局部の過熱を避けるためには、ペーストを頻繁に撹拌棒で強力に撹拌すること。スイッチはここで段階1に戻し、必要に応じ一方のスイッチを完全に切断（段階0）してもよい。ペーストの過熱は、絶対に避けねばならない。大小の泡が立ち始めたら、過熱の兆候である。左右にあるノブは自動電流遮断であり、100℃に達すると作動するが、これは電気加熱器の安全対策のみを考慮したものである。

掻き落とし片〔Abstreifer〕は内蔵の調整ネジであらかじめ調整して、帯の両面に0.2－0.3 mm厚のペースト塗膜ができるようにする。鉗子を用いて、帯を出口から緩速かつ均等に引き出し、必要な長さに切断する。帯ロールが終わりに近づいたら、注意して、適時に新しい帯材を古いロールの端に止めるようにする。

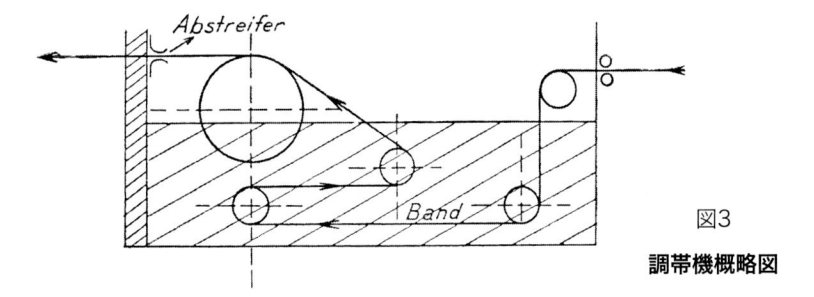

図3
調帯機概略図

5. 適用塗装の標記

a) 飛行機上

　　　胴体後部の右舷側面上、飛行機諸元の近傍に、簡略形で適用塗装の種類を示すものとする。量産機にあっては、塗装完成日の表示および主に使用した飛行塗料の表示があればよく、例えば：

Lackierung v. 1. 7. 40.　　　　　〔塗装 40年7月1日〕
Metall: Fl. 7122.65/70/71　　　　〔金属：飛行塗料7122.65/70/71〕
Holz: Fl.=Kette 30　　　　　　　　〔木材：飛行塗料系30〕
Stoff: Fl.=Kette 20　　　　　　　　〔布：飛行塗料系20〕

構成品によって塗装が異なる際には、構成品ごとに表示すること。
原型機または実験塗装をした塗料試験機にあっては、以下の例のように標記すること：

Lackversuchsträger!　　　　　〔塗料試験機！〕
Lackierung v. 15. 8. 1939　　　　〔塗装 1939年8月15日〕
Metall: Lehmann & Co. － AS 420　〔金属：レーマン・ウント・コンパニー - AS 420〕
Stoff: A. B. Meyer － 17 c 32　　　〔羽布：A・B・マイヤー - 17c32〕
OS=Liste beachten!　　　　　　〔OSリストに注意！〕

　　　塗装の補修で、塗装の自然損耗に起因しないものは、機歴記録に保有者が記入すること。補修日、補修部位、および使用塗料を記入せねばならない。全面再塗装後は、胴体上の標記を正しく書きなおすこと。塗装になんらかの異状があった際には、機歴記録に注記し、RLM － GL/C-E2 VII［航空省技術局開発2部VII課］に報告のこと。

b) 機歴記録内

　　　適用塗装の決定は、原則として、所定のOSリスト様式に従って、機歴記録に記入するものとする。試験塗装および特殊塗装を除く通常の量産塗装にあっては、表面保護に関し飛行機保有者にとって重要な全情報を記入すべし。内容はなるべく簡単明瞭にとどめること。処理手順のうち、相応する設備の欠除のために保有者が実施できないもの、または適用する必要のないもので、当該部品が交換部品として原則として装着可能であると規定してある場合には、OSリストに記録する必要はない。保有者用の簡略書式のOSリストの他に、飛行機製造会社の操業用の詳細な書式を配備する必要が無いよう、製造用の記載で保有者にとって重要でないものは、内部の操業指示書

の様式で別途配備するものとする。

　　　試験塗装にあっては、OSリストには第一に補修に使用する飛行塗料を記載するものとする。補足として試験使用した塗料体系を記載するものとする。

　　　OSリストは、いかなる場合も、航空省に承認および副署のために提出せねばならない。

－ 29 －

C. 塗料および塗料系の使用

　　　使用すべき塗料または塗料系は、処理する材料の種類と処理する飛行機（添付5参照）の使用目的によって決まる。さらには処理する飛行機の種類によって、外部塗装の色調が決まる。使用すべき塗装の選択は、処理する構成部品が内部にあるか外部にあるか（すなわち自由気流内にあるかどうか）という観点から決まる。材料は、耐蝕性により以下の如く類別する：

　　　1. 羽布
　　　2. 積層木材および無垢木材
　　　3. 重金属
　　　4. 軽金属
　　　　　a)マグネシウム合金
　　　　　b)アルミニウム合金
　　　　　c)ヒドロナリウム系合金
　　　5. 合成物質。

　　　金属については、塗装前になんらかの保護をすでに施してあるかどうかが重要である。

　　　ここで評価するのは：陽極酸化（および同様の化学処理）、鍍金（亜鉛メッキまたは機械的方法によるもの）、および腐蝕特性に影響を及ぼす物質の材料自体への混合である。

　　　使用目的に関して、以下の如く類別する：

　　　1. 陸上機
　　　2. 洋上作戦用の陸上機
　　　3. 水上機
　　　4. 熱帯機
　　　5. 艦載機（不燃性塗装）。

　　　外部塗装に適用する色調は、機種によって決まる

　　　　　a) 練習機（迷彩）
　　　　　b) 戦闘機（色調74、75、76、65）
　　　　　c) 駆逐機（bと同様）
　　　　　d) 爆撃機および輸送機（色調70、71、65）
　　　　　e) 水上機（色調73、72、65）
　　　　　f) 熱帯機（色調78、79、80）

　　　個別の表面保護処理は概論（添付5）から読取るものとする。すべての飛行機に共通に以下の要領を適用する：

　　［筆者注：戦闘機の項b)に書いてある色調65は、筆者の見解では誤記で、このL.Dv.版の草稿にあって削除しなかったものだろう。筆者の知る限りでは、色調74/75/76に色調65を併用したことを記載した文書はない。］

　　［訳注：ヒドロナリウム〔Hydronalium〕はアルミニウムとマグネシウムの合金。］

　　　　軽金属管および熔接鋼管は、内部保護が必要で特殊規程（例えば高高度用酸素吸入装置）が無い場合は、飛行塗料7102.ーを注入するものとする。

　　　　陸上機の鋲接部の密閉は、防水対策および防湿密閉として、飛行密閉ペースト7264.ーを使用するものとする。

　　　　可動面（所定の摺動面）は、塗料ではなく所定の潤滑剤、また指定なき際には非酸系のシェル社製赤色高圧潤滑油のような油脂を塗布するものとする。可動面は3 mm幅の赤線で塗膜と区画する。

　　　　歩行可能面には、歩行禁止面と区別して10 mm幅の破線の外縁（線分長20 mm）、（間隔20 mm、飛行塗料7160.23)を施さねばならない。区画内に太字の普通体（DIN 1451）25 mm高で「Nur hier betreten!〔ココヲアルケ〕」とステンシルすること。トリムタブ等、敏感な部分には、「Nicht anfassen!〔サワルナ〕」の注記を施すこと。外板の歩行可能部が面積の大半を占める箇所は、ひきつづき従来の処理を準用する。

　　　　張線および操舵索は、他の金属部と同様に塗装するものとし、端末の赤色標識は不要である。縒り線は必要な場合のみ注油すること！

　　　　縒り継ぎした索線端末は、完成した状態で30分間、高温で低粘度の液状にした飛行密閉ペースト7242.ーに浸し、これによって継目を完全に固定するものとする。さらに塗装する必要は無い。

　　　　電気配線は無塗装金属上に施さねばならず、その後に限り塗装してもよい*)。この際、電流接点は無塗装のまま残すこと。熱帯機の端子接点およびプラグ接点は、接点確立後に飛行塗料7151.ーで防湿保護するものとする。

　　　　配管の塗装（外部に限る）、文字標記、ならびに国章および軍用標識には、飛行塗料7160.21－27または7164.21－22または7165.22（不燃性）を用いる。ハンブルクのバイヤースドルフ社製DIN L 5準拠の識別帯は、色調02の標準塗装上に使用可能である。配管色のRLM色票からの軽微な色調乖離は容認できる。

　　　　金属製プロペラは、なるべく飛行塗料7142.ーおよび7146.70で規定に従って塗装するものとする。（23ページ参照。）

　　　　蓄電池基部の耐酸塗料として、通常の保護に重ねる最後の上塗り塗料として、飛行塗料7119.ーを使用するものとする（飛行塗料7117.02の在庫は消化すること）。（15ページ参照。）

---

*) 接地に関する特別指示を参照。

― 31 ―

不十分で腐蝕に曝される部分、屈曲部、および角部は、塗装後に飛行密閉材7243で追加被覆してもよい。排気管は、機械油を摺り込むのみでよい。ケルン＝ブラウンスフェルトのG・コラーディン社製黒色ケミック塗料の使用が可能である。

塗装部の汚染および油滓は、飛行塗料洗滌剤7238.－を用い製造会社の指示に従って洗滌するものとする。
作戦用機の計器盤およびガラス張り操縦席内部は、原則としてそれぞれ所定の塗料を用い、色調66で塗装するものとする。

［訳注：L.Dv.521/1原本では不十分〔unzulängliche〕とあるが、おそらく手が届きにくい・接近不能〔unzugängliche〕の誤植だろう。］

D. 塗料の使用

1. 塗料の納入状態

a) 納入には、容易な攪拌、良好な注出、適切な保管が可能な容器を用いること。
b) 容器の銘記は耐水性で塗料が漏洩しても損なわれないこと。
c) 納入は、2種の成分：「濃縮塗料」および「稀釈剤」で行なうこと。稀釈剤は当該塗料に処方のものとする。各種施工法の混合率を特記すること。
d) 銘記には以下を表示する：
　　1) 塗料製造会社の名称と所在地、
　　2) 規程に準拠した塗料または稀釈剤の呼称、例えば「飛行塗料7107.02」、
　　3) 塗料の適用範囲と連鎖内属性を括弧内、
　　　　例えば（「飛行塗料系列04の金属塗装用濃縮塗料」）。
　　4) 条件　　　吹付け可能、…体積単位*)、
　　　　　　　　浸し塗り可能、…体積単位、
　　　　　　　　刷毛塗り可能、…体積単位、
　　　　　　飛行塗料稀釈剤……番の1体積単位をこの濃縮塗料と混合し、規定に従って塗装する。
　　5) 納入日。
　　　　標記に重ねて「濃縮塗料」という語を赤字で印刷すること。
e) 稀釈剤（7200－7239.00番）および密閉材には、4)を適用しない。
f) 不純な成分（濾過せよ！）がある塗料は返品するものとする。

---

*) 施工にあたってはB節の経過時間に注意せよ。

2. 塗料の保管と準備。

塗料保管空間の温度は+5℃未満であってはならない。

個別に保管した塗料は、2成分を所定の比率で混合後30分間、イエナのブレア有限会社の攪拌器または相当品を用いて攪拌せねばならず、作業室の温度に達すれば使用可能となる。

適切な準備状態は、3 mm径流出孔の塗料粘度計（製造会社：フランツ・ヘリング、イエナ機器製作施設、イエナ）を用い18－21℃で常時計測して、確認せねばならない。

空軍に導入した3 mm口径吐出ビーカーは、近日中に4 mm口径DIN 53 211準拠の標準型吐出ビーカーで代替する予定である。このため、L. Dv. 521/1には4 mm口径用の経過時間をそのつど表記するものとする。

3. 材料の洗滌。

a) 金属は、

テトラクロロエチレン（ドクトル・アレクサンダー・ヴァッカー有限会社、ミュンヘン）を固定施設で、または

P_3アルメコ（ヘンケル・ウント・コンパニー株式会社、デュッセルドルフ）を固定施設で、または

飛行洗滌剤Z（ヴァルネッケ・ウント・ベーム株式会社、ベルリン＝ヴァイセンゼー、ゲーテ通）を手作業で、または

ジリロンWL（I. G. 染料工業、フランクフルト・アム・マイン、化学品販売部）を固定施設で

使用して洗滌し、塗装前に乾燥するものとする。（添付6参照）

b) 木材は、目視できる汚れに限って浄化（000番のガラス紙で研磨）するものとする。

極度に汚れた布は製造会社に返品するものとする。

c) 塗装した材料は、上記の洗滌剤を用いず、適切な手段のみを用いて処理すること。（塗装の保守に関する規程を参照。）

d) P_3（ヘンケル・ウント・コンパニー株式会社、デュッセルドルフ）および剥離剤を無塗装または塗装済の装入した材料の洗滌に用いてはならない。

4. 塗装全般。

a) 塗料の施工。

塗料系の施工は、原則として作業要領に従って行なうものとする。

分離保管していた塗料は、準備完了後に使用可能となる。
原則：

塗料は吹付けまたは刷毛塗りして、完璧な被膜を生ぜしめるものとする。

焼付塗料の施工は、航空省の事前承認がある場合に限り可能で、この際に注意すべきは、ジュラルミン系材料（飛行材料3100乃至3199番）については温度100℃かつ焼付時間5時間、

その他すべての金属については温度200℃かつ焼付時間2時間を

超えないことである。

厳に整然たる塗装作業場および塗装済部品の取扱を要する。作業要領、特に乾燥時間の厳密な遵守なくして、完璧な塗装は得られない。性急な塗装作業は常に遅延を生ぜしめ、これは再塗装が必要となるためである。

b) 適用する色調

外皮。

上塗り塗料の色調：常に迷彩色調65、70、71等80までを、それぞれ作戦要求または飛行機の用途に応じて使用する。

練習機は、それぞれ所定の迷彩塗装を施す。新開発の試験機は、色調02で外部塗装してもよい。

内部。

内部塗装は原則として色調02とする。色調01の内部塗装を禁止する。ガラス張りの操縦席および風防の内壁に限り、色調66（RAL色調7021に相当）を用いて防眩を施すものとする。

c) 特殊な作業環境：

1. 裸火、喫煙、および白熱暖房器（Sonnen〔太陽〕）は、塗装作業場においては生命に危険を及ぼすため、禁止する。

2. 塗料の施工は、

噴霧銃による吹付けで、ノズル径1.8－2.5 mmおよび作業圧3－4気圧（正規の施工！）、

刷毛塗り、

浸し塗り、

注入および直後の流出（中空体の場合）による。

塗膜層の正規の施工：

十字方向に吹付けを1回、すなわち：

一部分を一方向に吹付けた直後に直角方向に吹付けるか、あるいは、よりよい方法としては、作業対象全体を一方向に吹付けて若干の乾燥の後に直角方向に吹付ける。

3. 施工は、塗装室において、空気および塗料の温度18−25℃、相対空気湿度50−70％で実施する。気象は自動記録装置を用いて常時観測するものとする。計測記録は保存すること。

軽微な補修には、特別の塗装作業場を要しない。密閉した空間で十分である。高温を利用した乾燥時間の短縮は、航空省の事前承認がある場合に限り許容する。

4. 施工は、完全に塵埃および霧煙の無い環境で行なわねばならない。機体への塗料霧煙の付着は、いかなる状況下でも防止すること。塗装室には適切な排気装置を備えるものとする。小作業には局部の水平ブース排気が、大作業には後方への垂直排気が適す。

5. 特記塗装要領

a) 薄板の鋲接部に付着した余分の密閉材は、以後の塗装時まで放置せず、ただちに除去すること。

b) 水研ぎ、および細目の乾燥研磨は、特別な目的で、かつRLM − GL/C-E2 VII［航空省技術局開発2部VII課］の許可がある場合に限り許容する。

c) 所定の作業工程数および乾燥時間を厳密に遵守すること。

d) 金属構造部、翼、胴体等は、吹付塗装開始前に接地すること。

e) 手が届きにくい箇所は組立までに塗装を完了すること。組立後に密接する面の塗装を完了するような箇所にあっては、相互に重なり合う塗膜層は、それぞれ張り出すように塗って、後に各塗膜層を完璧に密接できるようにすること。

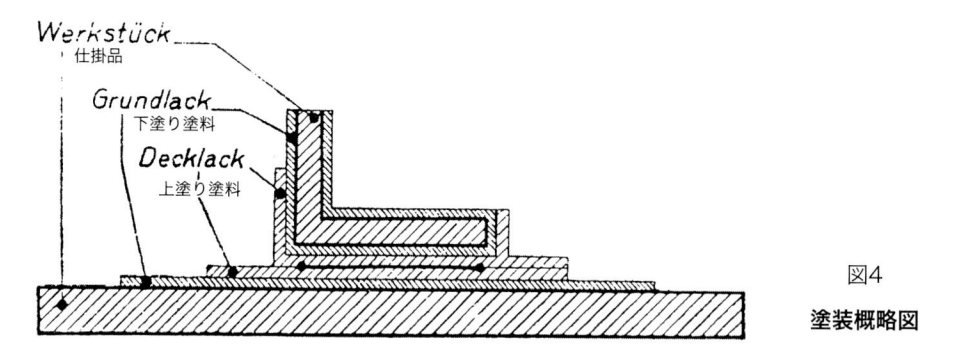

図4
塗装概略図

（図中記号：Werkstück＝仕掛品、Grundlack＝下塗り塗料、Decklack＝上塗り塗料）

鋲接部の継目の保護には、各接合表面を所定の塗料系の下塗り塗料（例えば飛行塗料7122）で1回下塗りすれば十分である。

作業開始後ただちに金属系統の下塗り塗料を塗装することは可能かつ合目的である。ただし、予備塗装した部品を注意して取扱わねばならない（清潔！油分の無いように！）。

f) 整形木材を使用して、塗装前に木製部品の軽度の損傷を埋めることができる。最初の塗膜層は、完全に乾燥してから塗ること。整形木材を使用する際には、事前に作業所管理部門の了承を得ねばならない。

g) 填剤の使用は、RLM－GL/C-E2 VII の明確な許可がなければ、禁止する。

h) 誤って汚損した金属および木材塗装（下塗り）は、極細目のスチールウール（00番）で浄化できる。金属または木材の表面を傷つけぬようにし、除去した塗装は復旧せねばならない。スチールウールの残滓を完全に除去すること。

i) 塗装の欠陥は、発見後すみやかに作業所管理部門に報告し、対処すべし。

k) 完成した塗装の外観：

完成した塗装の表面は、可能な限り艶消しでなければならない。飛行機の塗装の光沢あるいは強い光沢は、RLM － GL/C-E2 VII［航空省技術局開発2部VII課］の特例許可がある場合に限り許容する。

E. 塗装直後の飛行機塗装の取扱

1. 塗装は、最後の塗膜層を塗ってから48時間以上経過後に外部気象に完全に暴露してもよい。

飛行艇および水上機は、塗装完了後、最低72時間後に進水させる。塗装完了後14日間は常時水中に置いてはならない。第3日から第14日までの期間、水中に置ける時間は8時間を上限とする。

2. 迷彩色調による外部塗装の完全艶消し表面と、これがもたらす低反射率を確保するため、塗装が完了した飛行機の、いわゆる「手入れ〔Pflegen〕」は、別途指示するまで禁止する。例外として、航空省技術局開発2部VII課の明確な許可がある場合に限り、極めて過酷な負荷状態に被曝される複合構造機に許容する。

一般に、飛行塗料洗滌剤7238.－のみを用い、以下の要領に従って汚れた外部塗装を洗滌することに限って許容する。

飛行塗料洗滌剤7238.－の施工要領

使用前に十分に撹拌せよ！汚れた面は、スポンジまたは柔軟な布片を用い、4:1の比率で水で稀釈した7238.－を塗布する。15分後に清水ですすぎ、乾拭きする。硬化した油滓は、7238.－原液を塗布する。その後の処理は上記と同様。再塗装に先立ち、鋲接部およびその他の凹部から、水分を圧縮空気を用いた拭浄で入念に除去すること。

F. 金属部品洗滌に関する航空省規程

1. **固定式装置におけるテトラクロロエチレン（Per）を用いた金属部品洗滌に関する航空省規程。**

1. 装置：

洗滌には、ミュンヘンのヴァッカー社製の脱脂装置を用いる。装置の規模は、中を通す資材の寸法による。

装置は以下で構成する：

a) 洗滌槽。大型の外側容器1個の中に洗滌槽3個を隣接して配し、その中に網籠を用いて洗滌すべき部品を吊す。容器上部の中には水道水流による冷却装置が通っており、気化したPerを凝縮する機能がある。

各洗滌槽には30リットルのPer（C_2Cl_4）を貯え、内蔵した蒸気管で90℃以上に加熱するものとする。

b) 蒸留装置。油脂分を含むテトラクロロエチレンの浄化または回収に使用する。

2. 効用：

Perは油脂、樹脂、および塗料に対する強力な溶剤で、適切な長さの作用時間の後、これらの物質を金属部品から痕跡なく除去する。Perは不燃性である！

3. 作業手順：

a) 網籠に脱脂すべき部品を入れる。

b) 最初の籠を第1の洗滌槽に吊し、その後、第2の、そして最後に第3の洗滌槽に吊す。作用時間は、第1洗滌槽が5分で、第2および第3には軽く浸す。連続作業。

c) 第3槽から容器上縁のすぐ下に籠を引き上げる。金属部品自身の熱により瞬時に乾燥する。

d) 網籠を取り出し、金属部品を塗装または陽極酸化工程にまわす。

e) 毎日、終業前に、テトラクロロエチレンを洗滌槽から蒸留器（1 b参照）に汲出し、Perを蒸留して不純物を除去する。

2. 飛行洗滌剤Zを用いた金属部品洗滌に関する航空省規程

剥離材で塗料を除去した金属資材または最初から無塗装の金属資材は、原則として飛行洗滌剤Zで油分除去。

以下の要領で進める：

1. 清潔柔軟な布片を飛行洗滌剤Zで十分に湿らす。

2. 脱脂すべき表面1 m²ごとに、十分に湿らせた布片で入念に磨きあげる。

3. 直後に、清潔柔軟な布片で乾拭きする。

4. 単独部品を脱脂する際は、1－3に従って処理するが、脱脂直後に各単独部品を乾燥した布片で仕上げ拭きする。

5. 油滓または汚損が甚しい部分は、状況に応じて脱脂を反復するものとする。

3. P_3 アルメコによる軽金属部品洗滌に関する航空省規程

洗浴の準備：
7kgのP_3 アルメコに対し100リットルの温水（なるべく100リットルごとにアルメコ）。

継続浴液試験：
所定濃度＝5乃至7％（水100リットルに対しP_3 アルメコを5乃至7kgに相当）。
試験および5乃至7％への強化を2日から7日ごと、使用後毎回。
作業温度で試料採取。
試験手順は、デュッセルドルフのヘンケル・ウント・コムパニーの指示書『P_3濃度の簡易検定』（『P_3 アルメコ』用係数を代入）に従う。
試験器材は、デュッセルドルフ、ヒュッテン通144番地のグライナー・ウント・フリッシュ社製（価格7.50ライヒスマルク）。
比重計による試験では、不純物も一緒に計量するため、不十分である。

装置の規模：
1. 鉄製浴槽で、蒸気管あるいはガスまたは電気加熱で80－95℃の温度を維持できるもの。大きさは洗滌すべき資材の寸法と数量による。
2. 鉄製浴槽で、冷水流のあるもの（普通の水道水で十分である）。
3. 鉄製浴槽で、1と同様の加熱器を備え、ただし70－80℃用のもの。
4. 可能ならば、乾燥器または加熱板。

作業手順：
部品を温度80－95℃のP_3 アルメコ溶液に浸し（1分から最高5分）、束子(たわし)で洗い、冷水流で完全にすすぎ、70－80℃の熱湯で仕上げすすぎをして、乾燥させる（可能ならば乾燥器内または加熱板上で）。布片による仕上げ拭きは、乾燥が不十分な場合、または不十分なすすぎで白色沈殿が生じた場合に限って必要である。**すべての軽金属**をP_3 アルメコで洗滌できる。

― 39 ―

ただし、エレクトロンには専用の洗浴を使用せねばならず、他の金属を洗滌してはならない。

4. ジリロンWLによる軽金属部品洗滌に関する航空省規程

洗浴の準備：
3－5kgのジリロンWLを、100リットルの温水（なるべく40℃以上）に、撹拌しながら溶解する。

継続浴液試験：
所定濃度＝3－5％（水100リットルあたりジリロンWLを3－5kgに相当）。
　　　　3％溶液の20℃における比重＝1.023
　　　　5％溶液の20℃における比重＝1.037
　　比重計による試験は、あらたに調合した溶液の事後試験に限り可能である。これは、使用後の溶液に溶出した不純物が試験結果に影響を与えるためである。
　　浴液の濃度検定は、混合後に、3日間隔で滴定により行なうものとする。作業温度で試料採取。20℃で10 cm^3の3％ジリロンWL溶液（指示薬＝メチルオレンジ）は、38.5 cm^3のn/10酸を消費する。20℃で10 cm^3の5％ジリロンWL溶液は、63.8 cm^3の規定度0.1酸を消費する。
　　滴定の指示書および表は、本規定の末尾。

装置の規模：
P3 アルメコの空軍洗滌規程と同様。
鉄製浴槽の底に鉄枠を置き、洗滌すべき部品が沈殿した汚泥に接触しないようにするのが適切である。

作業手順：
　　洗滌すべき部品をジリロンWL浴液に入れる。浴液は温度70－80℃でなければならない。汚染の程度に応じ、5－10分間放置する。つづいて、中間乾燥せずに冷水浴に入れ、完全にすすぐ。
　　中小の部品は、金属網に置いて洗滌浴槽およびすすぎ浴槽に入れるのが適切である。低温の流水ですすいだ後、70－80℃の熱湯のすすぎ浴槽に移しかえる。
　　ほとんどの場合、熱湯浴から取り出した部品自体の熱により、急速な乾燥が達成できる。さもなくば、

［訳注：n/10は、溶液濃度の単位にもちいる規定度で0.1規定をしめす。］

加熱板上または乾燥器内で追加乾燥すること。

清潔な布片による拭浄は、不十分なすすぎで白色沈殿が生じた部品に限って必要である。

滴定の実施：

滴定は、n/10酸を用いて行なう際は、以下の要領で実施する：

ピペットを用い、室温まで冷却した浴液10ccを取り出し、ビーカーに入れる。稀釈用に約100ccの蒸留水を加え、これに指示薬としてメチルオレンジ3－4滴を滴下する。指示薬で、アルカリ性のジリロン溶液がかすかな黄色に着色する。これにビュレットでn/10酸を、かすかな黄が明らかに赤変するまで、徐徐に加える。ここで、滴下したn/10酸のccを計り、読みとった数字に0.4をかける。この結果がアルカリ滴定量を示し、1リットルのジリロン溶液あたりの水酸化ナトリウムのグラム当量として計算したものである。つぎに、ジリロンの成分パーセントを、以下の表から読みとる。

n/10塩酸または硫酸を用いた滴定のほかに、他の調製した酸も使用できる。例えば、n/1酸で滴定して浴液10ccを取ると、n/10酸使用時よりも少量のccを使用し、その量は1/10である。水酸化ナトリウムとして計算したアルカリ滴定量を決定するためには、使用したn/1酸の量に4.0をかけねばならない。汚れと不純物のために浴液が色落ちしている場合は、n/10よりも強力な酸を用いるのが望ましい。その方が、メチルオレンジの色変を見分けやすい。

**アルカリ滴定量および
ジリロン溶液比重を決定するための表。**

ジリロン品種	濃度 %	n/10酸 消費量cc	NaOH算定による アルカリ滴定量 （指示薬メチルオレンジ） グラム毎リットル	比重 (20℃)	度決定 (20℃)
ジリロンWL	1	12.8	5.5	1.007	1.0
	2	25.7	10.2	1.016	2.2
	3	38.5	15.3	1.023	3.2
	4	51.2	20.4	1.030	4.1
	5	63.8	25.5	1.037	5.0

G. 昼間迷彩上の恒久夜間迷彩塗装による飛行機の再迷彩およびその逆

　　　　恒久夜間迷彩の導入に伴い、部隊は**同時に青色の再迷彩塗料を昼間迷彩用に**保持する。
　　　　青色再迷彩塗料を用いてごく短期間、**拭浄可能塗装を除去後に残る**、飛行機で**恒久黒色**塗装を施した部分を、**青色で昼間作戦用に再迷彩**できる。
　　　　また**再迷彩塗料の特殊な組成**により、**青色再迷彩塗料を夜間迷彩塗装の上塗り塗料で上吹きするのみで**、飛行機をごく短期間ふたたび夜間作戦用に**出撃準備**せしむることが可能である。
　　　　青色再迷彩塗料と後続する黒色塗装による**層厚の増加**を最小限（1回の青色と1回の黒色で0.1 mm未満）にとどめ、約15層までの再迷彩（青－黒、黒－青、以下同様）を度外視できるようにする。飛行機はその後、大概は部分あるいは全体重整備の期日に達する。恒久夜間迷彩塗装を施した箇所は剥離して、L. Dv. 521/3に従って再塗装する。
　　　　1回の青色と1回の黒色による**重量増加**は、例えば1機のHe 111の使用量で、総計10kg足らずである。**再迷彩工程は複数回反復できるので、各個の飛行機を昼間とともに夜間にも投入できる。**

　　　　恒久夜間迷彩塗装から昼間迷彩およびその逆への再迷彩の使用法と作業要綱
　　　　飛　行　機　は、**翼 前 縁、発 動 機 覆、PVC**〔Pulverelektrische Vertikalaufhängung für zylindrische Außenlasten＝円筒形外部貨物用火薬電気式垂直懸架すなわち爆弾架〕**等に恒久夜間迷彩塗装を施し、飛行機下面の残り2/3は拭浄可能夜間迷彩塗装を施す。**
　　　　昼間作戦には、**この塗装をした飛行機をいかなる状況にあっても投入してはならず、これは下面の各個の黒色が日中の迷彩効果を甚だしく損ない、これによって飛行機および乗員を高度の危険に陥れるためである。**

　　　　昼間迷彩への**再迷彩**は以下を要する：
　　　　　　　1. **拭浄可能夜間迷彩塗装を、従来と同様に除去する。**揮発油、水等による**仕上げ洗滌**は**不要**で、これは試験で判明しているとおり、翼前縁が青色であれば、残りの飛行機下面の青色塗装に軽微な汚染があって

も昼間の迷彩効果に著しく影響しないからである。

2. **恒久夜間迷彩塗装は**、特に洗滌しない。大きな油汚れのみを揮発油で軽く除去する。

3. 再迷彩には再迷彩塗料である**飛行塗料7125.65**を用いる。1機のHe 111で約10kgを要する。

4. **再迷彩塗料は**使用に先立って十分に撹拌し、塗料に**濃度**がついて、**沈殿が残らぬ**状態にする。撹拌せずに残った沈殿は塗料の隠蔽力、ひいては迷彩効果を損なう。

5. 再迷彩塗料は、即時塗布可能である。

飛行塗料稀釈剤、ベンジン、燃料、灯油等による**稀釈は厳禁**する。

6. 残余のある**塗料缶**は、揮発せぬよう**密閉**する。

7. 再迷彩塗料は、刷毛を用いて塗布する。刷毛の豚毛は柔軟で、**良好な飛行方向の塗覆が可能**である。

8. 乾燥時間は気象状況により、およそ1-2時間。

9. **飛行機**は、**完全乾燥せずとも**（表面乾燥のみで）**作戦投入可能**である。

昼間作戦の終了後または昼間作戦準備の中断後に、飛行機を夜間作戦用に以下の如く準備する：

1. **青色の迷彩塗装は完全に乾燥**しておらねばならず、そのうえで夜間迷彩の実施が可能である。

この点については、出撃命令の変更時に特に注意すべし。

2. **不時の油汚れ**は、揮発油で軽く除去する。

3. 青色の下地に事前処理せず、飛行恒久夜間迷彩色7124.22番を1:1（体積比）の比率に飛行稀釈剤7205.00番で稀釈し

　　　　十字方向に濃密に1回

青色塗料の上に直接吹付け、中塗り塗料7123.-番をあらかじめ塗ることはしない。

　　　　吹付け圧2.5乃至3気圧、

　　　　噴霧銃・ノズル径2 mm、

　　　　噴霧銃距離約250 mm。

4. **黒色上塗り塗料の追加噴霧**は、この際には**不要**であり、これは所期の迷彩効果を濃密な吹付けですでに得ているからである。

5. **工程3の後に、拭浄可能夜間迷彩色7120.22番を飛行機下面の残り2/3に塗布する。**
6. **乾燥時間**約1時間。

上記の

   夜間迷彩から昼間迷彩へ

およびその逆の

   昼間迷彩から夜間迷彩への

再迷彩可能性は複数回反復できる。

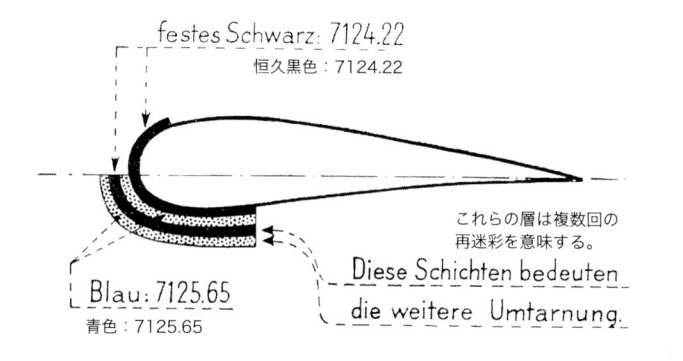

festes Schwarz: 7124.22
恒久黒色：7124.22

Blau: 7125.65
青色：7125.65

これらの層は複数回の再迷彩を意味する。
Diese Schichten bedeuten die weitere Umtarnung.

図5
再迷彩概略図

H. 昼間作戦用の飛行機下面の青色塗装の状態と保守

  綿密な試験と前線基地における検分の結果、飛行機下面の青色の迷彩塗装を再点検し、以下の要綱に沿ってオーバーホールする必要がある。

要　綱

1. **昼間作戦**では、被視認防護の見地から、青色塗装が本来の色彩を広範囲にわたって保持している必要がある。

これは特に翼前縁にも適用する。

青色塗装により、敵飛来時の被発見が極めて困難になる。

これに加えて、すべての**黒色**表面は、バルケンクロイツの黒色部を例外として、飛行機下面から除去する必要がある。

2. 前線基地における検分で判明したとおり、洗滌を容易ならしむ目的で、飛行機下面の排気道を黒色で塗装したものがある。

この際、排気道のみならず、飛行機下面を**広範囲**にわたり全面黒色に塗装しており、**このため昼間作戦中の迷彩効果が疑わしくなってしまっている。**

これは**飛行機と乗員にとって極度の危険**を意味する。

3. 黒色塗装した排気道は、今後ただちに飛行塗料7122.65青色を上から吹付けるべし。

4. 工程3による塗装の上から、**十時方向に2回、遮断塗料ＪＳ238を濃密に吹付ける。**なおこれは、塗装表に従ってこの塗料で塗装した飛行機、あるいは夜間作戦に投入予定の飛行機に限る。

特に注意すべきは、この新塗装から旧塗装への**遷移域**を十分に平滑に吹付けることである。

5. **排気道**は随時よく**洗滌**し、過度の煤煙付着およびその結果生じる当該表面の黒色化を回避する。これは特に昼間作戦前に配慮すべし。

添付1は本冊の末尾にある。

添付 2

衛生飛行機の標識に関する規程

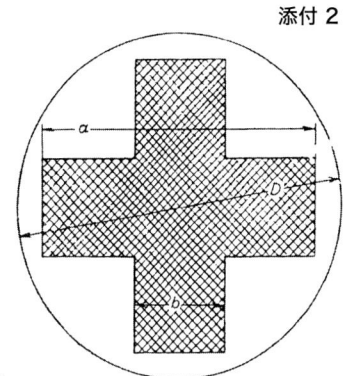

衛生飛行機の標識は今後ただちに以下の如くする：

1. **飛行機**は、各型式に指定した迷彩塗装を保持する。
2. **方向舵の国章（ハーケンクロイツ）を前線機と同様に保つ。**
3. **主翼上および胴体上のバルケンクロイツに代えて、赤十字を白円の上に塗装する。**比率は、円の直径（D）：赤十字の角棒長（a）：角棒幅（b）＝D：a：b＝7：6：2である。以下の寸法のみ適用するものとする：

D =	52	70	87	105	122	140	157	175	192	210
a =	45	60	75	90	105	120	135	150	165	180
b =	15	20	25	30	35	40	45	50	55	60

寸法数字はすべてcm。

白円の直径は上記の寸法から選び、（前線機の）バルケンクロイツの周りを囲むようにする。ついで赤十字を描き入れる。標識色ははLDv. 521/1に準拠。

航空省塗装書式　**RLM-Lackierungsformblatt**　　Anlage 3 添付 3
(OSリスト) 記入見本　**(OS-Liste)* mit Mustereintragungen**

Lfd Nr	Vorkommen		Oberflächenschutz				Bemerkung
	Gegenstand	aus	Gruppe	Flieglackkette bzw. Flieglack	Schichtenzahl innen-liegend	außen liegend	
Spalte 1	2	3	4	5	6	7	8
Rh. 1.01 1	Rumpf und Steuerwerk						
02	Rumpfschale, inn.	Duralplat	D	7122.02	1	–	
	auss.	Duralplat	D	7122.65	–	1	Sichtschutz
03				7122.72	–	1	
				7122.73	–	1	
04				JS 238	–	1	Fa. Ruth, Hamburg
05	Profile	Duralplat	D	7122.02	1	–	
	Beschläge, Spante	Stahl u.	D	7102	1	–	Rohre mit 7102
06	Kleinteile, Rohre	Elektron		7122.02	1	–	ausgiessen
07		Dural	D	7122.02	1	–	
	Führerraum	Stahl u.	D	7102	1	–	
08	Gerätebrett	Elektron		7122.66	1	–	
09		Dural + Duralplat	D	7122.66	1	–	
1.10	Akkulagerung		D	nach			
11	Dichtungen Behälter			LDv 521/1			
12	Rohrleitungen (s.Anmerkung 10)						
13	Bugkappe	Holz m. Stoff	D	–			siehe Anmerkung 2 u. 9
14	Rumpfheck, innen	Stahl		7102	1	–	
15		Dural		7122.02	1	–	
16	auss.	Elektron		7102	–	1	
				7122.65	–	1	Sichtschutz
17				7122.72	–	1	
				7122.73	–	1	
18				JS 238	–	1	Fa. Ruth, Hamburg
19	Heizung	Elektron	D	Frico-Bronze	1	–	Frischauer & Co. Asperg (Württbg.)
1.20							
21							

Änderungszustand der Liste

Focke-Wulf Flugzeugbau G.m.b.H. Bremen

LC-E 2 VII C
2.8.41 gez. Unterschrift

Entworfen 28.5. Wiringen   Oberflächenschutz-Liste
zu Fw. 200 C-1-2-3 C-3/U-4

Os-Liste Nr Fw 200 C-1-2-3 C-3/U-4   Blatt Nr 1

Vordruck 335

*) Die Vordrucke sind unter den Nummern 335 und 336 von der Fertigungsvorschriften-Verwaltung des RLM zu beziehen.
**) 書式用紙は335および336番を航空省生産管理部から入手すること。

Spalte	Lfd. Nr	Vorkommen Gegenstand	aus	Gruppe	Oberflächenschutz Flieglackkette bzw. Flieglack	Schichtenzahl innenliegend	Schichtenzahl aussenliegend	Bemerkung
	1	2	3	4	5	6	7	8
Rh. 01		Lüftung	Elektron	D	7102	1	–	
02					7122.02	1	–	
03		Hoheitsabzeichen u.Beschriftung		D	nach LDv 521/1			
04		Holzteile im Flugzeuginnern						
05								
06	2	Fahrwerk, Sporn Guss- und Pressteile	Stahl u. Elektron	D	7102 7122.02	1	–	Siehe bes.Anweis. über Oberflächenschutz von Stahl.
07								
08		Rohre	Stahl	D	7102 7122.02	1 1	– –	Stahlrohre mit 7102 ausgiessen
09								
10	3	Trag- u. Leitwerk Gesamte Tragkonstruktion	Stahl u. Elektron	D	7102 7122.02	1 1	– –	s.bes.Anweis.über Oberfl.Schutz von Stahl
11								
12			Dural	D	7122.02	1	–	
13		Beplankung inn.	Elektron	D	7102 7122.02	1 1	– –	
14			Dural	D	7122.02	1	–	
15		auss.	Elektron	D	7102	–	1	
16					7122.65 7122.72 7122.73	– –	1 1 1	Sichtschutz
17					JS 238	–	1	Fa.Ruth, Hamburg
18			Dural	D	7122.65 7122.72 7122.73	– – –	1 1 1	Sichtschutz
19					JS 238	–	1	Fa.Ruth, Hamburg
20		Bespannung	DIN-Leinen	D	Lackkette 20			
21	4	Triebwerk Triebwerksgerüst	Stahl	D	7102 7122.02	1 1	– –	siehe bes.Anweis. üb.Oberfl.Schutz von Stahl
22								
23		Brandschott	Duralplat	D	7122.02	1	–	Nicht auf Triebwerksseite
24								

Oberflächenschutz-Liste zu Fw 200 C-1-2-3 C-3/U-4

Os-Liste Nr Fw 200 C-1-2-3 C-3/U-4

Blatt Nr 2

Vordruck 33E

添付 4

3 mm Ø 塗料粘度計

使用法：

　　付属の固定具を用いて、粘度計を架台または他の適切な台上に固定する。計測を開始前に、特に流出孔を完全に清浄しておくこと。

　　計測時は、流出孔を左手の指で塞ぎ、試料を容器の外縁から溢れるまで注ぐ。溢れが止まったら、指を外して流出孔を開き、同時にストップウォッチを動かす。計測は、流下が停止した時点で終える。流下に要した秒数が粘度を示す。

　　計測の精度は温度に依存し、18℃から21℃の間でなければならない。

（裏面の概略図を参照！）

添付 4 付属

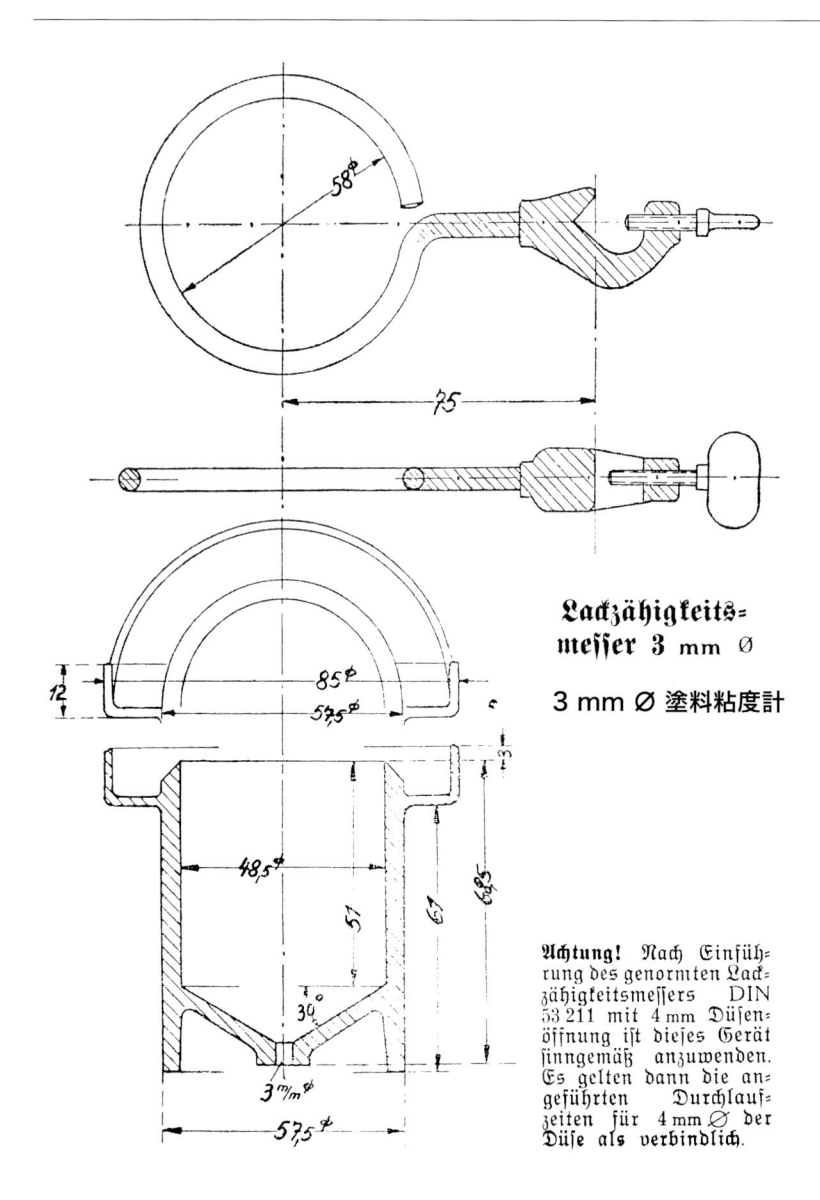

**Lackzähigkeits-
messer 3 mm Ø**

3 mm Ø 塗料粘度計

Achtung! Nach Einführung des genormten Lackzähigkeitsmessers DIN 53 211 mit 4 mm Düsenöffnung ist dieses Gerät sinngemäß anzuwenden. Es gelten dann die angeführten Durchlaufzeiten für 4 mm Ø der Düse als verbindlich.

注意！ 4 mmノズル孔のDIN規格53 211塗料粘度計の導入後は、当該器具を同様に適用せよ。その際には、4 mm Øノズル用に定めた流出時間が施工条件となる。

L. Dv. 521/2

飛行機塗料の処理および適用規程

(1943年3月標準)

第2部：滑空機

1943年3月版

　　　国家航空大臣　　　　　　　　　　　　　　　　　　　　ベルリン、1943年3月24日
　　　兼 空軍最高司令官
　　　　　技術局
GL/C 第280740/42（E2 VIII）

　　　　余はここに、L.Dv. 521/2『飛行機塗料の処理および適用規程　第2部：滑空機(1943年3月水準）1943年3月版』の発行を承認する。
　　　　本規程は、発行日付をもって発効する。
　　　　作業要領『航空省規程に準拠した滑空機の塗装』は、同時に失効する。

　　　　　　　　　　　　　　　　　　　　　　　　　　　　　　　　　　　代理
　　　　　　　　　　　　　　　　　　　　　　　　　　　　　　　　　フォアヴァルト

目　次

ページ

- **I. 序** ... 5
- **II. 滑空機の塗装** ... 5
  - **A. 木材** ... 7
    - 1. 内部塗装 ... 7
    - 2. 外部塗装 ... 7
      - a. 無彩色木材塗装 ... 8
        - 1) 飛行塗料7171.00による目止め ... 8
        - 2) 飛行塗料7175.00による予備塗装 ... 8
        - 3) 仕上塗装 ... 8
      - b. 有彩色木材塗装 ... 8
        - 1) 飛行塗料7171.00による目止め ... 9
        - 2) 飛行滑空機パテ7251.99によるパテ埋め ... 9
        - 3) 乾燥研磨 ... 9
        - 4) 飛行塗料7172.99による予備塗装 ... 9
        - 5) 乾燥研磨 ... 9
        - 6) 象牙色飛行塗料7174.05による塗装 ... 10
    - 3. 操縦室の塗装 ... 10
      - 1) 予備研磨 ... 10
      - 2) 飛行塗料7172.99による予備塗装 ... 10
      - 3) 飛行塗料7174.02による仕上塗装 ... 10
  - **B. 羽布** ... 10
    - 1. 緊張塗料 ... 10
      - 1) 飛行塗料7173.00による第1回塗装 ... 11
      - 2) 鋸歯縁帯の接着 ... 11
      - 3) 飛行塗料7173.00による第2回塗装 ... 11
      - 4) 研磨 ... 11
      - 5) 飛行塗料7173.00による第3回塗装 ... 11
    - 2. 被膜塗料 ... 11
  - **C. 金属** ... 12
    - 1. 飛行塗料7102.99による下塗り ... 12
    - 2. 予備塗装 ... 12
  - **D. 国章と文字標記** ... 12
- **III. 滑空機の塗装補修** ... 13
  - **A. 木材の塗装補修** ... 13
    - 1. 洗滌 ... 13
    - 2. 古い塗膜の除去 ... 14
    - 3. 周辺の研磨 ... 14
    - 4. 塗装 ... 14

ページ

- B. 羽布の塗装補修 14
  - a. 羽布と塗膜の損傷 14
    1. 剥離 14
    2. 洗滌 14
    3. 緊張塗料の軟化 15
    4. 接着 15
    5. 塗装 15
  - b. 塗膜の損傷 15
- C. 金属部品の塗装補修 15
  1. 小規模な塗膜損傷 15
     1) 洗滌 15
     2) 飛行塗料7102.99による下塗り 16
  2. 緊張塗料 16
     1) 剥離 16
     2) 洗滌 16
     3) 下塗り 16

255

I. 序

軍事教練および次世代飛行士の養成の一環としての滑空機の重要性に鑑み、航空省は必要な訓練機材の開発および調達を担当することとした。かかる機材の製造および保守は、使用する材料および作業法を標準化してはじめて可能となる。これに関して、航空省は滑空機用の塗料体系を決定し、使用許可を供与した。必要な資材は、複数の会社から同一の呼称で入手可能である。消費地への納入会社の割当は、個別に航空省GL/C-B 2 Vが行なう。

本件に関しTAGL参照番号：ＩＰ 10 g 第32/43、請求符号：連番224/42、1942年3月31日付、国家航空大臣兼空軍最高司令官技術局GL/C-TT発行に注意すべし。

その他の点については、L.Dv. 521/1 第1部：動力飛行機、1941年11月版の指定を全般に適用する。

II. 滑空機の塗装

国家航空省の滑空機製造規程（BVS）第3分冊・機体に従い、滑空機の強度要求分類（Bgr.）を4群に区分する：

- Bgr. 1　　　　低負荷
- Bgr. 2　　　　高負荷
- Bgr. 3　　　　極高負荷
- Bgr. 4　　　　Bgr. 1－3に該当しないすべての滑空機

訳注：GL/C-B 2 Vは技術局調達2部V課、TAGLは航空装備総監部技術指示書〔Technische Anweisung Generalluftzeugmeister〕、BVSはBau-Vorschriften für Segelflugzeuge、Bgr.はBeanspruchungsgruppeの略。

滑空機の製造材料は、主として木材と布からなる。天候の影響から保護するために、すべての構造部材の内部と外部を入念に塗装せねばならない。実施する塗装作業の決定のために、滑空機を以下の如く分類する：

滑降機〔Gleitflugzeug〕　　　初等教育用（Bgr. 1）
滑翔機〔Segelflugzeug〕　　　練習飛行および高等競技飛行用（Bgr. 2）
　　　　　　　　　　　　　　曲技飛行用（Bgr. 3および必要に応じBgr. 4）

この定義に従い
滑降機は　　無彩色
滑翔機は　　有彩色（例外あり！）*)

で塗装する。これにより生じる作業は、以下の如く、資材ならびに内部および外部塗装ごとに整理して記述する。BVSの施行条例を顧慮すべきものについては、本文中の注釈で示す。

―――――――
　　　*) 10ページのB 2を参照。

〔訳注：日本語ではグライダと滑空機が同義だが、L.Dv. 521/2はGleitflugzeugとSegelflugzeugを区別して定義している。やむをえずGleitflugzeugに「滑降機」の語をあて、Segelflugzeugを滑翔機と訳した。なお滑翔機と滑降機との総称には滑空機の語をもちいた。〕

A. 木材

1. 内部塗装：

（BVS第2分冊、部材、第II部、D2192/b 2、第3分冊、機体、第III部、A III b 3227。）

翼桁、肋材、外板、補強材等、あらゆる木製部品は、内部を塗装するものとする。塗装は、着色した透明塗料を用いて行なう。着色の目的は、内部構造のすべての部位に内部塗装が行渡っているか、明確に示すためである。使用する塗料は：

飛行塗料7171.99*)

（手元にある飛行塗料7171.27の在庫は、残らず消化すること。）

塗布は、稀釈せずに刷毛を用いて行なう。特別な場合、例えば全面を閉じた箱桁や舵の部品等にあっては、積層材の外板は組立前に内面を塗装しておくこと。接着面は、あらかじめ印をつけておき、絶対に塗料が付着せぬようにすること。接着後に、予備塗装していない部位を、到達可能な限り、所定の塗料で事後塗装する（BVS第2分冊、部材、第II部、C III、2160およびD II、2193/2194参照）。

乾燥時間：2時間。

上記および以下すべての乾燥時間は約20?の平均室温に妥当し、最低時間である。

2. 外部塗装：

（BVS第2分冊、部材、第II部、D II、2193–2198。）

天候の影響による負荷は非常に高い。内部塗装は、湿気および結露に対する防護のみでよいが、外部塗装は、急激な温度変化とともに、太陽と風雨の影響や力学上の損耗にも耐えねばならない。組立は、従って、個別

---

*) 色調記号として、L.Dv. 521/1は4桁の飛行塗料番号の点につづく2桁の数を用いている。この数はRLM色票に適合している。無彩色の材料は、…00で示す。99という数（RLM色調99）は、実際の色調あるいはその精度が重要でないことを意味する。

の塗膜層ごとに所定の乾燥時間を厳密に守り、入念かつ確実に行わねばならない。外部は、積層材および防水布の塗装が重要である（第II章参照）：

a. 無彩色木材塗装。

滑降機は、木製部品も布も無彩色で塗装する。布材塗装については、ⅡB羽布参照。

木材表面は、清潔かつ平滑にして、以下の如く処理する：

1.) **飛行塗料7171.00による目止め：**

目止め下地〔Einlaßgrund〕は、即時塗布可能な状態で供給する。塗装は刷毛を用いて行なう。塗料がかなり急速に乾燥するので、刷毛全体を用い、木目方向に迅速に作業すること。1回の作業で約1/4 m²の表面に塗布し、均一に塗り広げる。

乾燥時間：2時間。

2.) **飛行塗料7175.00**による予備塗装：

塗料は、即時塗布可能である。必要に応じ、特に吹付け時は、

飛行稀釈剤7211.00

で多少稀釈する。薄く塗布せよ！

乾燥時間：　　1時間で飛塵乾燥に達し、
　　　　　　　3時間で粘着がなくなり、
　　　　　　　一晩で完全硬化。

3.) **仕上塗装：**

最初の透明塗装（2)参照）の完全乾燥後（16時間語、すなわち一晩後）さらに1回、透明塗料

飛行塗料7175.00

を塗布する。特に平滑な表面を得るには、最初の透明塗膜層を、仕上塗装前に、水および研磨紙320番を用いて軽く磨く。磨 き す ぎ ぬ よ う 注 意 ！

研磨後、塗料を最低6時間、可能ならば一晩放置して、研磨で露出した表面を再硬化させる。過早に塗装すると、まだ軟らかい第1層が浮き上がってしまう。

b. 有彩色木材塗装

（すべての滑翔機に適用 — 滑降機は対象外。）

訳注：即時塗布可能〔streichfertig〕とは、稀釈せずに塗装できるという意味。

木材は、入念に埃を除去し、続いて以下の如く処理する：

1.)　　**飛行塗料7171.00**による目止め
　　　　（2.a 1.)参照。）

2.)　　**飛行滑空機パテ7251.99**によるパテ埋め：

　　　　パテは、即用可能な状態で供給する。外板のスカーフ部、積層材表面の軽微な瑕疵(かし)、および釘周縁の凹部を稀釈しないパテで埋める。

　　　　パテは決して厚く塗布してはならない。さもなくばパテ埋めした箇所が亀裂する。大きな凹部は、数回の塗布で平滑にする。各塗布の間は、乾燥時間を厳密に遵守すること。

　　　　乾燥時間：6時間。

　　　　積層材の細孔は、最終塗装において特に平滑な塗膜表面を得るために、若干稀釈したパテを適宜もちいて薄く擦込む。パテはこの目的に合わせて数パーセントの飛行稀釈剤7211.00を混合して柔軟に調整する。目止めに際しては、塗布した填材をただちに表面から、刃先を寝かせたパテナイフを繊維の方向に交わるように押当てて掻取り、細孔のみを埋めて、余分なパテを表面から除去すること。

3.)　　180－200番の研磨紙で乾燥研磨する。

　　　　研磨後は、表面から塵埃をよく除去すること。

4.)　　**飛行塗料7172.99**による予備塗装：

　　　　塗料は、即時塗布可能な状態で供給する。塗布は、刷毛または噴霧銃を用いて行なうことができる。必要に応じ、特に吹付け時には、約5－10％の飛行稀釈剤7211.00で稀釈する。一般に、吹付用塗料は刷毛塗り用塗料よりも多少薄目に保たねばならない。吹付けることで、より少ない塗料消費で、より良い表面を得ることができる。

　　　　乾燥時間：6時間。

5.)　　220－240番の研磨紙で乾燥研磨する。入念に塵埃を除去すること。

　　　　磨 き す ぎ ぬ よ う 、 注 意 ！

6.) 象牙色の**飛行塗料7174.05*)**による塗装：
塗料は、即時塗布可能な状態で供給する。必要に応じ、特に吹付け時には、約10％の
飛行稀釈剤7211.00
で稀釈する。噴霧銃による塗布は、最初に表面をごく薄く下吹きした後、ついで均一に覆うように、ただし厚すぎないように塗る。
乾燥時間： 2時間で飛塵乾燥、
一晩で完全硬化。
表面の平滑度に対する要求が特段に高い場合は、飛行塗料7174.05による再塗布1回を実施してもよい。その後、以下の如く作業する。

7.) 完全硬化が生じた後、280－320番の研磨紙で水研ぎする。研磨後、表面をセーム皮でよく磨き、その後最低6時間放置して、研磨で露出した表面が残らず再硬化できるようにする。

8.) 象牙色の飛行塗料7174.05による塗装。
乾燥時間： 2時間で飛塵乾燥、
一晩で完全硬化。

注：作業技術上の理由により、飛行塗料7174.05による最終の有彩色塗膜を木材と羽布に一工程で塗ること。

3. 操縦席の塗装：

操縦席の積層材外板と肋材はＡ１に従って透明の飛行塗料7171.99で事前処理する。
1.) 軽く乾燥研磨し、塵埃をよく除去する。
2.) 飛行塗料7172.99で下塗りする。
3.) 飛行塗料7174.02で仕上塗装する。

B.　羽布

全般保護に加えて、緊張塗料による羽布の塗装には、その名が明示しているとおり、布を硬化させる目的がある。

1. 緊張塗料
（滑降機と滑翔機に適用）
（BVS第2分冊、部材、第Ｖ部、ＢⅢ、2440から2444まで、第3分冊、機体、第Ⅲ部、ＢⅤb) 3410。)

---
*) 色調05は添付参照！

1.) **飛行塗料7173.00による第1回塗装：**
塗料を稀釈せずに使用し、刷毛を用いて平滑に厚く塗り、第1回の塗装で布に完全に浸透し、裏側の無塗装の区画から見えるようにする。これによってのみ、適正な張力が得られる。

2.) 鋸歯縁帯の上貼り：
1.緊張塗料の塗布直後に、継目を覆うための鋸歯縁帯を上貼りする。貼付に使用するのは
飛行接着塗料7252.00。
上貼りは、覆うべき継目に接着塗料を余すところなく塗り込むように行なう。その直後に、なるべく二名で、中央から丁寧に帯を敷く。敷いた直後に、帯をさらにもう1回、緊張塗料
飛行塗料7173.00
で上塗りする。
乾燥時間：2時間。

3.) **飛行塗料7173.00による第2回塗装：**
普通に、すなわち第1回ほど濃厚にせずに、塗る。
乾燥時間：2時間。

4.) 研磨
軽く乾燥研磨する。これによって、布材、特に角の部分に損傷が生じてはならない。塵埃をよく除去する。

5.) 第3回塗装は
飛行塗料7173.00を用い
普通に、すなわち過度に濃厚にせずに、塗る。
乾燥時間：2時間。

布の性質および状態に応じて、緊張塗料の塗装回数を1回ふやしてもよい。この際には第2回ではなく第3回の層を、最上層の直前の層として研磨せねばならない。最上層を研磨してはならない。

2. 被膜塗料

（滑翔機に限る）

（BVS第3分冊、機体、第Ⅲ部、A Ⅲ b、3235。）

訳注：鋸歯縁帯〔Zackenband〕とは、両縁が鋸の歯のようにジグザグになった布製リボンのこと。

緊張塗料で仕上塗装し、完全に乾燥した羽布は、

飛行塗料7174.05（または7175.00）*)

を用いて1回、上塗りする（ⅡA２ｂ６.）および8ページの注参照）。

C. 金属

（BVS第3分冊、機体、第Ⅲ部、A Ⅲ B. 3230。）

金属部品で、化学手段で事前処理（例えば鋼のアトラメント処理、ジュラルミンの陽極酸化処理）をした物は、乾燥直後に塗装する。金属部品で、化学手段で事前処理していない物は、航空省認可洗滌剤のいずれかを用いて、塗装に先立って入念に油分除去すること。

化学事前処理または油分除去をした金属部品は、以下の如く塗装する：

1. **飛行塗料7102.99**による下塗り：

（BVS第2分冊、部材、第Ⅲ部、B Ⅳ 2240から2241まで。－第Ⅳ部、D 2393から2396まで。）

乾燥時間：4時間

管は、内部にこの**飛行塗料7102.99**を注入してから空にする。当該飛行塗料には**飛行稀釈剤7200.00**が適合する。

2. 自由気流に曝された部品は、

飛行塗料7174.05

あるいは操縦室内にあっては

飛行塗料7174.02

を用いて1回、上塗りする（ⅡA２ｂ４参照）。

D. 国章と文字標記

国章の塗装に先立って、最後の上塗り塗料に関して最低15時間の所定乾燥時間を厳格に遵守せねばならない。

---

*) 滑空機塗装への飛行塗料の適用にあたり、羽布の最終塗装として顔料添加した上塗り塗料を想定している。この処置は、重心転移のため必ずしも実施できるとは限らない。それゆえ、重心の後方移動と、それにともなう領収障害のために重量軽減が必要な際には、飛行塗料7175.00を適用することとする（例えばKranich 2）。RLM-GL/C-E 2 Vの了解が、そのつど必要である。

文字標記および国章の塗装には以下の塗料を用いる：

飛行塗料7164.21（白）、

飛行塗料7164.22（黒）、

飛行塗料7164.23（赤）。

本飛行塗料は、刷毛塗り工程によってのみ、施工してよい。稀釈は不要である。塗料が経時濃縮した場合に限り、

飛行稀釈剤7211.00

を用いて事後稀釈してもよい。

乾燥時間：3時間。

文字標記等に代えて、転写文字の使用が可能である。

III. 滑空機の塗装補修

飛行機の塗装は部材の表面保護をなし、その良好な状態に飛行の安全が依存している。すべての損傷は例外なく、ごく軽微な程度のものであっても、遅滞なく補修せねばならない。

新規塗装と同様に、作業は、補修箇所が木材か羽布かに応じて、それぞれ異なった実施をする：

A. 木材上の塗装補修

内部塗装の補修。

内部に配置した構造部材で、修復を要する物は、新規塗装と同様に扱う、すなわち

飛行塗料7171.99を塗る（ⅡA1参照）。

外部塗装の補修。

飛行機の外部部品、例えば外板等のような物を交換する際は、新しい木製部品を、滑空機の新規塗装に関する規程に厳格に従って取扱う。

更新する部品の装着前に、周囲の塗装を以下の如く処理する：

1. 洗滌：

 古い塗膜は、損傷の周囲を広く、最低でも後で塗料を上塗りする範囲を、航空省が認可した洗滌

訳注：経時濃縮〔nachdicken〕とは溶剤成分の揮発により塗料の粘度が増加する現象をいう。

剤のいずれかを用いて、入念に洗滌して油分除去する。
2. 古い塗膜の除去：
キサゲを用いて、古い塗膜を損傷の周囲から除去し、およそ手の幅の木材下地が露出するようにする。*)
3. 周辺の研磨：
周辺の古い塗膜は、220および280番の研磨紙でよく乾燥研磨し、鋭利な角が感じられないようにする。塵埃を丁寧に除去する。
4. 交換する木製部品および露出させた木製外板を装着し、つづいてⅡ A 2 aまたはbに従って継続作業する。

B.　羽布上の塗装補修

a)　張 布 お よ び 塗 膜 の 損 傷：

原則として、羽布の亀裂をすべて縫合せねばならない。
1. 剥離：
損傷箇所周辺の塗膜に

飛行剥離剤7210.99

を濃密に塗布する。数分の反応時間の後、塗料は軟化する。塗膜が古い場合は、必要に応じて剥離剤を再塗布する。軟化した塗料は、鋭利でない木製または鹿角製パテナイフおよび柔軟な布片で除去する。
2. 洗滌：
羽布の剥離箇所およびその近傍を、つづいて航空省認可洗滌剤のいずれかを用いて洗滌する。

注意！ 羽布の亀裂から機体内部に剥離剤や洗滌剤が浸入せぬよう注意し、内部の塗料または羽布を損傷せぬこと。

---

*) 剥離剤を木材に使用せぬよう警告しておく。剥離剤は、木材の細孔に浸透して定着する傾向がある。木製部品は、乾燥した状態であっても細孔に剥離剤があると、塗装が困難である。塗膜は、極めて不完全にしか固着しないか、あるいは乾燥しない。

3. 緊張塗料の軟化：
損傷箇所周辺の羽布を
飛行稀釈剤7211.00
で詰め綿または布片を用いて湿らせ、布の塗料分を幾分か軟化させる。
4. 接着：
裁断し、亀裂の上に貼付ける布片を
飛行塗料7173.00
に浸し、塗料を軽く掻落としてから、すばやく補修箇所に敷く。古い緊張塗料を軟化させるために軽くはたきつけた稀釈剤が揮発せぬうちに行なうことが肝要である。貼付ける布片は、まだ湿っている修繕箇所の上に貼らねばならず、それによって良好な結果を得られる。
乾燥時間：1時間。
5. 塗装：
Ⅱ、B 1 3)、4)および5)、必要に応じⅡ、B 2に従って仕上塗装。
b) 塗膜の損傷。
羽布に損傷が無い場合は、剥離（14ページの1)参照）に着手し、つづいて洗滌（2)参照）した後、塗装規程ⅡB 2に従って仕上塗装する。

C. 金属部品上の塗装補修

金属部品上の塗膜の補修にあっては、まず第一に、塗装する部品が完全に油脂分の無い状態であるように注意せねばならない。それに加えて、処理の種類は、金属下地が露出しているかどうかで異なる。露出していない場合は、再塗装と同様に、再度の下塗りを行わない。
金属が露出している場合は、損傷の規模に応じて、以下の如く作業する：
1. 小規模な塗装損傷。
1.) 洗滌：
緩んだ塗膜片をすべて、パテナイフまたはワイヤブラシで掻き落とし、航空省認可洗滌剤のいずれかを用いて洗滌する。

2.) 飛行塗料7102.99による下塗り：

ただし金属が露出している箇所のみ。補修は、刷毛を用いて施工するのが適切である。

その他は、ⅡC.1.および2.参照。

2. 大規模な塗装損傷。

1.) 剥離：

古い塗膜に

飛行剥離剤7210.99

を濃密に塗布する。数分後に、軟化した塗膜を鋭利でない木製または鹿角製パテナイフで掻き落とし、布片で拭除する。塗膜が残らず取れない場合は、その部分に作業過程をもう一度行なう。

2.) 洗滌：

部品を

飛行洗滌剤Zで洗滌する。

部品に、刷毛または布片を用いて飛行洗滌剤Zを余すところなく濃密に塗布し、つづいてただちに、清潔な布片で乾拭きする。

3.) 下塗り：

完璧に清潔にした金属部品を

飛行塗料7102.99

で下塗りし、その後はⅡ.C.1.および2.に従って、ひきつづき処理する。

L. Dv. 521/3.

草案
飛行機塗装の補修に関する規程

1937年版

付録 訂正差替1-3号

ベルリン、1937年8月18日。
国家航空大臣
兼 空軍最高司令官

代理：

グラーフ・バウディッシン

目　次

I. **総則。**
　　1)　定義 5
　　2)　補修に着手すべき時点 5
II. **飛行機塗装の補修に関する規程。**
　　1)　全金属機 5
　　2)　混合構造機 6
III. **金属製プロペラおよびスピナーへの迷彩実施に関する規程。**
　　1)　金属表面の状態 9
　　2)　迷彩の塗装 9
　　3)　塗料の試験 10
　　4)　貯蔵と発送 10
　　5)　製造会社 10

I. 総則。
   1) 定義：補修。
   補修とは、以下において、飛行機塗装の限られた範囲に生じた損傷の処置を意味する。
   飛行機またはその外部全体の塗装、あるいは構成品全体、例えば主翼、胴体、尾翼等の塗装は、再塗装という。以下の規程は補修のみに関するものである。再塗装はL. Dv. 521/1に従って処理する。

   2) 補修に着手すべき時点
   飛行機の飛行安全は、材料の状態に依存する。
   飛行機が完璧な表面保護を保持しているよう、常に配慮する。表面保護の損傷は、発生後ただちに処置すべし。
   塗装に損傷があるまま飛行機を何週間も放置すると、特に野外においては、過早に使用不能になる。

II. 飛行機塗装の補修に関する規程
   1) 全金属機および金属部品、全般。
   a) 微小な範囲の損傷、または手のひら一枚までの程度の露出箇所は、まず第一に、清潔な布片を使用して飛行洗滌剤Zで入念に洗滌する。周辺の塗膜は均等にする。洗滌した箇所の上に
   　　　　　飛行塗料7122.－、
   ただし水上機にあっては
   　　　　　飛行塗料7102.－
   を塗る。
   6時間の乾燥時間の後、水上機にあってはL. Dv. 521/1に従って継続作業する（飛行塗料系02または04の施工要領参照）。
   板金突合部および鋲接部の損傷は、以下の如く処理する：
   鋲接部から汚れと緩んだ残存塗膜を入念に除去する。この作業は、汚れの程度に応じて圧搾空気または00番のスチールウールを用いて行い、金属を損傷せぬよう注意する。この後、飛行洗滌剤Zを用いて

で事後洗滌する。周辺の塗膜は均一にならす。塗装には

飛行塗料7122.－、

ただし水上機にあっては飛行塗料7102.－を使用し、6時間の乾燥時間の後、開いた突合部を飛行密閉ペースト7240または7241で密閉する。継続作業は、L. Dv. 521/1（飛行塗料系02または04の施工要領）に従う。

b) 大規模な塗装損傷、外部。

塗膜の広範囲な損傷にあっては、まだ金属外皮上にある残存塗料を飛行剥離剤7210.00で除去する。当該構成品の内部に通じる開口部をすべて、あらかじめ密閉しておくよう、常に注意する。

残存塗料の除去後、丹念に、特に鋲接部と板金突合部を、飛行洗滌剤Zで事後洗滌する。洗滌剤の揮発後、

飛行塗料7122.－を迷彩色調で、

ただし水上機にあっては

飛行塗料7102.－を

吹付ける。

水上機の継続作業は、L. Dv. 521/1に従う（飛行塗料系02または04の施工要領）。

c) 飛行機内部の塗装損傷

陸上機の内部塗装の軽微な損傷の補修は、飛行塗料7112.02を使用する。広範囲の損傷は、飛行塗料7122.02を吹付ける。

水上機の内部保護は、上述のⅡ1aおよびbと全く同様に実施する。

陽極酸化処理した金属部品（表面保護区分C）を塗装してはならない。保有者が陽極酸化処理していない部品と交換した際には、新しい部品を飛行塗料7122.02で、ただし水上機にあってはL. Dv. 521/1に従い飛行塗料系02または04で、塗装するものとする。

注意！ 飛行機内部で大規模な塗装作業をする際には、常に防護マスクを着用して作業すること！

2) 混合構造機。

a) 金属部品

はⅡ1と同様に補修する。

b) 木製部品。

α) 自由気流中にない木製部品。

補修箇所を入念にキサゲを用いて剥がし、事前処理した箇所の周囲をサンドペーパーで研磨し、埃をブラシで除去する。

つづいて、補修箇所に、そのつど3時間の乾燥時間を遵守しつつ3回、飛行塗料7140.－をL. Dv. 521/1に従って飛行稀釈剤7233.00で稀釈した物を塗る。

交換の、すなわち木材から新規に製作した部品で、まだ塗装していない物は、飛行塗料7140.－を用い、L. Dv. 521/1の該当する施工要領に従って取扱う。

広大な表面は吹付けること。

β)　自由気流中（「外部」）にある木製部品。

損傷箇所は、刷毛を用いて飛行剥離剤7210.00を濃密に塗布する。約10分の反応時間の後、軟化した塗料を、鋭利でない木製または鹿角製パテナイフを用いて、あるいは布片を用いて除去する。この準備工程を、木材表面が清潔になるまで反復する。

塗料を除去した箇所の周囲を、サンドペーパーを用いて入念に研磨する。これによって生じた埃は、入念に除去する。つづいて、当該飛行機塗装の塗色を飛行塗料系30で塗る。銀塗装の飛行機は飛行塗料系31を適用するものとする（L. Dv. 521/1）。

剥離後に塗装した木製部品は、飛行塗料7130.00を飛行塗料稀釈剤7230.00で2:1に稀釈したもので、ごく軽く上塗りする。

c)　張布の塗装の補修。

原則：羽布の原材料（リネン、木綿）の大部分が外国産であるため、飛行機の外皮剥離は飛行安全の維持上必要な場合に常時限定する。剥離した羽布は、たとい小片であっても、乾燥していて通気良好なる室内に、塗膜除去が終わり次第、保管するものとする。

α)　塗膜と羽布に損傷がある場合。

亀裂がある場合は、わずかな範囲であっても、ただちに縫合する。

損傷箇所の周囲の塗膜を飛行塗料稀釈剤7230.00で湿らして軟化させる。この際、稀釈剤は詰め綿または柔軟な布片で塗る。

亀裂上に貼付ける布片を裁断して飛行塗料7130.00に浸し、塗料を軽く掻落としてから、補修箇所の稀釈剤がまだ揮発しないうちに、貼付ける。短い乾燥時間の後、この布片上に1回、飛行塗料7130.00を重ね塗る。1時間の乾燥後、この工程を反復する。

緊急時は、さらに1時間の乾燥後に飛行機を離陸させ、後日、仕上塗装をしてもよい。

その他の場合には、1時間の乾燥後にL. Dv. 521/1に従って継続作業する（飛行塗料系20および21の施工要領参照）。

β） 塗膜のみに損傷がある場合（羽布は正常！）

損傷のある（ひび割れた、あるいは硬化して脆くなった）塗膜は、損傷箇所の至近範囲内に

飛行剥離剤7210.00

を濃密に塗る。鋭利でない木製または鹿角製パテナイフおよび柔軟な布片を用い、必要ならば剥離剤を複数回塗布した後、塗膜を除去して、露出した布が明赤褐色を呈するようにする。塗膜除去の完了15分後に、残存塗料を軽く溶かして均等にした後、L. Dv. 521/1に従って継続作業する（塗料系20および21の施工要領参照）。

γ） 内部にある構成部品に到達するために羽布を開口する際は常に、羽布を保存して再使用できるように処理すること。

3） **全般事項：**

a） 本規程に特記していない事項については、L. Dv. 521/1に従って処理するものとする[*]）。

b） 熔接した鋼管（例えば胴体）の構成部品の損傷補修にあたり、鋼管の内部塗装（L.Dv. 521/1 C部、第4節b項）は、技術上実施可能な範囲に限って必要である。

c） 飛行機でL. Dv. 521/1に準拠した不燃塗装をしている物、例えばAr 196、Bü 131、一部のHe 60その他は、普通の飛行塗料で補修してはならない。不燃性塗料と適合しないためである。当該機は、「不燃塗装」と標記してあるか、もしくは機歴記録にこれに関する記載がある。

補修には、L. Dv. 521/1中の以下の塗料系を適用する：

金属： 飛行塗料系05
羽布： 飛行塗料系22
木材： 飛行塗料系33
稀釈： 飛行塗料稀釈剤7213および7215

---

[*]) a)に関しては、計器盤、蓄電池基部、プロペラ、金属および木材塗膜と羽布塗膜との遮断等で特殊塗料を適用する際も同様である。

III. 金属製プロペラおよびスピナーへの迷彩実施に関する規程。

1) 金属表面の状態。

新品のプロペラまたはスピナーにあっては、表面を磨いてはならない。補修したプロペラまたはスピナーにあっては、表裏両面とも当初の塗膜を完全に除去すること。

除去は飛行剥離剤7210.00を用いて処理する。この目的のため、剥離剤を2回、古い塗膜の上に塗る。塗膜が完全に軟化してから、木毛を用いて除去する。

塗料を除去した、あるいは無塗装で受領した部品の表面は、飛行洗滌剤Zで丹念に油脂分を除去し、洗滌する。洗滌直後に下塗りを行い、洗滌した部品に余計な埃や汚れが付着せぬようにする。

2) 迷彩の塗装。

プロペラブレード（表面と裏面）およびスピナー表面は、迷彩塗装の施工にあたって以下の如く取扱う：

a) 飛行塗料7142番

薄く吹付け

稀釈比： ∞　1:1　　飛行塗料稀釈剤7200.00使用

乾燥時間： 最低2時間。

b) 飛行塗料7146.71番

吹付け

稀釈比： ∞　1:1　　飛行塗料稀釈剤7200.00使用

乾燥時間： 3時間。

c) 飛行塗料7146.70番

吹付け

稀釈比： ∞　1:1　　飛行塗料稀釈剤7200.00使用

あらかじめ均衡調整したプロペラブレードの吹付時は、ハブ縁の上部30 mm幅を吹付けぬよう注意し（図参照）、ブレード装着の目印を視認できるようにする。この領域は、吹付前にマスキングテープで隠しておく。塗装したプロペラブレードおよびスピナーは、3時間の乾燥後、あらためて均衡をとり、軽微な不均衡は追加吹付けで処置する。さらに12時間後から、プロペラブレードとスピナーは運転可能である。プロペラブレードおよびスピナーへの注油は禁止する。

訳注：木毛〔Holzwolle〕とは、トウヒ材などを糸状に細断したもので、梱包材や緩衝材等として使用する。

— 10 —

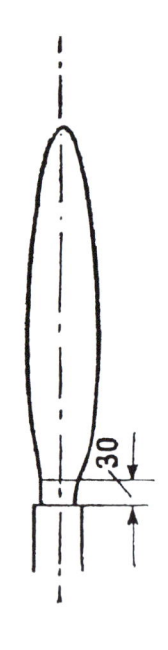

3) 塗料の試験。

塗料粘度計（吐出ビーカー）による流動性。

吹付けに適した稀釈塗料は、20℃で以下の流出時間を示す：

飛行塗料7142.00番 85－95秒

飛行塗料7146.70および71番 45－55秒。

4) 貯蔵と発送。

塗料は常に室内に貯蔵し、温度を+8℃以上に保つ。発送には、容量5、10、および25kgの缶を使用する。

5) 製造会社。

調達先と塗料概要はL.Dv. 521/1参照。

オットー・ドレヴィッツ版　・　ベルリン SW 61

Ju 88の残骸から回収したプロペラブレード。赤褐色の下塗り塗料の上にRLM 70を塗装してあるのがわかる。飛行塗料7146.70の施工要領どおりだ。ブレードの付根は30 mm幅で無塗装になっている。これは、亀裂を容易に発見でき、ブレード装着用の目印が見えるようにするためだった。（ミヒャエル・ウルマン）

国家航空大臣　ベルリン W8、1944年7月1日
兼 空軍最高司令官
　　技術局
第237/44（GL/C-10 IV E）文書符号70 K 10

ライプツィッヒャー通7
外線：218011
内線：3208

すべての飛行機量産工場、ライセンス生産工場、および修理工場
ならびに当該工場監督部門あて。

一括通達。

主題：新たな飛行塗料、表面保護処理、報告、迷彩の導入

1.)　　　　普通の可燃塗料を用いた布、木材、金属上に布を接着するための接着塗料 － 飛行材料7280.99。
　　　現今すでに飛行機産業が使用している接着塗料4637番（メルカウ・バイ・ライプツィッヒのアトラス株式会社製）を、トラーヴェミュンデ実験場における徹底した実験を根拠として、

　　　　　　　　　飛行塗料　　　　7280.99

の呼称で全般に導入する。
　　使用目的：
　　　　　　　飛行塗料7280.99は、

　　　　　　　　　　　布を布上、
　　　　　　　　　　　布を木材上、
　　　　　　　　　　　布を金属上に接着するのに使用する。

　　適用範囲：
　　飛行材料7280.99は、普通の金属、木材、および布材保護用の全塗料と適合する。ただし不燃性飛行塗料（飛行塗料系05、22、33、飛行材料7140、飛行材料7141等）には不適で、これには特殊な接着塗料を用いる。

　　作業要領：
　　飛行材料7280.99は、必要に応じて飛行稀釈剤7230.00で塗布可能に調節し、この際、広い面積の刷毛塗りには10から20％、吹付けには1：1の比率で、飛行塗料稀釈剤7230.00で稀釈すること。
　　接着対象の表面は、清潔で乾燥していて、かつ油脂分が無い状態であること。作業室が適切な温度であることに注意せよ。
　　接着する布片は、接着塗料を事前塗布（吹付け）し、乾燥（約1/2 - 1時間）後に2回目の塗布を施す。2回目の塗布の1分後に、布片を貼付可能である。接着塗料に粘着力があるうちに貼付けを行なうこと。表面がすで

次頁へ

　　　　　　に乾燥しているような場合は、十分な結合が生じないので、当該表面を再度、よく稀釈した接着塗料、さらに必要ならば接着塗料に適合する飛行塗料稀釈剤7230.00で上塗りする。
　　　　　　金属上への接着作業では、金属表面に接着塗料を2回塗布することが不可欠で、この際、なるべく1回目の塗膜を1時間 - 1時間半乾燥させること。広範囲の金属表面に布を貼る際は、金属上の1回目の塗膜を数時間、できれば一晩、乾燥させた後、塗布していない布を2回目の塗布直後に貼る。布は丁寧に圧着して

　　　　　　　　　　　1単位の接着塗料7280.99と
　　　　　　　　　　　1単位の稀釈剤7230.00との

混合液で重ね塗りする。飛行塗料による上塗りは、約3時間の乾燥後に可能である。
　　　　　　当該飛行材料の納入業者はアトラス・アーゴ社、メルカウ・バイ・ライプツィッヒ10番地、電話64001、あるいは同社のライセンス取得社である。納入会社の割当は、従来と同様にGL/C -PRVが行なう。

2.)　　不燃性飛行塗料（飛行塗料系05、22、33等）の適用時に金属上に布を接着するための接着塗料 – 飛行材料7285.99。
　　　　　　上記の目的に、ケルン＝ビッケンドルフ（22番地）所在、電話58591のヘアビヒ＝ハーハウス株式会社の接着塗料『WL 7826 オキシートロート』を、

　　　　　　　　　　　飛行塗料7285.99

の呼称で導入する。

使用目的：
飛行塗料7285.99は、布を金属上に接着するのに使用する。

適用範囲：
飛行塗料7285.99は、不燃性飛行塗料（飛行塗料系05、22、33等）の使用を想定しており、（例えば7121、7101等のような）普通の飛行塗料には不適である。

3.)　　鋼および軽金属用の熔接可能な下塗り塗料 – 飛行材料7191.99。
　　　　　　飛行機産業、電気産業、トラーヴェミュンデ実験場および技術局製造部の実験を根拠として、ヴッパータル＝バーメン、クリストブッシュ所在のドクトル・クルト・ハーバーツ社の熔接可能塗料H 3886を

　　　　　　　　　　　飛行塗料7191.99

の呼称で全般に導入する。

使用目的：
飛行材料7191.99は、スポット熔接またはシーム熔接した重複箇所の腐蝕防止に使用する。

適用範囲：
飛行材料7191.99は、鋼およびアルミ合金上に使用可能である。鋼において、腐蝕防止力が飛行塗料の下塗りよりも若干劣るが、重複箇所ではなんら不足なく、これは熔接後に力学負荷がもはや生じなくなるためである。この塗料は従来の飛行塗料よりも柔軟なので、なるべく重複箇所の上のみに厚く塗りあげること。普通の飛行塗料（7101、7102、7121）と適合性がある。

　　　　　　　　　　　次頁へ

作業要領：
飛行材料7191.99は、納入状態で刷毛塗り、浸し塗り、吹付けできる。吹付ける際は、状況に応じて多少の稀釈を加えること。大抵は揮発による減損分を補うのみでよい。

稀釈剤　　飛行材料7200.00。

この塗料は10分後に飛塵乾燥、30分後に輸送乾燥に達する。塗装した重複箇所は、乾燥直後および長期の貯蔵期間後ともに熔接でき、これは乾燥の長短が可熔接性に影響しないためである。

納入業者：　独占製造会社クルト・ハーバーツ社、ヴッパータル＝バーメン（22番地）、クリストブッシュ、電話：53316。

4.)　飛行材料7151.99の7152.99による代替。
従来の飛行塗料7151.99が特定の欠陥を呈するため、改善した塗料

飛行材料7152.99

で対処する。この飛行塗料は、ただちに適用せしむることとする。飛行塗料7151.95の手持ち在庫は、数量が10kgを下回らない場合、独占製造会社フレンケル社（1C）、メルカウ・バイ・ライプツィッヒ、電話644101への回収に提供できる。

5.)　移送標識の廃止。
従来の標識で、飛行機胴体上の洗滌除去可能塗料による黒または白の文字からなるものは、ただちに廃止する。これに代えて垂直尾翼の両面上に、何も付記しない製造番号、すなわち数字のみを塗ることとする。色調22または21、飛行塗料7160または7164または7165。数字高は25 cmとするが、必要に応じ、例えばハーケンクロイツの邪魔になる場合には、小さくしてもよい。

6.)　滑空機（輸送用被曳航機にあらず）の迷彩。
戦争期間中は滑翔機および滑降機にただちに迷彩塗装し、その際には上方および側方から可視の部分をすべて、飛行塗料7174.81あるいは82を用いL. Dv. 521/2に定める最終工程で、追って解除通知があるまで、迷彩するものとする。

飛行機上面および胴体側面への迷彩色調の塗布は、動力飛行機の区画型図に準じる。区画型図が未配布の場合は、N.S.F.K.ヴォルムス・アム・ライン空港補給処に請求されたし。

L. Dv. 521/2第13ページの第II D節に続けて、以下の新たな項を追加する：

（切取って、貼込むこと）

次頁へ

訳注：N.S.F.K.は、国家社会主義飛行団〔Nationalsozialistisches Fliegerkorps〕の略。

<u>E. 迷彩塗装。</u>

解除通知があるまで、すべての滑翔機および滑降機に迷彩塗装を施す。

A.、B.、C.の塗装の完全乾燥後（最終塗装から約16時間後）に、

飛行塗料7174.81または7174.82

を用い区画型図に従って迷彩塗装を施す。

塗料は、迷彩効果に絶対必要なだけの厚さに塗ること。

飛行塗料は即時塗布可能な状態で供給する。必要に応じ、特に吹付けの際には、

飛行塗料稀釈剤7211.00

で稀釈すること。

乾燥時間： 1 - 2時間で飛塵乾燥、
一晩で完全硬化。

本規程発効までの応急措置として、現用の滑空機に対する再吹付けをすでに実施ずみ、あるいは実施中である。この移行期間中、機を手持ちの飛行塗料7135の色調70および71で再吹付けすることを認めており、これは上述塗料の新色調を期限までに製造および配給するのが不可能であったためである。

上述の塗料を<u>再吹付け</u>することにより、重量および<u>重心変化</u>が生じることがある点に注意せよ！

RLM色調81および82の標準色票の配布は、目下のところ不可能である。塗料の色調に関する領収検査は、このため実施していない。

上述の補遺の他に、L.Dv. 521/2に以下の変更を手書きで実施するものとする：

12ページ： II C 1項：

飛行塗料7102.99を「飛行塗料7101.99」に変更。

14ページ： III B a) 1項：

飛行剥離剤7210.99を「飛行剥離剤7202.99」に変更。

16ページ： III C 1.2.)項：

飛行塗料7102.99を「飛行塗料7101.99」に変更。

16ページ： III C 2.1.)項：

飛行剥離剤7210.99を「飛行剥離剤7202.99」に変更。

<u>次頁へ</u>

16ページ：Ⅲ C 2. 3.)項：
　　　　　　　飛行塗料7102.99を「飛行塗料7101.99」に変更。
　　飛行材料7102.99および飛行材料7210.99の手持ち在庫は消化すること。なお新規発注は、上記の変更に従う場合に限って可能である。

7.)　　飛行機製造における非飛行塗料に関する報告。
　　　1944年8月15日までに、すべての飛行機製造会社は飛行機製造に使用中のあらゆる非飛行塗料に関する報告書をGL/C-E 10 Ⅳ宛に以下の書式で提出すべし：

呼称：	製造会社：	使用目的	飛行機型式	月間消費量
例： 排気管塗料 耐熱 イカロール173	ヴァルネッケ・ウント・ベーム、ベルリン＝ヴァイセンゼー	排気管および他の熱負荷を受ける管で以下の資材製の物 …………………	He 111	275 kg

　　　この企図は、原料の観点から最も有利な製品を全般に導入することにある。これによってのみ、GL Ro Ⅳおよび国家化学院〔Reichsstelle Chemie〕による必要な指導および保全が可能となる。

8.)　　色調81および82の適用。
　　　文書GL/C-E 10 第10585/43（ⅣE）、文書符号82 b 10、1943年8月21日付により、迷彩色調81および82を70および71に代えて将来導入することを告知した。
　　　当該色調の導入につき、今般、以下の通り決定した：
　　　　1)　　新たな飛行機型式で、その使用目的により従来であれば色調70および71で塗装したであろうものは、色調81および82を適用する。
　　　　2)　　現行の量産にあっては、なるべく早期に色調70および71から色調81および82へ転換するものとする。70および71の手持ち塗料残余は自明のことながら消化すべし。
　　　　　　その際は、両方の色調を同時に消化することはなかろうと想定されるので、70または71のうち余量が少ない方の追加発注を回避すべく、残余を以下の組合せで消化することを許可する：
　　　　　　　　色調70（残余）＋　色調82
　　　　　　　　色調71（残余）＋　色調81
　　　　　　しかしながら一方の色調の残余が過多で、このため規定どおりの迷彩への移行期間が過長になるような際には、かかる余量を協力工場、関連企業工場、あるいは他の飛行機工場と交換することを試みよ。
　　　　3)　　これら新色調の塗装法（区画型図）に変更は無い。
　　　　　　　　　　　　　　　　　　次頁へ

4)　飛行機工場は、変更したOSリストにより色調変更の完了をGL/C-E 10 IV宛に報告せよ。

9.)　飛行材料3510製の嵌合および施条した部品用の表面保護処理ABL 35。
　　　DVLによる研究成果に基づき、表面保護処理ABL 35を、従来の5%重クロム酸カリウム溶液による煮沸処理に代えて導入する。作業上の変更は、より高温130から135℃で煮沸する以外に生じない。ABL 35処理の防蝕力は従来の処理よりも著しく高い。そのうえ、重クロム酸カリウムを少なからず節約できる。
　　適用範囲：
　　　ABL処理を、5%重クロム酸煮沸処理に代えて適用し、その範囲は公差の点でBA（旧BS）処理が付随する寸度変化のために不可能な箇所、つまり主として飛行材料3510製の嵌合および施条した部品である。本処理は飛行材料3501では従来の処理に比較して利点が無いものの、若干数の飛行材料3501製の嵌合および施条した部品に対して同様に適用できる。
　　浴槽設備：
　　　従来の浴槽設備を利用するものとし、現行の浴液を交換するのみである。なお、煮沸温度をより高く保つべし。
　　作業要領：
　　　作業要領は化学薬品製造会社に照会されたし。
　　　手元に残存する従来の重クロム酸処理用化学薬品は、適宜フローベン社に買収せしめることとする。
　　納入業者：ドクトル・W・フローベン化学製造所、キッツィンゲン・アム・マイン（13a）、私書箱44

10.)　ハッセ・ウント・コムパニー社製輝亜鉛浴槽の許可。
　　　従来の輝亜鉛浴槽とともに、ドレスデン近郊ハイデナウ（1C）所在のドクトル・ハッセ・ウント・コムパニー電気化学製作所製のHM型、新HM型、およびレコルト型浴槽を許可する。
　　　作業指示書等は製造会社に請求されたし。

　　　　　　　　　　　　　　　　　　　代理：
　　　　　　　　　　　　　　　　　　　ヘニングス署

　　　　　　　　　　　　　　　　　　　校閲：

　　　　　　　　　　　　　　　　　　　〔署名：ホッペ〕
　　　　　　　　　　　　　　　　　　　飛行幕僚技官

空軍総司令部　　　　　　　　　　　　　　　　　　　　　ベルリンW 8、1944年8月15日
技術航空装備長官　　　　　　　　　　　　　　　　　　　ライプツィッヒャー通7
　　E 10第239/44（IV E）文書符号 70 k 10　　　　　　　　外線：218011
　　　　　　　　　　　　　　　　　　　　　　　　　　　　内線：4535

すべての飛行機量産工場、ライセンス生産工場、および修理工場
　　　　　　ならびに当該工場監督部門あて。

一括通達 2号

1.)　　　夜間迷彩塗装用飛行材料7126.22の導入　　　　　　　　　　　　　　文書符号 82b 3
　　　　　従来の夜間迷彩塗装用飛行材料7123.99および飛行材料7124.22（L. Dv. 521/1の20/21ページおよび42ページに基づく恒久夜間迷彩塗装）に代えて、恒久夜間迷彩塗装
　　　　　　　　　　飛行材料7126.22
を導入する。
　　　使用目的と適用範囲。
　　　　　飛行材料7126.22は恒久夜間迷彩塗装で単層工程により、既存塗装（例えば飛行材料7121)の上から、迷彩図で定める範囲に塗る。
　　　作業要領：
　　　　　濃縮塗料として配給する飛行材料7126.22を、飛行稀釈剤7205.00にて2対1の比率で稀釈し、粘度を4 mmØDIN規格ビーカーで約13.5秒に調製する。3気圧にて2乃至3 mmのノズル径で、既存塗装の上から均一に拡散しつつ霧煙なく吹付ける。量産時は、飛行材料7121の塗布後1/2乃至1時間で飛行材料7126.22を吹付けてよい。飛塵乾燥まで40分で乾燥し、輸送乾燥まで2時間で乾燥する。
　　　　　経年機にあっては、既存塗装を、夜間迷彩の塗布前に、所定のアルカリ性洗滌剤（本件に有機洗滌剤は禁止）で洗滌し、水ですすぎ洗いして乾燥させること。
　　　　　注意！塗料は絶対によく撹拌し、迷彩効果を生む顔料を均一に拡散させること！
　　　標識。
　　　　　夜間作戦機の標識に関し、L.Dv. 521/1の18ページV項を継続適用する。
　　　製造会社：ドクトル・フリッツ・ヴェルナー　　　ベルリン＝オーバーシェーンヴァイデ、フースト通
　　　　　　　　　　　　　　　　　　　　　　電話：633282　　　　　　　　　　　　　1-25
　　　手元に残存する飛行材料7124.22は、なるべく消化すること。

- 2 -

2.) <u>再迷彩色飛行材料7126.76の導入による飛行材料7125.65の代替</u>　　　　　　　　　　　文書符号 82 b 30
（L.Dv. 521/1の41/43ページ参照）。

飛行材料7125.65に代えて、再迷彩色
<u>飛行材料7126.76</u>
を導入する。

<u>使用目的と適用範囲。</u>
　　　　　青色の再迷彩色は、恒久夜間迷彩塗装から昼間迷彩への飛行機の再塗装に使用する。

<u>作業要領。</u>
　　　　　飛行機は、所定のアルカリ性洗滌剤（本件に有機洗滌剤は禁止）で洗滌する。乾燥後、塗布可能な状態で供給配給した飛行材料7126.76を、飛行方向に上塗りしつつ既存迷彩の上から所定の範囲に塗る。この際、国章は避けること。避けるためにマスキングテープ等で被覆する必要はなく、これは刷毛で塗布するからである。塗装は、飛塵乾燥まで40分で乾燥し、輸送乾燥まで2時間で乾燥する。

　　　　　製造会社：ドクトル・フリッツ・ヴェルナー、ベルリン＝オーバーシェーネヴァイデ、
　　　　　　　　　　　　　　　フースト通1-25
　　　　　　　　　　　　電話：633282

　　　　　注：飛行材料7126.76は主として部隊での使用に支給する。

3.) <u>飛行パテ7270.99の導入。</u>　　　　　　　　　　　　　　　　　　　　　　　　文書符号 70 k 10.30

　　　　　1944年5月30日付の表面保護の極度な簡素化に関する規程に述べた通り、原則として従来使用してきた全パテに代えて、
<u>飛行パテ7270.99</u>
を導入する。ただしこの飛行パテは、戦闘機、駆逐機または他に特定する作戦用機のみに使用する。

　　　　　パテは板金の上に他の<u>下地塗装せずに</u>塗る。必要条件は、よく洗滌し、かつ油脂分を除去した板金のみである。

4.) <u>飛行材料7101.02を代替する飛行材料7101.66。</u>　　　　　　　　　　　　　文書符号 70 k 10.11

　　　　　飛行塗料7101.02は飛行機内部の塗装に指定していた。飛行機内部の多大なる簡素化対策の結果、金属製飛行機の内部塗装の大部分を省略し、塗料の主たる需要が操縦室内の防眩用すなわち色調66となっ

たため、在庫管理の簡素化と塗料産業の合理化に向けて以下を規定する：

飛行塗料7101.02を一律に

<u>飛行塗料7101.66で代替する</u>

今後の飛行材料7101の発注は、色調66または99（2層式の下地塗料として）のみに対して行なうものとする。塗料産業は、飛行材料7101を色調66と99のみ製造するよう指示を受けている。手持ちの在庫は消化すべし。

5.) <u>迷彩。</u> 文書符号 82 b

迷彩色調と飛行機上の配色を統一規準で新ためて決定した。迷彩図作成の任にある企業は、トラーヴェミュンデ実験場から迷彩原図帳を受領すべし。すべての必要事項を記載してある。この迷彩原図帳の発行に伴い、例えば部隊の特別な要望に応じて、原図帳指定外の迷彩法または色調を産業が使用することは、トラーヴェミュンデ実験場の明確な許可が無い限り、原則として禁止する。

この新措置の進捗にともない、今後は以下のRLM色調を廃止する：65、70、71、および74。色調70は、プロペラ用に限って指定を存続させる。

6.) <u>戦闘機および駆逐機の表面保護の極度な簡素化に関する規程。</u>

関連： GL/C-E 10 IV 文書符号 70 k 10

第4135/44 1944年5月30日付

上記の規程の3ページに誤記がある。飛行塗料7106.66ではなく

<u>飛行塗料7101.66が正しい。</u>

7.) <u>洗滌剤としての溶剤の廃止または極度な節約。</u> 文書符号 70 k 16

金属部品、構成品、機体全体の洗滌に関する仮規程、1944年7月12日付B.第238/44においてアルカリ性洗滌剤を指定した。これを用いて個別部品、板金、成形材を塗装に先立って洗滌処理するのみならず、組立済（鋲接、熔接等）部品の洗滌および油脂分除去にも使用する。実験により、残留洗滌剤による腐蝕

の発生に関しては、飛行機の現今の耐用命数が短いことを顧慮すれば、心配無用であることを確認した。かかるアルカリ性洗滌剤を有機溶剤に代えて一般に許可および導入することは、溶剤分野の甚大なる負担軽減をもたらし、ひいては塗料生産に資する。このため、状況下で生じる労働時間の超過支出は受容せねばならない。飛行機会社での実験が示す通り、かかる超過支出は労働配分による対応により、ほとんど感知することが無い。

　　　　　　　　　ここに、飛行洗滌剤Z、Per、Tri、揮発油または化学会社が提供する他の洗滌剤等の有機溶剤を使用することを、正式に禁止する。自明のことながら、いかなる飛行稀釈剤の使用もまた禁止する。飛行洗滌剤ZまたはPerの使用が避けられない場合は、しかるべき制限免除申請をトラーヴェミュンデ実験場を通じてGL/C-Pr V Bまで提出すること。

　　　　　　　　　他のアルカリ性洗滌剤の実験は進行中であり、本件に関してはしかるべき時に通知する。なお誤解なきよう指摘しておくと、L. Dv. 521/1の39-40ページ指定の使用目的へのジリロンWLの使用は、1944年7月12日付仮規程の発行で廃止または禁止しておらず、今後も許可する。

8.)　　　塗料等の節約委員。　　　　　　　　　　　　　　　　　　　　　　　　　　文書符号 70 k

　　　　　通達：空軍節約委員GL/C-E 10 第506/43（IV E）文書符号 70 k 1943年9月30日付に基づいて提出を受けた報告で、工場が任命した節約委員を指名してあった書類は、全損に帰した。当該報告を再度作成し、トラーヴェミュンデ実験場E21まで提出されたし。

　　　　　期限1944年9月15日

　　　　　節約委員にあらゆる一括通達を送達されたし。

9.)　　　国章。　　　　　　　　　　　　　　　　　　　　　　　　　　　　　　　　　文書符号 70 k 10.65

　　　　　現況を鑑みるに、簡素化、節約対策等に関する諸訓令にもかかわらず、バルケンクロイツおよびハーケンクロイツをいまだに旧来の様式で塗装している。

　　　　　バルケンクロイツは角形のみ、ハーケンクロイツは黒色部または白色外縁のいずれかのみを描くものとし、より厳密にいえば

　　　　　<u>明色の</u>　　　　色調76および21上では
　　　　　　　　　　　　　バルケンクロイツの黒色角形と
　　　　　　　　　　　　　黒色のハーケンクロイツのみ、
　　　　　<u>暗色の</u>　　　　色調72、73、75、81、82、83上では
　　　　　　　　　　　　　バルケンクロイツの白色角形と
　　　　　　　　　　　　　ハーケンクロイツの白色外縁のみである。

訳注：Perはパークロロエチレン〔Perchroläthylen〕すなわちテトラクロロエチレン〔英名Tetrachroloethylene〕、Triはトリクロロエチレン〔Trichroläthylen〕の略称。

　　バルケンクロイツの角形〔Winkel〕とは十字の周囲のL字形のことをいう。

本規程は転写像または押捺像の使用にも適用し、在庫はすべからく消化すべし。ただし将来の発注は、上記に沿って行なう。色調22の夜間迷彩にあっては、色調21に代えて角形および外縁に色調77グラウを用いる（L.Dv 512/1の18ページ参照）。

節約委員に本警告を知らしめる。

10.) <u>飛行材料標記。</u>　　　　　　　　　　　　　　　　　　　　　　　　文書符号 70 k 10.28

諸事例が生起したため、注意を喚起する。半製品製造会社から調達した飛行材料の標記および製造会社の標記を除去してはならず、常に所定材料が識別できるようにすべし。

標記の滲みの偶発は、特に明色迷彩塗装の色調76にあっては、<u>なんら問題が無い。</u>これにより、板金裁断時に標記の正しい位置、すなわち機内に注意する必要がなくなる。

トラーヴェミュンデ実験場E21まで、にじみを認めた製品の半製品製造会社を報告されたし。これにより、標記色転換の導入が可能となる。

11.) <u>不燃性緊張塗料7137。</u>　　　　　　　　　　　　　　　　　　　　文書符号 70 k 10.26

不燃性緊張塗料7137は2種の色調、すなわち99（この場合は例えばオキシートロート）および26＝オキシートブラウンを供給している。この塗料は、さまざまな速度で硬化する。通常の作業条件（L.Dv. 521/1の34ページ、D 4 c 4項参照）下では飛行材料7137.99を、以下の例外条件下では飛行材料7137.26を適用するものとする：

大体積の構成部品に対して、強制通風した作業棟（開門式）内の良好な換気のもとで、あるいは完全に屋外で施工する場合。

飛行材料7137.26は早期に緊張しないため不均一な硬化を防止する。これは7137.99よりも長時間で硬化するためである。しかし前述の許可条件下では飛行材料7137.99と同じ乾燥時間に到達する。

飛行塗料7137.99が、急速な外気変化にともなう高湿度のために、特に狭小な構成部品において、周知の白化の傾向を呈する場合には、飛行稀釈剤7213.00に代えて

飛行材料7213.00「遅乾性」

を適用するものとする。この稀釈剤には新たな飛行材料番号が無い。これは稀にしか必要とならないためである。必要に応じ、

飛行材料7213.00「遅乾性」

の呼称で製造会社ヘアビヒ＝ハーハウス＝ケルンまたは同社ライセンス取得社に発注すべし。飛行材料7137.26は、部隊では取扱わない。

- 6 -

12.)　　飛行塗料7114（不燃性の飛行塗料系05用の中塗り塗料）。　　　　　　　文書符号 70 k 10.26
　　　　　　　飛行塗料7114.01は、アルミニウム青銅の配給量減少のため、飛行材料7114.99に変更を余儀なくされた。色調は、アルミ成分が少ないため、淡灰でしかない。
　　　　　　　今後、中塗り塗料7114は
　　　　　　　　　　　　飛行材料7114.99
　　　　としてのみ発注すること。
　　　　　　　適用と施工は飛行材料7114.01と同様。

　　　　　　　　　　　　代理：
　　　　　　　　　　　　ヘニングス署。

　　　　　　　　　　　　校閲：

　　　　　　　　　　　〔署名：ホッペ〕
　　　　　　　　　　　飛行幕僚技官

引用文献　Quellennachweis

◦題名　　　　　　　　　　　　　　　　　　　　　著者、発行所

◦塗装事業便覧、1944年版
　　Handbuch der Lackierbetriebe, Ausgabe 1944
　　　　　　　　　　　　　　　　　　　　ハンス・ヴァイゼ　Hans Weise

◦染料および塗料産業むけ処方書、1943年版
　　Rezeptbuch für die Farben- und Lackindustrie, Ausgabe 1943
　　　　　　　　　　　　　　　　　　　　ハンス・ハーデルト　Hans Hadert

◦ブローム・ウント・フォス社事業通達、1944年9月13日付
　　Betriebs-Mitteilung Blohm & Voss vom 13.09.1944

◦表面保護処理表（OSリスト）Co 24 K
　　Oberflächenschutzliste Co 24 K　　　　　　ドルニエ　Dornier

◦Do 17E 飛行機便覧
　　Flugzeughandbuch zur Do 17E　　　　　　ドルニエ　Dornier

◦Ju 188むけ変更手順10/44の補遺　　　　　　ユンカース　Junkers
　　Nachtrag zur Änderungsstufe 10/44 für Ju 188

◦ヘアビヒ=ハーハウス社エルクナー工場書状　1945年1月29日付
　　ゾンネベルク、ローベルト・ハルトヴィヒ社宛
　　Schreiben Herbig-Haarhaus AG, Lackfabrik, Werk Erkner,
　　vom 29.01.1945 an Firma Robert Hartwig, Sonneberg
　　　　　　　　　　　ヘアビヒ=ハーハウス社　Herbig-Haarhaus AG

◦飛行日誌『ドルニエDo 18ツェーフィル飛行艇で北大西洋横断』
　　ブランケンブルク機長、1936年9月7日付
　　Reisebericht: »Mit dem Dornier-Flugboot Do 18 Zephir über den
　　Nord-Atlantik« des Flugkapitäns Joachim Blankenburg vom
　　07.09.1936
　　　　　　　　　　　　　　　　　　　ドルニエ・ポスト　Dornier-Post

◦ルフトハンザ書状、トラーヴェミュンデ発、1938年9月27日付
　　在ラス・パルマス南大西洋地区支配人ルフトハンザ
　　Schreiben der Lufthansa, Travemünde, vom 27.09.1938 an die
　　Bezirksleitung Süd-Atlantik, Las Palmas
　　　　　　　　　　　　　　　　　　　　　ルフトハンザ　Lufthansa

◦在ラス・パルマス、ルフトハンザ南大西洋地区支配人 1937年8月19日付
　　Lufthansa Bezirksleitung Südatlantik in Las Palmas vom 19.08.1937
　　　　　　　　　　　　　　　　　　　　　ルフトハンザ　Lufthansa

◦DLHが使用する主要塗料およびその使用目的の集成　1936年11月1日時点
　　Zusammenstellung der wichtigsten bei DLH geführten
　　Anstrichmittel und deren Verwendungszweck: Stand 01.11.1936
　　　　　　　　　　　　　　　　　　　　　ルフトハンザ　Lufthansa

◦技術管理四季報
　　1940年第3四半期および1941年第2四半期
　　Vierteljahresbericht der Technischen Kontrolle
　　für Juli bis September1940 und für April bis Juni 1941
　　　　　　　　　　　　　　　　　　　　　ルフトハンザ　Lufthansa

◦一括通達1号、1944年7月1日付　　　　　　航空省　RLM
　　Sammelmitteilung 1 vom 01.07.1944

◦一括通達2号、1944年8月15日付　　　　　　航空省　RLM
　　Sammelmitteilung 2 vom 15.08.1944

◦HM通達第7/42「陸上機の表面保護の簡素化」1942年5月18日付
　　HM-Mitteilung Nr. 7/42 zur Vereinfachung des Oberflächenschutzes
　　für Landflugzeuge vom 18.05.1942
　　　　　　　　　　　　　　　　　　　　　　　　　　航空省　RLM

◦全飛行機量産・改造・修理工場および同工場監督あて回書
　　文書符号 70 R 10.11 GL/C-E第4135/44 (IVE)、1944年10月3日付
　　Rundschreiben an alle Flugzeugserien-, Nachbau- und
　　Reparaturwerke sowie deren Bauaufsichten Az. 70 R 10.11 GL/C-E
　　Nr. 4135/44 (IVE) vom 10.03.1944
　　　　　　　　　　　　　　　　　　　　　　　　　　航空省　RLM

◦空軍官報の諸号　　　　　　　　　　　　　　航空省　RLM
　　Verschiedene Ausgaben der Luftwaffenverordnungsblätter

◦飛行機塗装工、1939年版
　　Der Flugzeugmaler, Ausgabe 1939

◦飛行機塗装工、1944年版
　　Der Flugzeugmaler, Ausgabe 1944

◦RLM迷彩色（建造物および地上迷彩）の使用および施工規程、1941年
　　Anwendungs- und Verarbeitungsvorschrift für RLM-Tarnfarben
　　(Gebäude- und Bodentarnung) 1941
　　　　　　　　　　　　　　　　　　　　　　　　　　航空省　RLM

◦DIN L 5 配管の識別色、1941年5月版　　　　ドイツ工業規格　DIN
　　DIN L 5 Kennfarben für Rohr- und Schlauchleitungen
　　Ausgabe Mai 1941

◦空軍要務令521/1　　　　　　　　　　　　　航空省　RLM
　　飛行機塗料の処理および適用規程草案（色票付属）1938年版
　　L.Dv. 521/1 Entwurf einer Behandlungs- und Anwendungsvorschrift
　　für Flugzeuglacke (mit Farbtonkarte), Ausgabe 1938

◦空軍官報1943年16号、1943年4月5日付　　　　航空省　RLM
　　Luftwaffen-Verordungsblatt 1943, 16. Ausgabe, vom 05.04.1943

◦ルフトハンザ塗装規程、1941年8月11日付
　　Anstrichvorschrift der Lufthansa vom 11.08.1941
　　　　　　　　　　　　　　　　　　　　　ルフトハンザ　Lufthansa

◦飛行船部品の保護に関する規程、1935年10月25日付
　　Vorschriften für die Konservierung von Luftschiffteilen
　　vom 25.10.1935
　　　　　　　　　　　　　　　　　　　ツェッペリン飛行船造船所
　　　　　　　　　　　　　　　　　　Luftschiffbau Zeppelin GmbH

◦LZ 129ヒンデンブルク号船舶仕様書
　　Schiffsbeschreibung der LZ 129 Hindenburg
　　　　　　　　　　　　　　　　　　　ツェッペリン飛行船造船所
　　　　　　　　　　　　　　　　　　Luftschiffbau Zeppelin GmbH

◦飛行船ヒンデンブルク号技術報告書
　　フランクフルト・レークハースト往復第43回および44回飛行
　　Technischer Bericht des Luftschiffes Hindenburg für die 43. und

44. Fahrt Frankfurt-Lakehurst und zuruck
ツェッペリン飛行船造船所
Luftschiffbau Zeppelin GmbH

○ドイツ・ツェッペリン飛行船会社（DZR）書状、1936年10月28日付
Schreiben der Deutsche Zeppelin Reederei, Frankfurt, datiert vom
28.10.1936 an die Luftschiffbau Zeppelin, Friedrichshafen
ツェッペリン飛行船造船所
Luftschiffbau Zeppelin GmbH

○LZ発DZR宛書状、1937年7月17日付
Schreiben der LZ an DZR vom 17.07.1937
ツェッペリン飛行船造船所
Luftschiffbau Zeppelin GmbH

○LZ発航空省航空機試験場宛書状、1937年12月11日付
Schreiben LZ vom 27.12.1937 an das RLM, Prüfstelle für
Luftfahrzeuge
ツェッペリン飛行船造船所
Luftschiffbau Zeppelin GmbH

○航空省技術局発LZ宛書状、1937年12月27日付　　航空省　RLM
Schreiben vom 27.12.1937 RLM an LZ

○イー・ゲー・ヘキスト社とDZRとの1938年7月28日の会議の議事録
Besprechungsprotkoll einer Besprechung vom 28.07.1938
zwischen Vertreten der I.G. Höchst und der DZR
ツェッペリン飛行船造船所
Luftschiffbau Zeppelin GmbH

○DZRフリードリヒスハーフェン発書状、1938年11月11日付
DZRフランクフルト宛
Schreiben vom 11.11.1938 der DZR, Friedrichshafen,
an DZR, Frankfurt
ツェッペリン飛行船造船所
Luftschiffbau Zeppelin GmbH

○ヴェールヴァク塗料製造所発書状、1938年12月20日付
DZRフランクフルト宛
Schreiben vom 20.12.1938 der Lackfabrik Wörwag
an die DZR, Frankfurt
ヴェールヴァク塗料製造所　Lackfabrik Wörwag

○LZ 130のツェロン処理仕様書、1939年12月4日
Vorschrift vom 04.12.1939 für das Zellonieren des LZ 130
ツェッペリン飛行船造船所
Luftschiffbau Zeppelin GmbH

○空軍官報27号、1943年6月21日付　　航空省　RLM
Luftwaffen-Verordnungsblatt, 27. Ausgabe vom 21.06.1943

○空軍官報43号、1943年10月4日付　　航空省　RLM
Luftwaffen-Verordnungsblatt, 43. Ausgabe vom 04.10.1943

○国家法律公報第78号、1936年9月29日付
Reichsgesetzblatt Nr. 78 vom 29.09.1936

○軽戦闘部隊の飛行機の標識、1938年時点　　航空省　RLM
Kennzeichnung der Flugzeuge der leichten Jagdverbände,
Stand 1938

○攻撃および高速爆撃部隊の飛行機の標識、1943年時点　　航空省　RLM
Kennzeichnung der Flugzeuge der Schlacht- und
Schnellkampfverbände, Stand 1943

○文書符号38 p 48 第1800/43（主計総監2部/II A LB 2 II）
Aktenzeichen 38 p 48 Nr. 1800/43 (Gen. Qu. 2 Abt./II A LB 2 II)
航空省　RLM

○移送標識に関する政令、1937年9月28日付
国家航空大臣および空軍最高司令官
Verordnung zu Überführungskennzeichen vom 28.09.1937
vom Reichsminister und Oberbefehlshaber der Luftwaffe

○空軍官報9号、1939年2月20日付　　航空省　RLM
Luftwaffenverordnungsblatt, Nr. 9 vom 20.02.1939

○識別帯に関する航空省令、1945年2月20日付　　航空省　RLM
Verordnung des RLM vom 20.02.1945 zu Erkennungsbändern

○航空省回状、技術局　文書符号70 R 10.11 GL/C-E 10
第4135/44 (IVE)、1944年3月10日付　　航空省　RLM
Rundschreiben des RLM, Technisches Amt,
Az. 70 R 10.11 GL/C-E 10, Nr. 4135/44 (IVE), vom 10.03.1944

○空軍官報8号、1942年2月23日付　　航空省　RLM
Luftwaffenverordnungsblatt, Nr. 8 vom 23.02.1942

○飛行機塗料の処理および適用規程草案（色票付属）2版、1938年版
Entwurf einer Behandlungs- und Anwendungsvorschrift für
Flugzeuglacke (mit Farbtonkarte), Ausgabe 2, Ausgabe 1938
航空省　RLM

○空軍要務令521/1　　航空省　RLM
飛行機塗料の処理および適用規程（色票付属）
第1部：動力飛行機、1941年11月時点
L.Dv. 521/1
Behandlungs- und Anwendungsvorschrift für Flugzeuglacke
(mit Farbtonkarte) Teil 1: Motorflugzeuge, Stand November 1941

○空軍要務令521/2　　航空省　RLM
飛行機塗料の処理および適用規程（色票付属）
第2部：滑空機、1941年3月時点
L.Dv. 521/2
Behandlungs- und Anwendungsvorschrift für Flugzeuglacke
(mit Farbtonkarte) Teil 2: Segelflugzeuge, Stand März 1941

○空軍要務令521/3　　航空省　RLM
飛行機塗装の補修に関する規程原案、1937年
L.Dv. 521/3
Entwurf einer Vorschrift zum Ausbessern von Flugzeug-
lackierungen 1937

○適切な飛行機塗料の開発要綱（色票付属）1936年末以前に発行
Richtlinie für die Entwicklung geeigneter Flugzeuglacke
(mit Farbton-karte), Ausgabetermin Ende 1936
航空省　RLM

索引　Stichwortverzeichnis

※斜体数字は図版、写真のあるページを示す

a)機種

Aer. Macchi　アエルマッキ
- Mc 202　　*90*, *91*

Arado　アラド
- Ar 68　　147
- Ar 96　　112
- Ar 196　　94, *95*, *96*, 272
- Ar 232　　113
- Ar 240　　113

Bayerische Flugzeugwerke (BFW) バイエルン飛行機製作所
（メッサーシュミットの前身）
- Bf 109　　*46*, *52*, 55, *56-60*, *62-66*, *93*, *101*, *115*, 147, *148*, 149
- Bf 110　　55, *91*

Bloch　ブロック
- 155　　*64*

Bücker　ビュッカー
- Bü 131　　272

Blohm & Voss　ブローム・ウント・フォス
- BV 109　　73
- BV 155　　73, 78

Deutsche Forschungsanstalt für Segelflug (DFS)
ドイツ滑空飛行研究所
- DFS-230　　*53*
- レーンシュパーバー Rhönsperber　　*23*

Dornier　ドルニエ
- Do 17　　*38*, *43-45*, *51*, *53*, *102*, 116
- Do 18　　24, 27, *28*, *29*, 94, *96*
- Do 217　　*52*, *54*, *99*, *100*, *104*, 104, *106*, *107*, 107
- Do 23　　*40*,
- Do 24　　37, *39*, *97*, *98*, 114
- Do 26　　*24*, *98*, *99*, 114
- Do 335　　66, *72*, *74*, *75*, *78*
- ヴァール Wal　25, 26, 27

Fieseler　フィーゼラー
- Fi 156　　76, *102*, *122*, *123*
- Fi 167　　*100*, 174

FIAT　フィアット
- CR. 42　　*146*

Focke-Wulf　フォッケヴルフ
- Fw 56　　*118*
- Fw 58　　*54*
- Fw 62　　174
- Fw 190　　*60-63*, 66, 76, 77, 108, 112, 113, *156*
- Fw 200　　99

Gotha　ゴータ
- Go 242　　71

Hamburger Flugzeugbau　ハンブルク飛行機製造
（ブローム・ウント・フォスの前身）
- Ha 139　　27

Heinkel　ハインケル
- He 51　　*120*, 147
- He 59　　*94*
- He 60　　94, *95*, 272
- He 70　　27
- He 111　　*47-51*, 66, 279
- He 112　　*47*
- He 162　　70, 71
- He 177　　112

Henschel　ヘンシェル
- Hs 123　　*42*
- Hs 126　　*46*, *52*, *53*, *102*, *115*, 134

Junkers　ユンカース
- Ju 160　　25
- Ju 188　　67, 69, *69*
- Ju 52　　25, *40*, *65*, *93*, *102*, 135, 177
- Ju 86　　25, 37, 39, 168, 172, 177
- Ju 87　　*117*, 168, 172, 177
- Ju 88　　*52*, 134, *144*, 177, *274*
- W34　　171

Klemm　クレム
- Kl 35　　*55*

Luftschiffbau Zeppelin (LZ)　ツェッペリン飛行船造船所
- LZ 126　　34
- LZ 127　　*33*, 34, 37
- LZ 129　　37
- LZ 130　　36, 37

Messerschmitt　メッサーシュミット
- Me 163　　116
- Me 262　　66, *72*, 73, *73*, 78, *78*, *146*, *151*, *157*

b) 色調

—	22, 85, 168, 171-178, 181, 185-197, 216-224, 228, 230-233, 235, 236, 241, 247, 269, 270
00	87, 172-203, 216-236, 247, 254, 258-264, 266, 269-278, 281, 285
01	82, *83*, 85, 87, 168, 170-175, 177-179, 183, 185, 187, 189, 191, 194-196, 199, 203, 213, 215, 238, 286
02	21, 28, 31, 38-41, *51*, *53-55*, 55, 56, 80, *83*, 85, 87, *94*, 94, 96, *101*, 110, 111, 113, *114*, 114, 118, *122*, *123*, 159, 167, 170-175, 177, 179, 181, 183, 185, 186, 188-190, 192, 193, 196, 197, 199, 215-223, 235, 236, 238, 261, 263, 270, 282, 283
02/70/75	57
02/71/65	*56*, *146*
04	*62*, 80, 82, 85, *83*, 87, 118, *144*, *146*, 168, 172, 175, 179, 180, 186, 195, 212
05	82, *83*, 85, 87, 109, 111, *111*, *123*, 261, 263
11	82, *83*, 85, 87
21	*62*, 80, 82, *83*, 85, 87, 90, 118, 176, 197, 223, 235, 264, 277, 284

22	82, *83*, 85, 87, 97, 103, 104, *104*, 107, 118, 168, 173, 176, 177, 183, 188, 190, 193, 195, 197, 199, 213, 223-225, 228, 235, 247, 248, 264, 277, 281, 285
23	31, 82, *83*, 85, 87, 108, 109, 118, 147, 153, 197, 223, 235, 264
24	82, *83*, 85, 87, 109, 118, 149, 151, 197, 223
25	*57*, 82, *83*, 85, 87, 109, 118, 197, 223
26	82, *83*, 85, 87, 118, 197, 223, 285
27	82, *83*, 85, 87, 118, 172, 176, 179, 186, 197, 223, 235, 258
28	82, *83*, 85, 87, 118, 176, 181, 197, 223
41	82, *83*, 85, 87
42	82, *83*, 85, 87
61	41, 82, *83*, 85, 87, 123, 168, 172-174, 177, 183, 188, 190, 193, 199, 213
61/62/63	41, *42*, 50, 85, 87
61/62/63/65	*43*, *46*, 87
62	41, 82, *84*, 86, 87, 172, 173, 174, 177, 183, 188, 190, 193, 199, 213
63	41, 82, *84*, 86, 87, 172, 173, 174, 177, 183, 188, 190, 193, 199, 213
64	82, *84*, 86, 87
65	41, 82, *84*, 86, 87, 172, 173 174, 177, 183, 188, 190, 193, 199
66	82, *84*, 86, 87, 118, 172, 183, 188, 190, 199
67	82, *84*, 86, 87
68	82, *84*, 86, 87
69	82, *84*, 86, 87
70	*57*, 67, 82, *84*, 86, 87, 172, 173, 174, 177, 183, 188, 193, 199, 213
70/71	41, *53*, *56*, *57*, *65*, 67, 108
70/71/65	*46*, *50*, *52*, *54*, 57, 67, *69*, *102*, 233
70/75	57
71	*51*, 67, 82, *84*, 86, 87, 172, 173, 174, 177, 183, 188, 190, 193, 199, 213
72	82, *84*, 86, 87, 145, 213
72/73/21	*104*, *106*
72/73/65	*95*, *96*, *98*, *99*, *100*, *105*
73	82, *84*, 86, 87, 145, 213
74	82, *84*, 86, 88 213
74/75/76	108, 234, *58*, *60-65*, *92*, *101*, *156*
75	66, 82, *84*, 86, 88, 145, 213
75/83/76	*66*
76	66, 75, 145, 213
76/81/82	*71*
77	82, 83, *84*, 86, 88, 118
78	82, *84*, 86, 88, 90, 91, 234
79	82, *84*, 86, 88, 90, 91, 109, 234
80	82, *84*, 86, 88, 90, 91, 234, 238
81	23, 66, 67, 71, *73*, 75, 82, *84*, 86, 88, 107, 109, 110, 111, 145, 277, 278, 279
81/82	67, 73
81/82/65	*75*
81/82/83	23, 66, 70, 71, 73, 75
82	23, 66, 67, 71, 73, 82, *84* , 86, 88, 107, 109, 110, 111, 145, 277, 278, 279
83	66, 82, 83, *84*, 86-88, 107, 109, 145
84	76, 83, 86, 88
91	82, 83, *84*, 86, 88
99	22, 23, 70, 71, 111, 83, 73, 82, *84*, 85, 86, 88, 258, 265, 267, 275-279 281-283, 285, 286
Avionorm 7375	*84*, 86
Giallo Mimetico 1	90
Giallo Mimetico 2	90
Giallo Mimetico 3	90
Giallo Mimetico 4	90
L 40/40	19, 25
L 40/41	27, 25
L 40/51	27, 25
L 40/52	19, 25, 27, *28*, 38, 39, 40, *40*, 41, *84*, 86, 87, 94, *94*, *95*, *120*
Nocciola Chiaro 4	90
Verde Mimetico 1	90
Verde Mimetico 2	90
Verde Mimetico 3	90
Verde Mimetico 53192	90
Verde Olivia Scuro 2	90

c) 飛行資材番号〔Fliegwerkstoffnummer〕

3000	112
3100-3199	160, 182
3116	*78*, 112, 162
3125	112
3126	112
3305	112
3310	112
3315	112, 113
3355	112, 113
3501	280
7101	110, 113, 204, 276, 278, 279, 282, 283
7102	22, 28, *99*, 110, 113, 171, 172, 176, 181, 185-188, 197, 204, 215, 216, 224, 235, 263, 267, 269, 270, 276, 278, 279
7105	171, 172, 185, 187, 204
7106	28, 171, 172, 179, 185-187, 204, 215, 216, 283
7107	111, 170-172, 179-181, 185-187, 204, 215, 236
7108	96, 172, 179, 186, 204
7109	28, 112, 113, 172, 188, 204, 215, 216
7110	168, 177, 183, 197, 199, 204
7111	177, 200 204 230
7112	177, 204, 270
7113	173, 189, 204, 217
7114	15, 70, 189, 217, 204, 286
7115	41, 71, 96, 173, 174, 175, 189, 192, 196, 217 219, 221
7117	176, 181, 197, 204, 223, 235
7118	178, 200, 215, 230, 231

7119	223, 235
7120	213, 224-226, *227*, 228, 248
7121	103, 113, 114, 276, 281
7122	28, 31, 107, 113, 114, 213, 216, 222, 233, 241, 249, 269, 270
7123	103, 107, 228, 247, 281
7124	103, 104, 107, 213, 228, 247, *248*, 281
7125	67, 104, 247, 282
7126	67, 101, 102, 103, 104, 281, 282
7130	16, 70, 173, 190, 191, 193, 217, 218, 271
7131	174, 193, 194, 219, 220
7132	174, 193, 194, 219, 220
7135	110, 111, 173, 174, 190, 191, 193, 194, 204, 217-220, 278
7136	41, 173, 174, 176, 180, 181, 190, 193, 198, 204, 217-220, 224
7137	174, 192, 204, 219, 285
7138	175, 196, 204, 221
7139	71, 175, 196, 204, 221
7140	28, 176, 180, 181, 196, 203, 204, 221, 222, 271, 275
7141	275
7142	177, 181, 198, 204, 230, 235, 273, 274
7145	175, 195, 204
7146	177, 181, 198, 204, 230, 235, 273, 274
7151	277
7152	277
7160	135, 153, 157, 176, 181, 197, 204, 223, 235, 277
7161	176, 181, 197, 204
7162	175, 195, 204
7164	153, 157, 223, 235, 264, 277
7165	157, 223, 235, 277
7170	181, 204
7171	258, 259, 260, 261, 264
7172	260, 261
7173	262, 266
7174	109-111, 261, 263, 277, 278
7175	259, 263
7180	174, 175, 195, 204
7181	175, 195, 204
7191	276, 277
7200	171-173, 176-178, 185-188, 197-200, 204, 216, 222, 223, 230, 231, 236, 263, 273, 277
7205	103, 228, 247, 281
7210	15, 16, 110, 265, 267, 270-273, 278, 279
7211	110, 259-261, 264, 266, 278
7213	15, 71, 173, 174, 176, 189, 192, 196, 205, 217, 219, 221, 272, 285
7215	71, 174, 176, 192, 196, 205, 219, 221, 272
7216	71
7230	16, 173-175, 190, 191, 193, 194, 205, 217-220, 271, 275, 276
7232	176, 197, 205, 223
7233	71, 176, 196, 197, 205, 221, 222, 271
7234	176 197, 223, 205
7235	231
7236	218, 220
7238	12, 116, 213, 224, 236, 241
7240	178, 181, 185, 187, 188, 205, 270
7241	270
7242	178, 179, 181, 200, 205, 235
7243	178, 179, 181, 200, 205, 236
7245	178, 179, 200, 205
7246	178, 179, 200, 205
7250	176, 180, 205
7251	260
7252	262
7253	178, 201, 205
7255	178, 201, 205
7256	178, 201, 205
7260	178, 179, 201, 205, 231, 232
7261	178, 179, 201, 205, 231, 232
7262	178, 201, 205, 231, 232
7263	231
7264	231, 232, 235
7265	231
7270	282
7280	275, 276
7285	276

d) 飛行塗料系〔Flieglackketten〕

02	38, 96, 172, 178, 179, 186
03	*94*, 111, 172, 179, 180, 187, 216
04	111, 168, 172, 179, 180, 185, 188, 216
05	70, 71, 174, 176, 189, 217, 223, 272, 275, 276, 286
10	35
20	14, 70, 173, 174, 179, 180, 190, 217, 233, 272
21	70, 172, 173, 174, 180, 191
22	70, 96, 174, 192, 219, 272
24	35
30	174, 175, 178, 180, 193, 219, 233, 271
31	174, 175, 180, 194 271
32	175, 180, 195
33	175, 196, 221, 272

e) 一般

B.L.B. ⇒ 特別空軍規程〔Besondere Luftwaffen-Bestimmungen〕
BVS ⇒ 滑空機製造規程〔Bauvorschriften für Segelflugzeuge〕
Bgr. ⇒ 強度要求分類〔Beanspruchungsgruppe〕
DFS ⇒ ドイツ滑空飛行研究所
　　　〔Deutsche Forschungsanstalt für Segelflug〕
DKH ⇒ ドクトル・クルト・ハーバーツ〔Dr. Kurt Herberts〕
DLH ⇒ ルフトハンザ〔Deutsche Lufthansa Aktiengesellschaft=DLH〕
DVL ⇒ ドイツ航空試験所〔Deutsche Versuchsanstalt für Luftfahrt〕
Fl.In 3 ⇒ 第3飛行監部〔Fliegerinspektion 3〕
GL/C ⇒ 技術局
　　　〔Technisches Amt, Generalluftzeugmeister/C-Amt〕

L.Dv. ⇒ 空軍要務令〔Luftwaffen Dienstvorschrift〕
L.E. ⇒ 補給局〔Nachschubamt〕
N.S.F.K. ⇒ 国家社会主義飛行団
　　　　〔Nationalsozialistisches Fliegerkorps〕
PVC ⇒ 爆弾架
　　　〔Pulverelektrische Vertikalaufhängung für zylindrische
　　　　Außenlasten＝円筒形外部貨物用火薬電気式垂直懸架〕
RAL 840R 主規格改定版〔Hauptregister-Revidiert〕　18
RAL ⇒ 国家納入条件委員会
　　　〔Reichsausschuß für Lieferbedingungen〕
TAGL ⇒ 航空装備総監部技術指示書
　　　　〔Technische Anweisung General Luftzeugmeister〕

アヴィアティン〔Aviatin〕　35
アヴィオノーム〔Avionorm〕　18, 25, 26, 27, 39-41, 94
アトラメント処理〔Atramentierung〕　170, 214, 263
アルトゥール・メラー・ファン・デン・ブルック
　　　　〔Arthur Moeller van den Bruck〕　18
イー・ゲー染料工業〔I.G.-Farbenindustrie〕　35
イカロール〔Ikarol〕　25-27, 38, 171, 172, 176-178
移送標識〔Überführungskennzeichnung〕　93, 154-156, 157
一括通達〔Sammelmitteilung〕　22, 23, 66, 67, 70, 73, 75, 82,
　　103, 109-111, 145, 146, 157, 175, 281, 284
ヴァーグナー〔Wagner〕　20
ヴァルネッケ・ウント・ベーム〔Warnecke & Böhm〕　15, 18, 20,
　　28, 30, 38, 77, 78, 135, 171, 172, 176-178, 182, 204, 205, 237
ヴェールヴァク塗料製造所〔Lackfabrik Wörwag〕　35, 36
エーバースフェルダー塗料染料製造
　　〔Ebersfelder Lack & Farben Fabrik〕　20
エマイロラ低温ガラス〔Emaillola-Kaltglasur〕　30
エリクセン板金試験機〔Ericsson-blechprüfapparat〕　162
エルフ〔Eluf〕⇒エーバースフェルダー塗料染料製造
延性〔Zähigkeit〕　162 164
OSリスト ⇒ 表面保護処理表
　　　　〔Oberflächenschutzverfahren List＝OS List〕
滑空機〔Segelflugzeug〕　22, 33, 53, 108-111, 110, 111, 119,
　　120, 122, 123, 127, 152, 217, 219, 221, 253, 256, 257, 263,
　　264, 277, 278
滑空機製造規程〔Bauvorschriften für Segelflugzeuge＝BVS〕
　　109, 152, 156, 257, 258, 261, 262, 263
滑降機〔Gleitflugzeug〕　108, 109, 110, 257, 259, 261, 277, 278
滑翔機〔Segelflieger〕　108, 109, 110, 257, 259, 261, 277, 278
カッピング〔Tiefung〕　162, 166
角字〔Balkenschrift〕　119
技術管理四季報〔Vierteljahresbericht der Technischen Kontrolle〕
　　27, 29, 31
技術局〔Technisches Amt, Generalluftzeugmeister/C-Amt＝GL/C〕
　　34, 35, 67, 76-78, 113, 117, 167, 170, 179, 183, 211, 215,
　　233, 239, 241, 253, 256, 275, 276
基本配信〔Grundverteiler〕　22
強度要求分類〔Beanspruchungsgruppe＝Bgr.〕　109, 152, 256,
　　257
鋸歯縁帯〔Zackenstreife〕　16, 262
緊張再生塗料〔Spann- und Regenerierungslack〕　37

緊張塗料〔Spannlack〕　14, 24, 26, 32, 35, 77, 78, 261, 262,
　　263, 266, 285
空軍〔Luftwaffe〕　39, 79, 90, 152
空軍最高司令官〔Oberbefehlshaber der Luftwaffe＝O.d.L.〕
　　14, 71, 124, 126, 147, 152, 154, 155, 168, 211, 253, 256,
　　268, 276
空軍要務令〔Luftwaffen Dienstvorschrift＝L.Dv.〕　14, 20, 22,
　　107, 168
組立乾燥〔Montagetrocken〕　213
グラズーリット〔Glasurit〕　16, 20
グラッソ接着剤〔Glasso-Kleber〕　16
クリンカート〔Klinkert〕　20
軍用飛行機〔militärischer Flugzeug〕　37, 123, 127, 143, 145,
　　154, 155
経時濃縮〔nachdicken〕　264
検査場航空集積処〔Luftpark der Prüfstelle〕　133
検査部〔Prüfgruppe〕　15, 77, 133
航空集積処〔Luftpark〕　155, 156, 168
航空装備総監部技術指示書〔Technische Anweisung General
Luftzeugmeister＝TAGL〕　101, 144, 211, 256
航空装備総監部航空機検査場
　　〔G.L.Prüfstelle für Luftfahrzeuge〕　133
航空大管区本部〔Luftgaukommando〕　22
航空兵器廠〔Luftzeugamt〕　133, 155, 156, 168
黒鉛ワニス〔Graphit-Firnis〕　37
黒染処理 ⇒ アトラメント処理
国有機〔Reichsflugzeug〕　28, 30, 31
国家化学院〔Reichsstelle Chemie〕　279
国家航空省〔Reichsluftfahrtministerium＝RLM〕
　　14, 21, 77, 256
国家航空大臣〔Reichsminister der Luftfahrt＝R.d.L.〕
　　71, 119-122, 124, 126, 147, 152, 153, 168, 253, 256, 268, 275
国家社会主義飛行団
　　〔Nationalsozialistisches Fliegerkorps＝N.S.F.K.〕
　　110, 126, 277
国家納入条件委員会
　　〔Reichsausschuß für Lieferbedingungen＝RAL〕　18
国旗〔Nationalflagge〕　119, 120, 122, 124, 126, 135
コットホーフ〔Kotthof〕　35
在庫乾燥〔Lagertrocken〕　213
酢酸セルロース〔Zellulose-azetat〕　14, 16, 36, 69, 70
作戦用機〔Kriegsflugzeug〕　97, 103, 126, 127, 133, 134, 142,
　　144, 236, 282, 128, 129
三機編隊列機〔Kettenglieder〕　147, 151
産業防衛飛行中隊〔Industrieschutzstaffel〕　157
シェラック〔Shellac〕　13
識別記号〔Kennzeichen〕　124, 126, 127, 130, 133-135, 138,
　　139, 144, 152, 154, 156
識別文字〔Kennbuchstabe〕　130, 132, 139,
次塗装乾燥〔für den nächsten Anstrich trocken〕　213
資材群記号〔Material-Gruppen-Bezeichnung〕　30
指示票〔Laufkarten〕　112
主計総監2部〔Generalquartiermeister 2 Abteilung＝Gen.Qu.2.Abt.〕
　　124, 125, 126, 127, 128, 129, 130, 132, 133-135, 152

装入槽〔Einsatzkessel〕　232
常温硬化型ベークライト塗料　30
硝酸セルロース〔Nitrozellulose〕　15, 16, 29, 30, 69
政府機〔Regiefungsflugzeug〕　25, 124, 126
接着ツェロン〔Klebzellon〕　37
セルロース系塗料　14, 15, 16, 29
前線飛行機〔Frontflugzeug〕　126, *129*, 130, *132*, 163, 165
戦闘機本部〔Jägerstab〕　76, 77
戦闘部隊〔Jagdverband〕　147, 157
即時塗布可能〔streichfertig〕　110, 247, 259, 260, 261, 278
第13空軍監部〔Luftwaffeninspektion 13〕　71
第3飛行監部〔Fliegerinspektion 3=Fl.In 3〕　147
第三ライヒ〔Das Drittes Reich〕　18, 39
調帯機〔Bandmaschine〕　232, *233*
ツェッペリン飛行船造船所有限会社
　〔Luftschiffbau Zeppelin GmbH〕　32
ツェルナー製造所〔Zoellner-Werke〕　18
ツェルロイト〔Zelluloit＝セルロイド〕　14
ツェロン〔Zellon〕　14, 33, *33*, 34-36
ツェロン処理〔Zellonierung〕　33, 36, 37
ツォーエルナー〔Zoellner〕　20
訂正差替〔Deckblatt〕　22, 103, 111, 176, 197, 200, 208, 210, 268
手入れ〔Pflegen〕　116, 241
テトラクロロエチレン〔英名Tetrachroloethylene=Per〕　32, 182, 207, 237, 241, 242
テーベス〔Tebes〕　20
ドイツ航空試験所〔Deutsche Versuchsanstalt für Luftfahrt = DVL〕　167
トゥーム兄弟社〔Thurm & B.〕　20
登録記号〔Eintragungszeichen〕　*24*, *28*, *39*, *40*, *110*, 119, 120, 121, 127, 139, 152, 154, 155
トキオール〔Tokiol〕　18, 20
ドクトル・クルト・ハーバーツ〔Dr. Kurt Herberts〕　18, 24, 28, 29, 39, 94, 276
特別空軍規程〔Besondere Luftwaffen-Bestimmungen=B.L.B.〕　151, 127
独立飛行隊〔selbstständige Gruppe〕　130, 147
特級飛行揮発油〔Fligerbenzin, ausl.〕　163, 165
塗膜〔Lackierung〕　158, 159, 161-164, 166, 170-175, 177, 179, 181-184, 197, 198, 201, 213, 216, 220, 223, 228, 233, 235, 239, 240, 241, 259, 260, 264-267, 269, 271-273
トリクロロエチレン〔Trichroläthylen=Tri〕　32, 284, 160
塗料系〔Lackkette〕　14-16, 20, 38, 67, 161, 162, 165-168, 170
ナス・イン・ナス〔naß in naß〕　34
爆弾架〔Pulverelektrische Vertikalaufhängung für zylindrische Außenlasten=PVC＝円筒形外部貨物用火薬電気式垂直懸架〕　62
波線〔Schlangenlinie〕（標識）　69, *105*, 151
ハーケンクロイツ〔Hakenkreuz〕　135, 139, 141, 144-147, 149, 152, 153, 155, 157
ハーケンクロイツ旗〔Hakenkreuzflagge〕　120
パークロロエチレン〔Perchroläthylen=Per〕 ⇒ テトラクロロエチレン
バルケンクロイツ〔Balkenkreuz〕　103, 104, 107, 130, 134, 135, 138, 140, 142-145, 147, 149, 151-155

ハンブルク飛行機製作所有限会社〔Hamburger Flugzeugbau GmbH〕　27
飛行剥離剤〔Flieg-Abbeizmittel〕　15, 111, 218, 220, 265, 267, 270-273, 278
飛行材料番号〔Fliegwerkstoff-Nummer〕　12, 18, 29, 41, 105, 285
飛行塗料系〔Flieglackkette〕　28, 29, 70, 71, *94*, 96, *99*, 111, 168, 171-176, 178-181, 184-196, 215-217, 219, 221, 233, 269-272, 275, 276, 286,
飛行塗料洗滌剤 Z〔Flieglack-Reinigungsmittel Z〕　15, 16
飛行塗料体系〔Flieglacksystem〕　28, 29
被曳航機〔Anhängerflugzeug〕　109, 119, 277
飛行機塗装工〔Der Flugzeugmaler〕　*64*, 82, 83, 102, 138, 145, 153
飛行機塗料の処理および適用規程〔Behandlungs- und Anwendungsvorschrift für Flugzeuglacke〕　21, 168, 208, 210, 211, 253,
飛行機羽布〔Flugzeugbespanstoff〕　14, 34, 35, 173
飛行船部品の保護に関する規程〔Vorschriften für die Konservierung von Luftschiffteilen〕　32, 33
飛行番号〔Fliegnummer〕　30
飛塵乾燥〔Staubtrockenheit〕　103, 104, 110, 161, 213, 259, 261 277, 278, 281, 282
引っ張り剛性〔Zerreißfestigkeit〕　164
標準稀釈剤〔Einheitsverdünnung〕　25, 26, 160, 171-178, 222, 223, 230, 231
表面保護処理表〔Oberflächenschutzverfahren List〕　22, *39*
負荷乾燥〔Beanspruchungstrocken〕　212
部隊技術部〔Truppentechnik〕　76, 78, 101
部隊符号〔Verbandskennzeichen〕　*52*, *53*, 130, 131, *132*
付着性〔Haftfähigkeit〕　161, 162, 164, 166
噴霧銃〔Spritzpistole〕　36, 160, 183, 228, 238, 247, 260, 261
分離塗料〔Trennlack〕　163
ヘアビヒ＝ハーハウス〔Herbig-Haarhaus〕　20, 28, 34, 70, 71, 173 -176, 204, 205, 276, 285
ヘアボロイト〔Herboloid〕　14, 20, 173, 174, 175, 176
ベック・コラー・ウント・コンパニー〔Beck, Koller & Co.〕　35
変更手順〔Änderungsstufe〕　67, 69
ベンジン〔Benzin〕　15, 116, 224, 247
ベンゼン〔Benzol〕　15, 70, 163, 165, 231
妨害襲撃爆撃飛行隊〔Störkampfgruppe〕　50
防空監部〔Inspektion des Luftschutzes〕　71
保守〔Pflege〕　14, 170, 182, 213, 237, 249, 256
保守剤〔Pflegemittel〕　14, 15, 116, 166, 201
本土防衛〔Reichsverteidigung〕　*157*
本土防衛帯〔Reichsverteidigungsband〕　157
本土防空〔Reichsluftverteidigung〕　66, 157
迷彩〔Sichtschutz=視認防護〕　14, 22, 41, 44
迷彩原図帳〔Tarnatlas〕　23, 283
目止め下地〔Einlaßgrund〕　259
木毛〔Holzwolle〕　273
夜間攻撃飛行隊〔Nachtschlachtgruppe〕　50
輸送乾燥〔Transporttrocken〕　103, 104, 213, 277, 281, 282
指触乾燥〔Handtrockenheit〕　161

陽極酸化〔Eloxal〕　28, 29, 107, 170, 177, 178, 200, 207, 214, 215, 230, 231, 234, 242, 263, 270, 277, 278
陽極酸化浸漬塗料〔Eloxaltauchlack〕　28, 29, 178, 230, 278
養成センター〔Ausbildungszentrum〕　109
要務令処〔Dienstvorschriften-Stelle〕　22
呼出符号〔Rufzeichen〕　154, 156
予備防水含浸〔Vorimprägnierung〕　161
ライヒ旗〔Reichsflagge〕　119, *120*, 122, 126, 135
ラクシャ〔laksha〕　13
ラックカイガラムシ〔Laccifer lacca〕　13
流展剤〔Verteilermaterial〕　36
リューディッケ〔Lüdicke〕　20
リューディッケ・ウント・コムパニー〔Lüdicke & Co.〕　18, 175, 204
ルフトハンザ〔Deutsche Lufthansa Aktiengesellschaft=DLH〕　18, 24, 27, 28, *29*, 30, *31*, 83, 126
ルート〔Ruth〕　20, 28, 78, 175, 204, 224

【著者紹介】

ミヒャエル・ウルマン Michael Ullmann

1963年、ドイツ、ルール地方の都市ドゥイスブルク近郊で生まれる。現在は妻、息子二人と共にフリードリヒスハーフェン在住。

　父親の鉄道模型趣味がきっかけでモデリングを始めたのは35年以上も昔のこと。今日ではおもに1/48のスケールモデルを作っており、特に第二次大戦のドイツ機がすきだ。模型製作の資料を探すうち、旧ドイツ空軍の公式書類にたどりついた。ラジオ・テレビ技師の見習い期間のあと、短期志願兵としてドイツ連邦軍に入隊し、除隊後はフリードリヒスハーフェンのドルニエ有限会社（現在はEADS社の傘下）に入社、防衛・産業用システム分野の担当技術者として活動するなかでCL-289無人偵察機導入に際して連邦軍に出向、軍内の部署で数年を過ごした経験がある。

　この職務経験を活かしつつ、調査で多くの新資料を発掘、専門分野の研究報告をまとめあげた。蒐集した情報を広く知らせるため研究結果を出版することを早期からはじめ、自費出版したのが "Gordischen Knoten"『ゴルディオスの結び目』(1994年刊)と "Farben der deutschen Luftwaffe 1935-1945"『ドイツ空軍の塗料 1935–1945』(1994年刊)、そして本書の底本になった"Oberflächenschutzverfahren und Anstrichstoffe der deutschen Luftfahrtindustrie und Luftwaffe 1935–1945"『ドイツ航空産業と空軍の表面保護処理と塗料:1935 - 1945』(1998年刊)である。

【訳者紹介】

南部 龍太郎（なんぶ りゅうたろう）

　通常は和文英訳、英文和訳をもっぱらにしているが、今回は著者とメールでやり取りするうちに、より正確を期するためには独文から直接和訳するしかないと決意、細心の注意を払っての翻訳作業を行った。結果的にはウルマンの最新版独語改訂原稿を訳すことになったのは幸いだった。主な訳書に『ドイツ空軍のジェット計画機』、英訳文担当書に『鋼鉄の艨艟』『鋼鉄の鳳凰』『モデラーズ・ワークショップ』（いずれも弊社刊）などがある。

ドイツ空軍塗装大全　ドイツ航空産業と空軍の表面保護処理と塗料:1935 - 1945
Oberflächenschutzverfahren und Anstrichstoffe der deutschen Luftfahrtindustrie
und Luftwaffe 1935 - 1945

発行日	2008年10月26日　初版第1刷
著　者	ミヒャエル・ウルマン
訳　者	南部 龍太郎
発行人	小川光二
発行所	株式会社 大日本絵画 〒101-0054東京都千代田区神田錦町1丁目7番地 Tel. 03-3294-7861 （代表）　Fax.03-3294-7865 URL. http://www.kaiga.co.jp
企画・編集	株式会社 アートボックス 〒101-0054東京都千代田区神田錦町1丁目7番地 錦町1丁目ビル4F Tel. 03-6820-7000 （代表）　Fax. 03-5281-8467 URL. http://www.modelkasten.com
監　修	大里 元
装　丁	大村 麻紀子
DTP処理	小野寺 徹
印刷・製本	大日本印刷株式会社

©1998 Michael Ullmann
Printed in Japan
ISBN978-4-499-22967-8

**Oberflächenschutzverfahren und Anstrichstoffe der deutschen Luftfahrtindustrie
und Luftwaffe 1935 - 1945**
First published in Germany in 1998 by Bernard & Graefe Verlag
All rights reserved.
Japanese language translation
©2008 Ryutaro Nambu
©2008　株式会社大日本絵画
本書掲載の写真および記事等の無断転載を禁じます。